U0023220

企業活動專案管理

Corporate Event Project Management

在會展產業的運用

William O'Toole · Phyllis Mikolaitis◎著

范淼、倪達仁◎譯

前 言

「企業活動」（corporate event）一詞在Wiley出版的《活動管理國際字典》（*The International Dictionary of Event Management*）中的定義為：「公司為了達成特定目標和目的所舉辦的活動，如款待顧客、推出與宣傳新產品或服務、對員工提供訓練或獎勵、以及其他活動。」由此可知，這個簡單的詞彙其實包含多種複雜的意義。

這本重要的書籍，成功地將複雜主題轉變成簡單且有效的系統，有經驗或是新任的企業活動管理者，可利用本書增進他們的實務工作。作者仔細且巧妙地將經證明有效的專案管理原則融入活動管理的藝術與科學中，因此在管理企業活動上，產生出令人耳目一新及高效能的系統。

不論你是企業內部的活動管理者，或是企業活動的服務和產品供應商，你都可以從作者在這不斷成長的領域中所提出的系統性方法而獲益良多。

本書的每位作者在專案管理和企業活動管理領域都擁有二十年以上的經驗，他們綜合了本身的專業知識集結成這本書，而本書將成為企業活動、溝通、人力資源以及其他類別的資料庫中一部主要的作品。

在書中提供多種的檢核表、表格、流程圖以及模型，將會幫助你快速地實行專案管理原則，改善並簡化你的企業活動管理作業。對於現在員工被要求以少量輸入獲得大量的產出（“do more with less”），本書是既適時又有用的工具。

我極力推薦讀者使用本書作為員工訓練工具，訓練你的直屬部屬和組織中的其他人員，以充分獲取本書的效益。藉由研讀，再加上實

際教授企業活動專案管理的原則和技巧，你將很快地成為這門複雜藝術和科學的大師。

無論你是負責公司的野餐活動、銷售訓練活動，或是投注百萬元的新產品上市活動，你將在這本書中發現你引頸期待的內容。藉著結合活動管理和專案管理，作者發展了一套讓各部門（如財務、營運和風險管理部門）的人員瞭解、接受並且支持的體系。這種在企業活動管理上跨功能的方法，的確是這本書的強項之一。

在每個領域中會有一些人也許是刻意，也或許是因緣際會而發展出新的理論和方法，進而改革了該領域，威廉．歐圖爾（William O' Toole）和菲利斯．米可雷提斯（Phyllis Mikolaitis）現在已成為少數但在持續增長的遠見者名單中的一員，遠見者是那些能提出開創性的概念以大幅增進活動管理領域的人。歐圖爾是澳洲人，他的專長是專案管理，而美國籍的米可雷提斯，在全球大型公司之一的全錄公司擔任企業活動經理有二十年的時間，該公司在國際擴張的興盛時代，對企業活動管理提出了獨到的見解。兩位作者的密切合作，謹慎地將活動管理與專案管理結合，將會被記錄在活動管理的歷史文獻中，被視為在21世紀對活動管理最重大的進展之一。

不論你是管理一頓10人份的簡單晚餐，或是一萬個攤位的展覽，企業活動專案管理都是必備的工具，它會幫助你提升績效的品質、減輕壓力，以及向你的主管展現出你有能力透過現代的活動管理，成功地分析及解決複雜的問題。這本書不僅開闢新的局面，也為企業活動管理打下堅固的基礎，使企業活動管理在未來再創新高。我確信這本書會顯示其未來性，當你將其重要原則納入每天的實務工作中，將會使你在個人及專業上獲得益處。

或許在你讀完這本有價值的書，並與他人分享書中所提的原則後，你就有能力巧妙的提出你自己對企業活動專案管理的新定義，因

為在這本書的字裡行間，已經構思出一塊活動管理中的新天地，而你正是這項知識與智慧幸運的受益者！

Dr. Joe Goldblatt

專業認證的特殊活動管理師（CSEP）
Wiley活動管理系列叢書資深編輯
Johnson & Wales大學院長暨教授

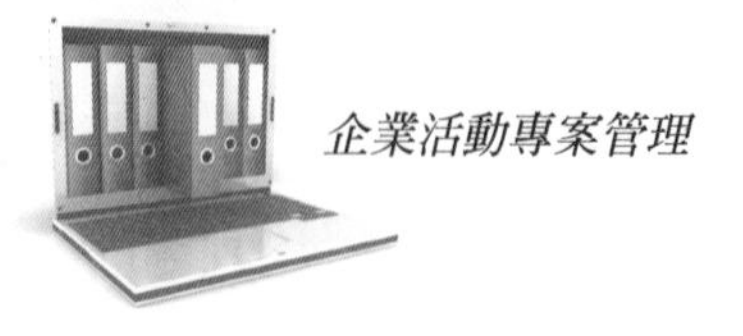

作者序

恭喜！你已經在成為企業活動管理者的進程中邁出了下一步。企業活動管理是一個正值且在其青春期快速發展的產業，它遵循著傳統的專業領域（如會計、法律以及行銷）的途徑，而且距離專案管理及資訊技術領域的道路不遠。就像一名青少年般，它大膽、充滿創意、迷人、樂觀，並勇往直前。但正如吾人所知，真實世界需要有負責、權威以及承擔的特質，我們要如何才能導入這些特質但不破壞所有的創造力呢？這本書提供了一個經證明有效的體系，不只能擔負起責任，也能孕育就一個稱為「活動」的產業而言，非常重要的創造力。

在現代的企業活動產業發展上有兩個趨勢：第一是為因應來自內部及外部力量所驅動的專業化，如**圖一**所示，它是發生在活動產業中的歷程縮影；另一個趨勢則是融合，也就是企業活動與公共活動的融合，奧林匹克運動會正是此一趨勢的主要例證。企業聯誼活動就像實際運動賽事那樣盛大，同樣道理，節慶與社團活動也變得更依賴公司經由贊助與專業知識投入其中，這些都將企業活動管理者推向有利的位置。這些經由企業活動專案管理所發展出的技巧，皆可以在活動產業中交互移轉。

企業活動管理成為一門產業，是發軔於社會變遷的一般需求及商業實務變化的特殊需要。在這種混沌的情況下，獨立的活動管理者出現了。企業活動管理者與大型組織的人資、行銷、公關及其他部門一起工作，這些活動管理者一般在工作上顯得十分具有個人風格，包括採用非正式的協議而非詳細的合約。基本上，他們把活動計畫放在腦袋裡。

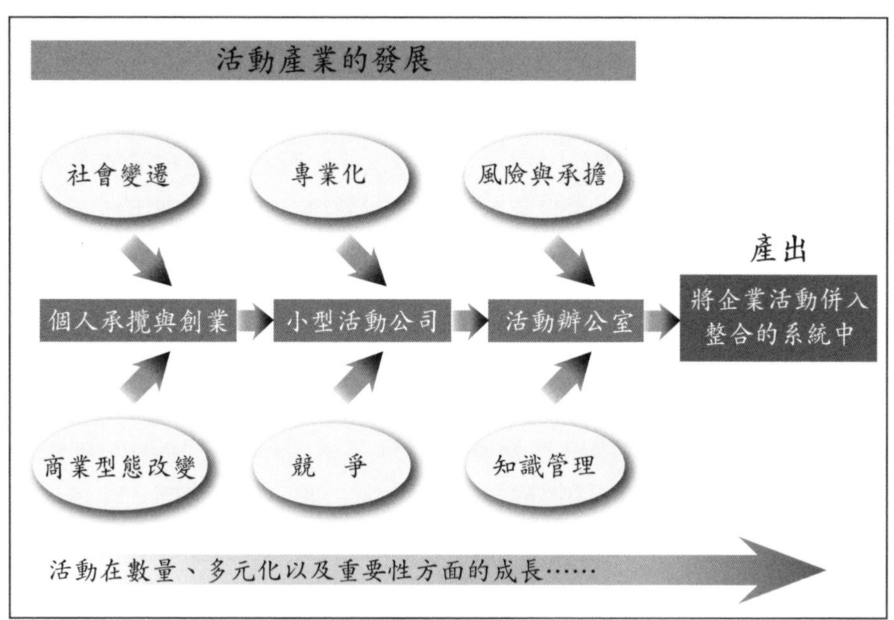

圖一　活動產業的成熟過程

為了因應日益增長的活動需求及複雜性，專業活動公司應運而生。由於工作量及複雜度提升，他們開始標準化他們的方法，以驚人的活動數量造成這兩種體系——企業活動管理者與專業活動公司——同時並存。

更高的成長同時也導致更複雜、更混亂，因此升高了風險，這對雇用活動公司的企業而言是一種詛咒，他們的回應方式是在組織內設置新的職位，稱為活動經理或協調人。然而，每當新人來到該職位，就會面臨同樣的問題，重複著同樣的錯誤，而這對管理活動而言，並無法在方法上產生持續的改進。

這個情境描繪了企業活動產業事務上的現況，大部分企業都有不同的體系，內部人員協助辦理各式會議，而行銷部門負責協調受贊助的活動，其他的需求則一律外包。

現在，企業活動管理終於達到了臨界數量，由於效率不彰，以致代價高昂。解決之道是引進系統化的方法進行研究、設計、規劃、協調，以及評估每一個活動，只有這個方法才能使企業的知識隨著每一個活動而豐富。適當地採用專案管理的方法論，並將其應用於企業活動管理中是解決這種混亂的一種方法，這條途徑使得企業活動管理者能夠有效率地建立與內部部門間的界面，並且具體強化公司內、外的溝通，而這些都直接轉化成公司活動內部更高的投資報酬率。本書將告訴你如何綜合專案管理及活動管理，以產生更高的投資報酬率。

圖二所顯示的本書章節地圖，提供了本書所涵蓋主題的總覽。初步印象上，某些章節顯得與目前的活動管理者無關，例如採購那一章對於使用其公司現有採購計畫的管理者而言，似乎沒有關聯性，然

圖二　本書章節地圖

而，這不會永遠維持不變，因為公司會逐漸變成「專案化」（意即，成為一系列相互競爭而需要被管理的專案），企業活動功能很快就會發現自己要跟其他部門競爭資金。

首先，在第一章中，說明了要成功實施企業活動專案管理制度，先瞭解企業文化是很重要的。雖然專案管理的方法論似乎與個人特質——指職位而非某個人——是無關的，但沒有人是行不通的！企業文化就是圍繞在活動周遭及滲透到活動內部的環境、限制以及明顯與隱藏的機會中。

第二章介紹基礎企業活動專案管理流程。現代企業的模型是由企業目標、策略以及文化所串連起來的一系列相互競爭的專案，然後活動（例如會議、研討會、產品上市或贊助活動）必須展現出比公司其他專案更高的投資報酬率。當今的活動必須跟產品研發、行銷以及新軟體裝設等專案競爭，它必須顯示使用了非常專業的方法論且能帶來具體的成效，第二章的目的是協助你解決這個問題。

我們可以從活動管理的文件中找到一種專業的明確證據。活動管理要成為現代的專業，必須具備有效率的文件系統，非正式地「簡短寫下備忘錄」的方法已不足以成為活動的最佳實務。正確的範本和他們的文件產出使活動管理在企業結構中成為可以被看見的部分。第三章整理出這些文件的大綱，並且說明如何簡易地製作這些文件，使之成為活動管理流程的一部分。

第四章探討場館或活動場地的重要性，它不同於其他活動相關教科書中所涵蓋的標準領域，而是強調通常會被忽略的部分，如會場計畫、活動地圖、標示以及會場關閉等。

第五章敘述活動可行性研究，這是用以獲取資金以進行活動規劃的重要啟始文件。涵蓋本書中所有領域所形成的一套健全的知識，對於展現企業活動可使公司的投資獲得正向的報酬是很重要的。研究該

活動只是活動可行性的其中一個面向，其他還包括比較各種情境及發展一份企劃案。

第六章將決策科學及系統分析融入活動中。不論活動體系有多完美，還是必須要執行，僅有專案管理制度無法管理活動，因為還需要創意及決策。這章的主題是在談論一個好的制度可以讓企業活動辦公室的人員自由發揮，以做出最佳決策，並容許更多的創意。

第七章的主題是風險管理，當企業活動的重要性及複雜度提高，就必須將風險管理運用到活動的每個階層。本章所介紹的風險管理範圍不僅是安全議題，更將風險管理的工具及技術融入活動中。

以前，合約簽訂這個領域與企業活動管理者不甚相關，然而，誠如第八章所述，現在已不再如此。風險管理的最佳實務需要以合約管理作為活動的基礎，即使活動管理者並不簽署活動合約，他還是必須為合約的結果負責。

持續變動的商業環境是活動規模與數量增長的基本原因，其中最無遠弗屆的改變非網際網路的使用莫屬，任何活動如果沒有網路加持（Web enabled），就會變得事倍功半。第九章探討有哪些方法可以運用全球資訊網所帶來的效益，以取得最大優勢。

以上各章所涵蓋的主題提供了企業活動手冊的內容。第十章敘述用在企業活動上各種不同的手冊，及其對於企業知識管理的重要性。企業活動辦公室可以將檢核表使用於每一個活動上，並建立最佳實務的資料庫。

本書最重要的主旨是，一個有效率的系統將可以在一個活動上產生更高的報酬率。第十一章說明了對提高報酬率很重要的成本估計及採購實務。採購程序是專案管理的基礎，在企業活動專案管理上更應給予最高優先的考量。

最後，第十二章探討活動的整體評估。在一份專業報告中提出一個客觀的評估，就像實施活動管理制度一樣，是企業活動管理的基礎。活動必須經過衡量，其衡量指標必須與企業策略具關聯性，且以適合企業文化的方式呈現。

本書的兩位作者，帶著對企業活動專案管理身歷其境的觀點，務實且全面的涵蓋了此一主題。威廉・歐圖爾運用他在專案管理及活動管理的經驗，提出本書的基礎結構，尤其是他在採用專案管理流程及創建一個活動管理知識體系方面的工作，替本書提供了強而有力的骨架。

菲利斯・米可雷提斯在企業活動管理方面的豐富經驗，為本書的結構添加了血肉。感謝她在全錄（Xerox）公司的多年經驗及許多「戰役」（包括她自己的經驗，以及她的同事、廠商和在公司社群裡的朋友）用以結合理論與實務。菲利斯曾經是全錄公司的計畫經理，遵循全錄公司的專案管理流程，同時主導多個專案的進行，現在她將這些應用於她自己獨立的企業活動管理事業上。

本書不僅是描述企業活動專案管理方面的最佳實務，它也可以讓你對企業活動產業即將發生的改變做好準備。每一章就像每一個企業活動專案一樣，末尾以「重點摘要」做總結，在這當中你可以綜合本章重點，並開始運用每一章的關鍵概念與實務。由於現代化企業的興起，組織需依賴活動來帶動銷售、訓練、激勵以及教育，現在你可以使用活動與專案管理結合後的新發現，在這個進程與領域中更進一步，歡迎來到企業活動的未來時代，經由本書的篇章，你的未來將會更具效率、品質，最終得到更成功的結果。

譯　序

揚智的編輯說要寫一個譯者序，在原作者序中已經把本書的緣起、作者背景、章節安排與簡介都寫得非常詳細的情況下，作為譯者，我變成有點尷尬，腸枯思竭就罷了，弄不好成了「蛇之足」可就壞了一堆人的名聲了！

那……該序些什麼才好呢？

就從有趣（for fun）開始吧！活動產業（臺灣比較常聽到的是會展產業，這裡不打算討論他們的異同）是一個充滿趣味的產業，我認識的一些業界的朋友普遍都有一個特質，就是有趣；人有趣、事更有趣，整個產業就是一群有趣的人，想出一些有趣的點子，成就一件件有趣的事！有趣當然不代表不辛苦、有趣更不是隨便玩玩就好，相反的，為了籌辦一個能令人滿意且回味無窮的活動，活動管理者需面對組織的期許（企業文化與活動主題）、觀眾的期待（內容、時程、場地、動線），以及營運與後勤（供應商、成本、風險、人員訓練及手冊），以上種種可是必須嚴陣以待的，活動管理產業就在這種「嚴肅地製造趣味」的氛圍下孕育發展至今。

有趣之外，還有緣份！這本書的主軸在於將專案管理方法運用到活動產業上；這本書的翻譯也是一個專案管理與會展（活動）產業相見歡的結果。

十五年前，我為了我的博士論文研究，在恩師林能白教授的指引下，一腳跨入了專案管理的研究領域；十年前，幸運地跟上了國內風起雲湧的專案管理（證照）風潮，我開始在大專院校和業界教授專案管理，也陸續參與了一些專案的規劃、執行及審查。2000年及2008年

又很榮幸地參與了專案管理學會（PMI）所出版的《專案管理知識體系導讀指南》（*PMBOK Guide*）第二及第四版的中文翻譯工作。在專案管理領域上也算是小有成就與心得。因此，當我五年前在新加坡第一次接觸會展產業時（這次新加坡之行與活動產業結緣，原是無心插柳，本書另一位譯者倪達仁教授是幕後推手之一），腦海裡直覺浮現的第一個念頭便是：「會展（活動）產業真是專案管理方法運用的絕佳領域」。果不其然，我很容易就在亞馬遜（Amazon）網站上找到了由O'Toole和Mikolaitis合寫的這本《企業活動專案管理》（*Corporate Event Project Management*），我立刻下單取得了本書（可惜那時還沒有Kindle，所以等了十來天才拿到！），翻閱一遍後發現，兩位作者的實務功力躍然紙上，但並不艱深難懂，原作者更在每章最後，加上了「重點摘要」以及「討論與練習」（我要大力推薦這些「討論與練習」，尤其是對初學的讀者，建議你照著做，一定獲益匪淺），非常適合用來當做會展（活動）管理類課程或訓練的基礎教材。於是，去年當揚智詢問我是否有意願撰寫會展方面的書籍時，我毫不猶豫的就拿出了這本書，跟揚智商量先取得國外出版商翻譯的授權，揚智也很快地完成了翻譯版權的取得。從我到新加坡接觸會展產業至此，專案管理和會展（活動）產業相見歡就這樣有了一個具體成果！

最後就是熱情了！enthusiasm、passion是我在各種會展（活動）產業的相關聚會中常聽到的語詞，也是我在一些業界先進身上看到的另一項特質。新的事物總是會吸引、也必須要有一些懷抱熱情與理想的人投入，才有機會發揚光大，新興產業如此，新知識體系亦如此。達仁兄和我用自詡懷抱會展人的熱情，希望能夠在會展（活動）管理人才的培育上略盡棉薄，翻譯出版這本書是一個里程碑，往後還需要會展（活動）業界與學界的先進們不吝指教與牽成。

感謝揚智圖書提供我們這個機會，給予我們在翻譯工作上最大的支持與彈性；感謝會展（活動）業界的朋友們，每次碰到你們都讓我

覺得這個產業有趣且希望無窮；感謝育菁（Amy）和她幫我召集的支援團隊，在我和達仁兄忙於教學卓越計畫分不開身之際，適時提供了支援，讓我們可以如期完成翻譯工作；最後也要感謝致理技術學院過去五年來不遺餘力地將會展活動管理發展成為致理的特色之一，支持我們熱情不滅！

在翻譯工作終於告一段落的尾聲，我想跟所有潛在的讀者分享，不論你從哪一個角度或身分來看本書，你會發現，「**專案管理可以使活動（會展）產業更有趣喔！**」不信，進來瞧瞧吧！

謹誌於致理技術學院

2011年6月7日

目錄

第 1 章 企業界的活動管理

本章將協助你：

- 瞭解企業活動的角色與範圍。
- 學會將獨特的企業文化元素整合至企業活動中。
- 描述企業活動專案管理者的角色與責任。
- 討論如何運用活動來執行企業策略。

國際企業活動市場是活動產業（event industry）成長最快速的領域。1994年到1999年之間，美國喬治華盛頓大學國際特殊活動學會活動管理雙年研究（George Washington University International Special Events Society Profile of Event Management）證實，企業活動領域的確是活動舉辦裡最頻仍的領域。每一天，全世界的商展活動、教育訓練活動、行銷活動、人力資源發展活動、運動與體育活動，以及其他類型活動，皆輪番上陣。隨著企業將產品與服務輸往全球市場，企業活動管理產業也因而越發擴展。為有效協調不斷升高的活動複雜度和關連性，更加凸顯定型化專案管理流程的重要。綜上所述，對於全世界企業的正式與非正式活動實務與流程，企業活動管理者都應該具備堅實的知識。

企業文化

想要瞭解企業活動的角色，以及定型化企業活動實務與流程的重要性，首先必須理解企業文化與企業間的文化差異，因為全錄公司（Xerox）的企業文化，即顯然與同屬資訊領域的佳能公司（Canon）、昇陽電腦公司（Sun Microsystems）或微軟公司（Microsoft）、金融領域的昆士蘭銀行（Queensland Bank）或美國銀行（Bank of America）不同，也和產業龍頭奇異公司（General Electric）或英國石油公司（British Petroleum）大相逕庭。

在學習本書所介紹的方法論之前，首先必須對文化的基本定義有清楚的瞭解。根據《微軟英卡塔學院字典》（*Microsoft Encarta College Dictionary*）的定義，文化意指：「(3) 某一團體所共有的信念與價值觀：某一特定國家或人民的信仰、風俗、言行舉止與社會行為；(4) 具

有共同信念與言行舉止的一群人：一群人有共同的信念與言行舉止，因而能夠分辨該群人屬於何種地域、階級或時代；(5) 共同的態度：能夠作為某一群人特徵的一套特定的態度。」

根據狄爾與甘乃迪（Deal and Kennedy）在《企業文化：企業生活的慣例與儀典》（*Corporate Culture: The Rites and Rituals of Corporate Life*）一書中的觀點，企業的概念涵蓋「一種對於在該企業工作的人群具有重要意義的價值觀、傳說、英雄與象徵的集合體」。

企業文化不但影響著人們在特定企業日常工作行為的思考與流程，也影響企業中人與人的互動方式。它影響每一位員工的生活概念，也影響整個公司的營運功能。企業的獲利以及是否能夠名列財星500大公司（Fortune 500），都和企業文化（其公司理念、相信何者能夠代表該公司）有強烈的關係。許多公司都發展出獨特的口號，向公司內部與外部傳達其經營哲學。以下即為若干大企業曾經提出的口號：

奇異（**GE**）：「我們將美好事物帶入您的生活中。」
可口可樂（**Coca-Cola**）：「可口可樂，名不虛傳。」
昇陽（**Sun**）：「我們就是 .com前面的那一點。」
全錄一文件公司（**Xerox**）：「分享知識。」
增你智（**Zenith**）：「先有品質，才有名號。」
達美航空（**Delta Airlines**）：「我們熱愛飛行，有目共睹。」
威士卡（**Visa**）：「隨心所欲，無處不在。」
艾克森美孚（**Exxon**）：「我們把老虎裝進你的油箱。」
賀曼卡（**Hallmark**）：「真心在乎，就要寄出最好的賀卡。」
聯合航空（**United Airlines**）：「讓我們一同航向親切的天空。」

然而，將企業哲學置入企業文化，並非僅只於提出口號。堅實的企業文化往往須曠日費時才能建構完成。不論是強化舊有企業文化還是轉換為新型企業文化，其過程不但必須涉及高階管理的投入，同時

也要結合由上到下的有力方法，深入到企業生活的各個層面，企業活動正是此一過程中的一部分。在此過程中，通常會運用訓練、員工表揚、慶祝等活動的方式，傳播與強化企業的哲學。因此，清楚瞭解企業哲學，以及明確掌握企業與企業間的文化差異，將使得企業活動策劃人（corporate event planner）更能為企業成功與個人績效提供更有價值的貢獻。

企業文化類型

企業環境可說是型塑企業文化最重要的影響因素。某些企業的環境具有一種驅動力，能夠創造「既能努力工作也能認真休憩」的文化。這種環境能夠驅使銷售人員努力銷售，彼此之間競爭氣氛也趨於顯著激烈。有些公司的環境則呈現非常制度化與強烈的事務導向。在這種企業環境下，員工從他們早上關掉鬧鐘的那一刻開始，即須專注於企業事務的處理。另外，相對於有些公司強烈的流程導向，有些公司則具有較為輕鬆的氣氛。其中，有些公司以藉由故事來說明企業行為規範的文化見稱。例如，一個廣泛流傳的著名故事，其內容即有關某一主要企業如何嚴格堅守流程與對事實的驗證：假如某一位應徵者在尚未品嚐食物之前，即先加鹽調味，則該應徵者將不被錄取。故事的啟示是，對於強調事實驗證的該公司而言，這種行為表示該應徵者在查證事實之前，會以其先入為主的假設而草率做出結論。

相對於某些公認的績優股公司，某些矽谷的網路公司文化即顯得較為寬鬆。在這些公司，每個工作日都是便服日，公司鼓勵員工出外運動與放鬆，以激發創意思考。由此可知，兩個截然不同的公司文化之下，公司活動的規劃會有多麼不同：縱然兩家公司都嚴守同樣的專案管理流程，不同的公司文化還是會影響專案規劃的內容、專案成員彼此間的互動方式，以及對待活動參與者的方式。

不論是企業活動部門專案經理還是公司的外包專案廠商，開始規劃企業活動之時，都必須詳加考慮企業文化的各項關鍵要素。狄爾與甘乃迪將這些關鍵要素定義為：環境（environment）、價值觀（value）、英雄人物（hero）、慣例與儀典（rites and rituals）以及文化網絡（cultural network）。企業文化與企業活動之間的關係，請參見**圖1-1**。藉由**圖1-1**，我們還可以進一步看出資訊的雙向交換關係，以及所有相關元素的整合方式。

文化契合

瞭解企業活動如何與企業文化契合，將有助於企業活動規劃的成功。事實上，瞭解企業文化所用的時間，往往能節省我們更多專案規劃的時間，更有助於之後專案執行時化解各種可能的阻力。文化元素的考量與整合，將使企業活動參與者在心理層面與認知層面和企業核

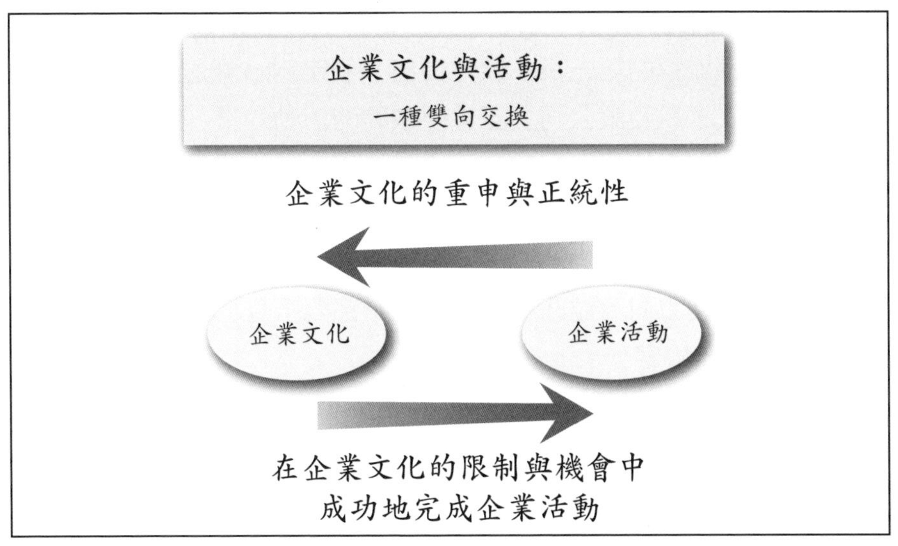

圖1-1　企業文化與企業活動

心價值之間，建立起更佳的連結。以下，將以一個案例加以說明。

某一財星500大公司與BT活動製作公司（BT Event Productions Inc.）合作，希望能夠將其企業文化融入該公司的一項重大企業活動之中。BT活動製作公司總裁波比（Bobbi）接到該客戶要求的三項明確目標如下：

1. 慶祝該公司非常成功地走過十年，並邁向另一個新的高峰。
2. 表揚員工對此一成功的貢獻。
3. 讓員工與家屬有機會親眼目睹該公司某一重要部門的產品、服務與設施。

本案經由BT公司的一個內部會議討論，決定符合上述三項目標的適當方式，是舉辦一項企業活動。經由那個會議，評估該企業的內部資源，並且決定企業所需專業協助的範圍與複雜度。波比的任務，就是策劃一項企業活動，以便達成所有的目標，並能契合該企業的文化。於是，她首先成立由35位頂尖活動專家組成的「夢幻團隊」，策劃一場由無與倫比的摯情、創意、專業與夥伴關係建構的盛大活動。

這個專案流程的第一步，就是提出一個能夠涵蓋企業經營現況、企業營運方式、以及該公司真正重要議題的活動計畫。經過與該客戶企業團隊多次冗長的研討與會議，終於提出一個能夠兼顧產品特質和企業議題方向的鮮活計畫，其中包括：為即將來臨的千禧年設計八個娛樂、探索與遊戲營區的通行護照。整個盛大慶祝活動的主軸鎖定在「照亮未來發展方向，並凸顯使得該事業部門躋身世界級領導地位的重要產品與服務陣容」。

這個活動主題，將該事業部門的主要產品與各個活動營區加以有效結合：所有的活動營區都位於主要廠房的休憩區，每個營區都建置了大型白色帳篷、彩色嘉年華接駁車、遊戲攤位、娛樂設施、產品資訊性展示等。員工家屬也都能夠參加活動（包括才藝表演、團體競

賽，以及以該企業經營哲學為主的有獎問答），甚至有機會造訪員工珍貴的古董車展或觀賞包含有公司商標的雷射燈光秀。此外，更安排小丑、魔術、默劇貫串整個慶祝活動，取悅與會嘉賓，並贈送類似公司商標圖案的T恤套裝作為紀念品。活動中還設置供應卡布奇諾、義式濃縮，以及一般咖啡的網咖，並配備許多呈現公司特色網站的電腦供來賓使用。除此之外，更貼心設計免費健康檢查，其參觀動線刻意規劃為靠近該公司剛整修完成的健康與健身中心。主舞臺方面，特色是包括該事業部門員工合唱團表演在內的各類音樂演出，還有一整天讓台下觀眾參與的活動。最後的壓軸是一場盛大的藝術表演，由聲樂家演唱該事業部門的主題歌曲，藉以傳達慶祝活動的精神。接著，再由該公司總裁發表簡短致詞，表達對來賓的謝意：「今天的活動獻給你們，獻給充實度過每一天的你們！」

最後，更以一場絢麗的煙火秀結束全部活動。煙火秀首先出場的是將公司商標如火箭般射向天空，光彩奪目地照耀整個夜空。

在一整天看似完美的快樂活動背後，其進行卻並非一帆風順。誰能事先預料會有一個颶風影響這場在新英格蘭舉辦的慶祝活動？事實上，這個擔憂竟然成真。夢幻團隊中，有一半的成員來自佛羅里達，而就在活動當日前三天，一個名為佛洛依德的颶風（Hurricane Floyd），正直撲佛羅里達而來。波比給活動策劃者的建議是：「繼續規劃！！並請抱持正面態度，尋求因應之道。」波比迅速地運用電話和網際網路發出通告：「早點出發，如果無法搭飛機，開車還是安全的。無論如何，務請及早出發！」然後，團隊成員隨即趁著天氣未變壞之前，披上雨衣，搭好帳篷以及其他設施。其間，還發生主要舞臺因為天候因素，未及時從費城運達，使專案團隊不得不改請替代性供應商運來。因為天候因素，導致前置時間縮短以及進度的遲延，更納入許多來自企業的當地協助。例如，到了週五，雖已不再下雨，專案團隊的處境依然堪虞，企業客戶遂協助運來動力吹風機、覆土、乾

草以及其他材料，用來吸乾淤水，更動用現場的消防器材抽出活動停車場地點的積水。經由這些努力，活動當日清晨五點三十分，陽光乍現，所有人都已就定位迎接這場充滿歡樂和友誼的盛會。

在這樣的颶風威脅中團結合作籌辦這樣一場盛大的活動，更加鞏固了夢幻團隊和企業客戶之間的關係。從此，夢幻團隊成為企業團隊的延伸。該企業活動之後，更獲頒活動產業最佳精神獎，以及年度活動大獎（Gala Awards）。從這個案例可見，將活動主題與企業文化適當搭配，並且遵循一套良好的流程，的確既有用又有效。

活動目標與目的

如上述案例中企業活動的應用方式，是將活動視為傳播企業訊息的手段。假如企業的價值取向的重點是銷售績效，則將會舉辦活動來表揚達成業績目標的傑出銷售人員。如果公司鼓勵創新，則將會表揚那些有突破性發明的員工。杜邦公司則是非常強調安全意識，因此獲得表揚的是那些不論在家或上班時安全記錄都完美無缺的員工。

企業的慶祝活動，是一種富有特色且強而有力的員工與企業精神連結的方式。以化妝品公司玫琳凱（Mary Kay Inc.）為例，其年度大會即為該公司的一場盛會，由玫琳凱親自表揚傑出業務人員、傑出生產力績效，以及傑出團隊。眾所周知，得獎者都可獲頒一部粉紅凱迪拉克房車與小貨車、皮衣以及鑽石。這種活動傳達的訊息十分清楚：擴展員工的自我和他們的荷包。

全錄公司（Xerox）則運用以「分享知識」為主題的「文件世界」（DocuWorld）活動，教育顧客如何做好企業溝通，從而與顧客建立起更佳的連結。

表彰英雄人物榮譽的企業活動，能夠提供角色模範，而對於角色模範的表揚，等於告知員工：在本公司若要成功，就必須展現這樣的行為。你是不是經常在許多公司的告示板上，看到諸如「本月最佳員工」、「本月最佳業務人員」或「品質獎得主」等獎勵？這些公司都在傳達一種訊息：「模仿這個人，那麼你也一樣會成功。」一般企業常用典禮活動來表揚英雄人物。這類活動的方式可以簡單如舉辦資深員工表揚餐會，也可以盛大到以受獎人的名字作為某棟建築名稱的命名大典。

不論內部還是外部的企業活動策劃人員，對於如何影響特定行為或價值，或引發對於特定行為或價值的關注，他們所提出的管理建議往往能夠創造出額外的活動專案。一場合作無間的活動，通常能夠強化企業所希望員工表現的行為。高球名將約翰·達利（John Daly）所經營的約翰·達利公司，曾告訴我們一則有關如何運用一場活動強化企業訊息的故事。

若干年前，某一國際性汽車製造商曾經和約翰聯絡，希望能策劃一個活動，用以激勵旗下75家頂尖代理商提高汽車銷售量，尤其是提高最新出廠的藍色車款。該汽車製造商認為，舉辦獎勵性活動是銷售更多汽車的適當激勵方法。此外，該汽車製造商也要求該活動不僅是酬賞頂尖的75家代理商負責人的過往成就，也希望策勵他們未來一年能夠更加努力。為使活動舉辦成功，約翰請求閱覽該公司的行銷資料，據以研判下年度新鮮又熱門的行銷活動項目。

經過仔細閱覽，他發現一種絕對能感動該汽車製造商的新式設計和新藍色調，而且該汽車製造商也認為那種顏色最足以表達流行的汽車行銷趨勢。接著，約翰提出一份業已充分掌握細節的三天活動企畫書。活動參與者包括代理商負責人以及他們所邀請的貴賓，總參與人數約有150人。那份企畫書可說十分討喜，讀來令人欲罷不能。約翰把那份企畫書寫得栩栩如生，讓讀者感覺彷彿親臨驚奇的活動場景一

般引人入勝。他對於活動的生動描述，不但能抓住該客戶的想像，也促成了這項委託企畫案的簽約。整個活動包括一場搭配有豐盛早餐、輕鬆午餐以及華麗表演的會議。約翰非常專業地將藍色調置入整個活動當中。他在每一項活動元素中都注入藍色，並在整個活動安排了許多藍色概念的微妙設計，甚至連活動主題曲都選擇「藍色狂想曲」（Rhapsody in Blue）。整個活動都沒有告知與會來賓為什麼整體活動主題會是藍色，來賓們只會感覺這是活動主題的一部分而已。六個月之後，當初選擇藍色的理由獲得了明確的支持：該活動的委託廠商滿意地和約翰分享其汽車銷售量的統計數字。對這項活動專案而言，已然達成客戶的目標，亦即：不但汽車銷售量增加，在過去的六個月當中，還使藍色系列車款賣得比別的色系車款更好。除了約翰之外，與會來賓迄今仍不知道為何活動中總是有藍色環繞著他們。約翰所做的，乃是使來賓在心靈上將藍色和愉快的體驗連結在一起。因為這場活動的成功，該汽車製造商不但繼續成為約翰的客戶，後續還向其他人推薦約翰的服務。

約翰認為，企業活動專案要能成功，不但專案客戶和企業活動管理者之間必須要有良好的契合，活動主題和企業目標之間同樣也必須要有良好的契合。為了活動能夠切實符合客戶目標，他相當堅持挖掘出所有必要的資訊。另外，約翰也非常清楚知道，在某一企業成功的活動，在其他公司則未必成功。處理某一個企業客戶專案的時候，他絕不盲目重複在先前客戶成功的方式。在開始任何一項活動專案之前，他必定先行研究客戶的企業文化，以及確定客戶的真正需求。

為能決定活動的目標，以及客戶究竟想要透過活動傳達什麼訊息，與客戶交談已經成為成功活動專案經理人的慣例。目標獲得確認之後，活動管理者才能據以遵循一套系統化的流程，確保活動能符合客戶的目標。

企業活動存在著許多不同的目標。首先，一項企業活動通常是

企業整體溝通策略的一環。因此，它也是一項達到企業目標的管理功能。所以，欲衡量其成功與否，和衡量企業其他目標並無二致，其效益可以運用衡量企業其他目標所用的財務指標來衡量。

梅西百貨公司聖誕節大遊行（Macy's Christmas parade）、芝加哥費爾德博物館（Field Museum in Chicago）表揚活動、於當地餐廳或飯店舉辦的退休晚宴、聖地牙哥美國杯獎勵週末、《富比世》（*Forbes*）雜誌創刊七十週年慶、2000年奧運接待營、邦諾書店（Barnes & Noble）簽書會等，全部都是企業活動的案例。上述每一個活動都具備一個清楚的活動目標，以及融入企業文化的活動概念。例如，「經由喚起公眾意識或改進企業形象以增加市場占有率」，即為企業目標的一個例子。通常企業之所以會花費好幾百萬美元在某一活動上，相對地即期望能夠因此而獲得好幾百萬美元，甚至更多的價值（例如擴大生意規模）。清楚掌握企業活動目標，以及衡量達成目標程度的指標，是企業活動專案經理的成功要件。常見的指標如：客戶希望增加市場占有率嗎？客戶想尋求公共關係的改善嗎？客戶會為了增加大眾對整體企業或特定產品的瞭解，而希望更高的參加率嗎？活動參加者的人口統計資料會如何影響活動企畫案？活動參加者的多樣性會是客戶的重要考量嗎？如果有低水準的參加者出現，該項活動仍然算是成功嗎？

小自簡單的個別單一活動，大至某一總主題之下的多種複合活動，各種企業活動扮演的角色與舉辦的規模（role and scope）並不相同。在展開專案管理流程之前，活動管理者必須決定活動的角色和規模。因此，必須決定：整體企業策略之下，企業活動的契合度與活動目標是什麼？其次則必須瞭解，某一企業活動很可能帶有一個以上的目標。一般而言，常見的企業活動主要目標包括：教育、表揚、獎勵、改善公共關係、建立重要里程碑、新產品發表等。

每一個企業活動的目的或目標都必須敘述清楚，並且應納入成為

活動企畫書的重要內容；為能評估活動成功與否，目標的敘述必須明確且可以衡量。在活動策劃的每一個階段，活動目標都應該持續加以評估，以便據以判定原定計畫目標是否有所變更，如果的確有變更，活動管理者才能據以進行適當的改變，以確保各項決定不致偏離活動目標。總之，活動主題以及清楚、明確的目標，乃是活動規劃成功的指引。最後，如果再加上良好的流程確保企畫案的執行，則衡量活動成功與否，將是一件相當容易的工作。

活動目標對象的投入

活動目標對象（target audience），不但影響活動扮演的角色，也影響了活動的目標，以及對於企業文化的各種元素（價值觀、英雄人物、儀式等）在活動中如何定位。在這方面，一個常問的問題就是：活動的目標對象是內部顧客（如銷售、生產、管理）還是外部顧客？經由研究客戶過去活動的相關記錄，以及經由接觸客戶銷售／行銷人員、主管、人力資源人員而獲得的資料，活動管理者就有可能獲得企業文化以及關於產品與後勤的有用資訊。藉由焦點團體（focus group）則能更進一步確認這些內外部顧客的期望、需要、需求以及渴望等可融入活動目標的資訊。焦點團體或其他質化的研究，還能夠協助判斷策劃人對於這些顧客需求的認知是否明確，或是還有其他被忽略的隱藏性議題存在。如果利害關係人（stakeholder）的目標和焦點團體發現的目標之間有所歧異，還必須針對這樣的發現再另做考量。

一位大企業的活動策劃人艾倫·馬丁（Ellen Martin），曾經提出一個案例，說明目標對象與企業現狀如何影響企業活動的企畫案。身為該公司年度野餐的活動管理者，她的體會相當複雜。根據馬丁的

說法，如何創新可能就是個難題。「你會遇到一些古板的傢伙，他們就只是想要相同的舊東西，而另外又會有一些人想要嘗試一些不同的方式。」馬丁真的做了「一些不同」。不同的態度經常反映著組織的動態，以及組織動態對於組織成員的影響。在研究／可行性評估的階段，即必須完全瞭解企業內部的情況。這時，和活動策劃人一起工作的組織成員，將會是活動成功的關鍵。如果最近有組織成員被公司裁員，而公司仍執意要舉辦活動，縱然可行性取決於預算的控制，活動管理者仍可能會建議改辦一些雖然歡樂，但較為低調，不過度奢華的活動。

真正瞭解組織的定位，將有助於判斷決定組織對於活動的態度，以及活動被接受的可能性。一般而言，在組織營運順利的時候提出大計畫較為容易，在組織營運較為不佳的時候如何策劃成功的活動，則是一項挑戰。馬丁在營運良好的時間點，年度野餐選擇在一處一小時車程可到的公園舉辦，該公園位於一處山區，沐浴設施當然較為受限。她安排了各種不同的活動，活動範圍涵蓋當地地面和鄰近的水域，活動內容包括游泳和水上單車競賽。結果是：所有的員工都留到下午五點才離開。可見，只要組織成員有積極正面的態度，組織也有積極正面的定位，縱然位置較遠、設施不良，仍有可能辦出成功的活動。馬丁又說，如果在公司營運不佳的時間點舉辦活動，則完全是另一番光景：年度野餐在距離僅有十分鐘車程的地點舉辦，配置有完整的服務人員和設施。然而，該活動卻被組織成員視為只是為了點名簽到而不得不參加的活動。其中有一位在虛擬辦公室服務的員工，開了兩個小時的車子前來吃午餐，吃完後就掉頭驅車回家。不會受到這個特殊事件影響的員工為數甚少，多數員工只是想要點名簽到、吃午餐，然後離開。這時，活動策劃人必須決定哪一方才是活動的焦點，以及如何處理這樣的情況。馬丁說，再加上那場活動並無特殊之處，所提供的活動項目也很少，導致活動參加者大都早早離開。活動結束

之後，雖然馬丁並未策劃那場活動，該活動的事後檢討團隊仍然央請她在檢討會議中表達專業意見。檢討會議的結論是，採用更清晰的溝通方式，並且更清楚地聚焦於活動目標與目的，應該能夠改善企業活動的舉辦成功率。

馬丁也指出，有時候挑戰並不在於活動本身如何設計，而是在於需瞭解「工會規則」。當工會或商業聯盟的人員捲入其中，活動管理者就必須瞭解什麼能做，什麼不能做。這種資訊的獲得，應該是活動專案管理中研究／可行性評估階段的事務。工會幹部必須納入組織圖當中。這名幹部必須熟悉工會成員的組織文化，以及與工會成員一起工作的規則。例如，有沒有關於載運工會成員至戶外活動場地的規定？活動是否應該在他們輪班時間結束前結束（否則，可要付加班費）？也可能會碰到如早上七點至晚上十二點營業的商家，這些商家的工會成員都必須留在店裡工作，這時，你的活動要如何為他們做出安排？由此可見，企業活動所需要的考量，遠遠超越在規劃的地點舉辦活動而已。身為企業活動策劃人，不但必須要有創意，還要有能力協助客戶補償那些因為工作而無法參加活動員工。

企業政治

企業活動管理者所會面臨的挑戰，並不僅只於上節所述與工會員工周旋。另一個常見的情況就是政治。首先要指出的是，政治絕非僅限於政府部門才存在，事實上，每個企業都各有其政治。因此，每場活動可說都具有政治性。所以，活動管理必須謹慎為之，千萬不要陷入典型的企業政治困境之中。企業活動想要在這方面有所成功，關鍵因素在於能不能辨識出誰才是真正的決策者。在企業界中，往往有一

種人，乍看貌似決策者，其實並沒有財政事務的批准權，而財政事務的決策權往往就等同於全部活動專案的決策權。聽命於這種無實質決策權的人，對於活動策劃人和活動本身，都會帶來負面的影響。企業政治行為的形式甚為多樣：有些客戶希望活動能夠有助於改善自己在公司高層心目中地位；有些則是企圖使活動策劃人成為其個人任何失敗的代罪羔羊。在這樣的政治環境中，企業活動管理單位的立場必須力求超然中立與客觀。嚴守客觀事實，並且遵循活動專案管理流程，乃是避免捲入政治漩渦和丟掉飯碗的最佳處理之道。

米琪（Mitzie）是一位某大型製造業公司的活動策劃人，曾經提供以下的案例，說明堅守既定的流程，如何使她逃過一場險惡的政治風暴。一般而言，行銷主管通常是企業員工業績表揚與年度業績啟動大會的演講人。米琪和吉姆（Jim）曾經有過頗為正向與良好的友誼，吉姆也是米琪在行銷部門的主要溝通窗口。吉姆是一個相當令人喜歡而且具有良好組織能力的人，和他在一起工作是一件令人愉悅的事情。他會提供每一件事情的相關細節，包括在活動週的週一晨間大會準備所需要的視聽設備。直到活動前一週傑克出現之前，每一件事情可說都運作得十分良好。

傑克（Jack）和吉姆在公司的輩分相當，但是較為年輕，更富進取心，同時，對於事情的要求也更高，還更是公司選定的主管儲備人才。在活動排練期間，傑克更換了吉姆的視聽設備，並且說為了他的二十分鐘簡報，他現在需要三套非常龐大的特殊螢幕，三組攝影機，以及七組投影機。為了引起與會業務代表的興趣，以及贏得公司高層的賞識，他要把他的簡報變成一場一場動態的演出。傑克要求米琪負責聯絡與安排這些新增加的設備立即送達。米琪核對了傑克需求設施的細項，並且從兩家廠商那邊都得到大約一萬美元的報價。在這麼接近活動的時候才額外增加一萬美元的費用，勢必使活動超出預算。於是，米琪按照公司的規定程序，並且在吉姆的贊成下，採用租賃的方

式取得那些設施。對此，傑克十分生氣，因為他認為他和米琪在公司的權力不相上下，而且他的要求應該獲得解決。於是，米琪和吉姆開會商討這項要求，之後，他們決定遵守公司政策行事，亦即：任何超過預算的提案，都必須向資深產品行銷副總蘇（Sue）報告，並經過蘇的批准。隨著時間的接近，傑克益發焦慮不安。最後，米琪和吉姆見到了蘇。經過和米琪與吉姆深入討論，加上和傑克的一通電話溝通，蘇對傑克的需求裁示了一個修正案。雖然蘇已估計過這些設備的效果並不能完全滿足原先的要求，但是她也同意為了吸引觀眾的目光，一些炫誇性的表演也是必須的。因為米琪在整個衝突過程中始終保持冷靜，她遂得以繼續承接該客戶的活動專案。蘇和吉姆都頗為滿意和米琪的合作，以及她能夠遵照公司已制定的企業活動專案管理與問題解決程序。設若米琪不那麼做，可能遭遇極為嚴重的問題。

企業活動策劃人的角色

企業活動管理者或企業活動主管，必須界定他們在活動專案過程中的角色。企業活動策劃人的頭銜、層級與角色，因公司不同而異。有些公司把活動策劃的功能交付給專業的企業企劃人員負責，這些人員通常隸屬於行銷、企業溝通，或人力資源等部門。有些公司則會把企業活動策劃的功能交付給原本工作負擔就極重的專案經理或業務主管來負責，然後，這些主管又轉而聘用專業的活動策劃人或將活動策劃的業務再委派一位行政助理。有些這類職位的人，因為缺乏活動管理的實務經驗，往往會低估完成一場成功企業活動所需要的努力，在多重元素活動（multielement event）中，這種情形更為嚴重。另一些則是經常疲於奔命，工作量極為吃重的一群企業活動管理者。這些企業

活動管理者可說都是不折不扣集馬戲表演指導者、雜耍者、魔術師、巫師與策略家於一身的人物。

在預算額度內，將來自各賣方主管的指示與流程能力加以平衡，其實就是一件極為精妙的平衡行動。能夠實現這些職責中的任何一項，其本身都堪稱一項卓越的壯舉。

一個值得注意的趨勢是，不論企業活動管理者真正的角色是什麼，越來越多的企業要求活動管理功能必須遵循其他作業部門所採用的專案管理流程，以及使用與這些流程相同的衡量指標。

正如管理專家湯姆·彼德斯（Tom Peters）所說：「你就是你的專案。」在企業活動這一行，你必須創造自己的角色和慶祝屬於自己的成功。在下一章，你將發現如何進一步界定你的角色，以及如何使活動達到持續不斷的成功。

重點摘要

1. 國際企業活動市場是活動產業（event industry）成長最快速的領域。
2. 能否瞭解企業文化，是企業活動管理者成功與否的重要關鍵。
3. 企業文化因公司不同而異，因此爲某一公司規劃的活動，用於其他公司有可能會變成一場災難。
4. 活動主題必須與客户公司的目標與目的有效契合。
5. 焦點團體或其他質化研究技術能夠協助活動設計與活動目標對象的有效契合。
6. 活動管理必須謹愼爲之，千萬不要陷入典型的企業政治困境之中。
7. 企業活動管理者的角色，因公司不同而異。

延伸閱讀

1. Deal, Terrence E., and Allan A. Kennedy. *Corporate Cultures: The Rites and Rituals of Corporate Life*. Reading, Mass.: Perseus Books, 1982.
2. *Fast Company*, Fast Company Media Group LLC, New York, New York, May 1999 Issue page 116 article.
3. The WOW Projects by Tom Peters.
4. *GE Schenectady Business News* 13, no. 7 (Dec. 3, 1999). Excerpts.
5. Goldblatt, Joe Jeff. *Special Events: The Art and Science of Celebration*. New York: Van Nostrand Reinhold, 1990.
6. Soukhanov, Anne H. US General Editor, *Microsoft Encarta College Dictionary* (New York: St Martin's Press, 2001).
7. Pine, Joseph B., II, and James H. Gilmore. *The Experience Economy*. Boston: Harvard Business School Press, 1999.

討論與練習

1. 請試著敘述你的公司（或其他你所熟知的企業）的價值觀、願景與企業文化。這些文化如何促進或阻礙舉辦企業活動的成功？你會如何透過企業活動專案管理，強化企業文化的正面功效與避免負面作用？
2. 瀏覽6家不同的主要企業網站，閱讀其年報，試著去發現企業文化的線索。
3. 比較這些企業的企業文化元素。
4. 試著在報紙與網路新聞中找出企業活動的案例。
5. 這些案例活動的目標是什麼？
6. 列出這些企業活動的可能活動目標對象。
7. 訪問一位企業活動管理者，並且討論下列問題：

   (1) 企業文化。

   (2) 活動策劃人的角色。

   (3) 所管理的活動類型。

   (4) 典型的活動目標。

第 2 章

企業活動專案管理流程

本章將協助你：

- 描述專案管理流程的基本概念。
- 建立產品分解結構。
- 建立工作分解結構。
- 將任務排程分類爲串列或並列。
- 描述里程碑及建立企業活動之要徑。

身為企業活動管理者，須審慎思量基準計畫和活動專案生命週期的核心概念。其次，必須精熟基本的專案管理方法，並且利用工作範疇的概念將其分解為可供管理的單位。最後，應該納入專案管理排程工具的討論與應用。以上這種方法論即稱為企業活動專案管理的基本流程。

管理領域

以專案管理作為知識體系中心，乃是由不計其數的專案經驗中所萃取而來的。從亞歷山大大帝到美國太空總署的月球登陸戰役，可以得知系統化方法是促成這些案例成功的基本因素。隨著電腦及網路時代的來臨，各個專案之間的共通點更是顯而易見。如同營建業或是資訊科技等以專案為基礎的產業中那些專案經理一樣，活動管理者必須管理其他各種不同的領域，如**圖2-1**所示。這些領域都需要經過規劃，並且依計畫執行之，此外，各個領域在整個企業活動全期間皆需被投以不同程度的關注，這即是所謂的活動專案生命週期。如果活動管理者對其中任何一個領域未盡管理之責，將會導致活動面臨嚴重問題。

基準計畫

如**圖2-1**所示，專案管理的每一個領域都需要一個計畫。不同於大多數行政管理計畫，專案管理流程需要建立一個基準計畫（baseline plan）。行政管理計畫是依計畫行事，然而基準計畫卻是可以修訂的，而且當具備基準計畫時，管理者便能夠辨識與衡量活動的任何變異，

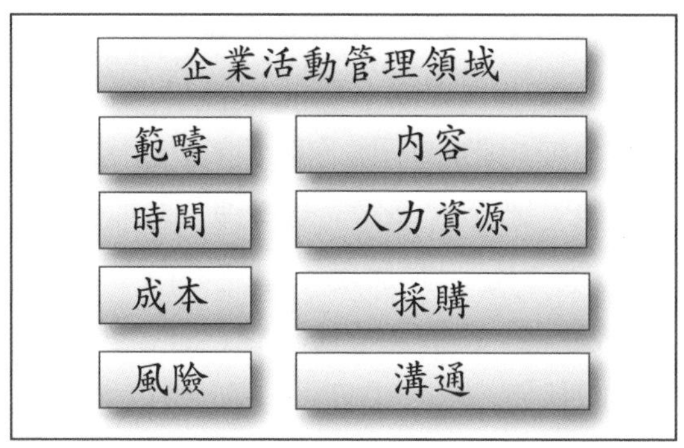

圖2-1 將企業活動管理分割成數個權責領域

因此建立基準計畫意味著建立辨識與控制變異的方法，如果變異夠大，管理者有必要直接更改基準計畫。舉例來說，預算本身即是基準計畫，然而很少活動能完全與預算相同。大多數的客戶端都會使出一些花招手段，以確保活動能夠達到企業目標；另一個基準計畫的例子是活動方案，方案通常會隨著外包的演講者、攤商、藝人等等因素而產生變化，而且會越來越豐富。這是一個不斷演化的過程。風險管理基準計畫需要持續地檢討，特別是如果在其他計畫中發生變異的話，那麼無可避免地，計畫就必須變更。

活動專案生命週期

當活動從概念到規劃以至於執行，企業活動管理的優先順序都會改變，其關注焦點也會移轉。引進活動專案生命週期（event project life cycle）的概念，在於方便管理和控制逐漸發展的系統。規劃是企業活動專案管理的重要部分，它是一個在思維上將所有事物結合在一起的程序，同時它也包含了對問題的預測及解決。然而，活動管理者無法

預測所有可能發生的問題，因此，如果能夠將企業活動規劃視為降低問題數量的方法，可能更為實際。依此思維推演，活動規劃的目的在於先行規劃所有能夠被規劃的任務，以利於使用更精確的方式處理變動和始料未及的問題。雖然大多數企業活動的內容可以是有組織的，然而未能被預期的事件總是活動籌劃不穩定性的一項因素。

只要活動是有系統的，那麼變動就會存在，這是企業活動管理的基本原則。當活動越接近舉辦日期時，員工數就會增加，例如某些活動公司從早期概念發展階段的2名員工，到活動當天超過1,000名員工及義工。企業活動專案管理生命週期的概念如**圖2-2**所示，隱含著規劃與執行程序所發生的成長與變化。

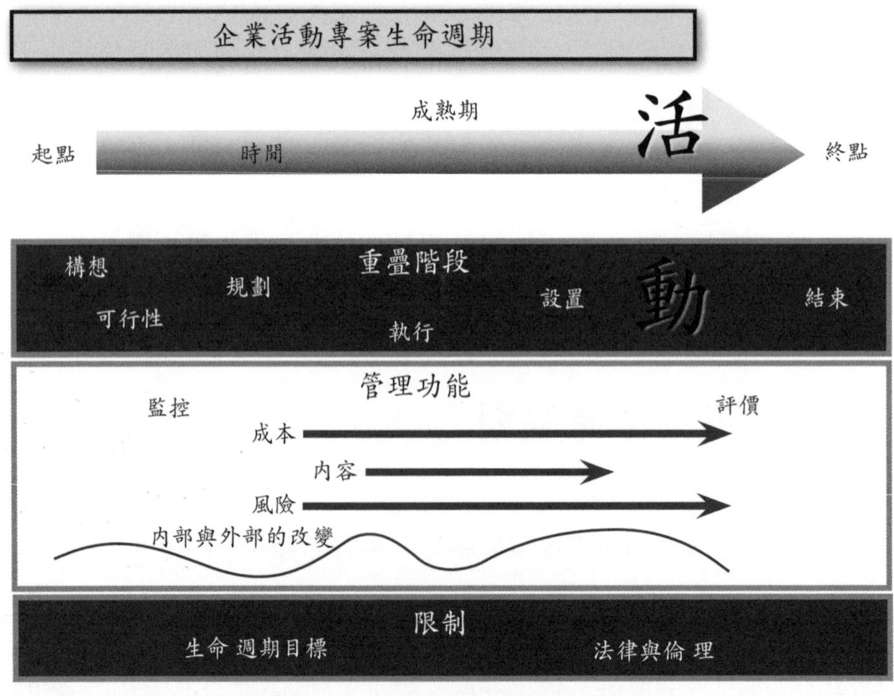

圖2-2　活動生命週期的階段與功能

任何型態的企業活動均啟始於一個概念或是構想。第一個要問的問題是「它是可行的嗎？」這個答案應該（反覆）回饋到概念，同時概念也應該要進一步發展下去。一旦活動構想看起來是可行的，規劃便可以開始進行。這可不是一個呆板的機械或是線性模式。在規劃過程中，可能因為機會與風險發生了，而必須回過頭來修正活動構想。當計畫中的某些層面仍然處於規劃階段時，另一個層面卻可能已經在執行階段了，例如活動宣傳在場址規劃之前為佳。在計畫執行過程中，某些活動的結束可能是另一個活動的開始，也就是說，所有這些程序之間相互回饋、互為起始。風險、內容、成本以及時程等領域都必須在企業活動專案整個生命週期中受到管理。在生命週期進程上的風險差異可能很大，而這也意味著活動計畫本身並非僅是靜態的書面文件。

唯一確定的是，變動是存在的。當供應商數目增加時，可預測的內部變化包含活動工作人員與合約管理的增加，而原始未被預期的內部改變也可能隨之發生。當原始活動已經在規劃時，企業活動辦公室可能可以繼續承接其他活動。外部改變有可能包含常見的展覽場地變更，或是更大規模的變化，例如外幣匯率波動。

無論發生任何變化，活動都必須在客戶端所設定的限制條件之內進行——例如客戶端所期望的投資報酬與獲利，或是合乎法律與倫理的報酬。這些源於客戶端的限制因素乃是企業活動專案生命週期的明確目標。不過，這些難以察覺的限制條件，可能肇因於客戶端工作環境（例如企業文化）所致。

規模

企業活動計畫書可以簡短到只有一頁，也可以長達一本書，端視規劃詳細的程度。換句話說，詳細的程度取決於以下因素：

1. 企業活動的複雜度。
2. 活動規模。
3. 對特定類型的活動管理、員工、供應商的熟悉程度。
4. 法律和利害關係人的要求。
5. 規劃任務的時間與其他資源的配置。

計畫書程序撰寫的目的在於輔助建構整個活動，而計畫書同時也是一個溝通工具與專案基礎，它使得活動有被衡量的基準。然而，它並不是如同「刻在石頭上」般的固定不動，當企業活動生命週期往前進時，它也需要被即時修正。

當撰寫好的計畫書變成活動的總計畫，而非籌劃活動的工具時，風險也就發生了。「評估→規劃→執行→衡鑑」這是一個對複雜的重疊流程過分簡單化的程序。企業活動規劃是一個藝術和科學的複雜混合體，這也就說明了何以活動管理者不願意建立任務說明和目標。在活動組織的變動環境中，這些很容易成為活動管理人員的重擔。儘管它看起來好像我們已經做了足夠的準備，不需要一直不斷地重新審視和重新修改所有的目標，但是即便活動仍然依進度進行，再次花時間重新審視它們是很重要的。要突然改變行動，或是遇到問題拖延是很容易的，這兩者都會造成活動管理者未能達成利害關係人的既定目標。如果管理者願意花時間確認所有目標的正確性，便很容易回應變更或附加事項的要求。前項要求被同意與否，乃是基於每個所提出的變更或附加事項對於既定目標達成的影響程度。

此外，有些作者會將規劃視為所有活動問題的萬靈丹，並強調不善的規劃本身即是企業活動的重大失敗。做這樣的結論太草率了，反而是種事後諸葛。如果規劃被定義為在所有問題發生之前便能預知，那麼就事實本身而言，根本不需要這麼多的規劃，這應該是以史為鏡可知興替的最好例子吧。在活動專案生命週期進行期間，改變（和問題）可能來自任何地方和任何時間。

因為不斷變化的經濟條件或所有活動設備的變更，一個區域經理或資深執行長可能取消活動的進行，例如最近「達康」（dot-com）公司在股市市場價值的低迷，一些我們所熟知的公司活動策劃者便面臨取消活動和支付清算款項給供應商。雖然某個流程導向的人可能會說，這種可能性應該在計畫中就被考慮進去了。其實，沒有被考慮進去乃是因為景氣好，事情都在快速前進。沒有人能夠預測經濟迅速衰退，如同沒有人知道美國聯邦準備理事會可能會提高或降低利率，以及此舉對經濟的影響。

在另一起案件，一個製造商為了巴黎舉行的貿易展，已經多次確認清單上的每一個項目，並且與核心小組成員舉行每週一次的會議。在活動前一週，製造商與巴黎企業活動策劃同行進行了每日例行的電話會議，並確認所有程序已經準備妥當，所有的活動都正常順利的進行。不幸的是，當設備送到法國時，卡車司機發動罷工。因為罷工者封鎖進入巴黎的所有道路，時間一分一秒逼近活動開始的時間。所幸，經過多次電話聯繫和談判，這些設備曲折地被送到了。此例中，罷工事件所造成的意外完全無法臆測。發生在複雜系統的任何改變所引發的結果，乃是由一個固定數量且無法預測的相關變數所組成。例如，設立一個活動需要二百個任務，假設其中一個任務發生變化或是從而引進新的任務，那麼所有任務之間的關係可能會改變。亦即原先已經改變的關係，可能反過來造成更進一步的變化，且無窮盡地進行下去。換句話說，一個小的變化可以很容易產生無法預測的後果。

專案和企業活動管理

所有的專案都有某些共通點，無論是執行一個新的軟體方案、開發一項新商品以供生產、製作一部電影，或管理和舉辦一項活動。因此，對於企業活動管理者而言，在管控下的專案程序確有其魅力之處。以下是有關專案特色的介紹：

1. 專案是以時間為基礎：專案的每一個層面都有時間限制。
2. 專案是獨一無二的，必須投入新的資源，或在一個新組合中使用標準資源。
3. 專案有明確的開始和結束日期。
4. 專案通常都無經驗可循，且包含許多不可預見的風險。
5. 在專案期間的作業層級會隨時間而有所不同。
6. 專案組成一個動態系統，以因應來自內、外部的變化。

這並不是意味著所有傳統專案管理的方法——例如《專案管理知識體系指南》（*Guide to the Project Management Body of Knowledge*）中所記載的——可以直接轉移到企業活動管理，有許多工具可以用來協助專案經理確認專案的完工日期；雖然在工程和資訊科技產業可能會有點不同，然而，在活動規劃場域中這完全沒有變異的空間：也就是說，活動必須如期舉行，活動公司無法建議其客戶延遲個幾天舉辦新年晚會。在活動管理領域中，變化和制定動態決策是極為重要的。為因應其他產業的快速變遷，傳統專案管理模式已經較不適用，而且已經被包括上市時間和全面品質管理等新模式所取代。然而，專案管理工具是很重要的，不僅可以幫助規劃和控制活動，而且也可以進行活動評價與提供文件。

總而言之，活動組織或企業活動辦公室應該有效率地發展出應完成事項、將任務分解為可供管理的小單元、分派資源以及安排工作時程，這個程序如**圖2-3**所示，本身是動態的，而且當環境變動時，管理者應該不斷地檢核該程序是否適用。

為什麼要在企業活動中使用專案管理流程？

快速變遷的企業環境，正在創造出必須快速回應變動的經濟結構。傳統金字塔職責和功能部門結構的企業模式已不足以因應環境變化的速度，目前已經有大量的現代文獻著墨於此一議題。這項發展的範例即計算機處理速度持續不斷地增加，使得固守現有軟、硬體的公司處於競爭劣勢中。一家公司必須不斷地瞭解新的軟、硬體才會進步。令人感興趣的是最近開發的物件導向技術。傳統結構化程式設計

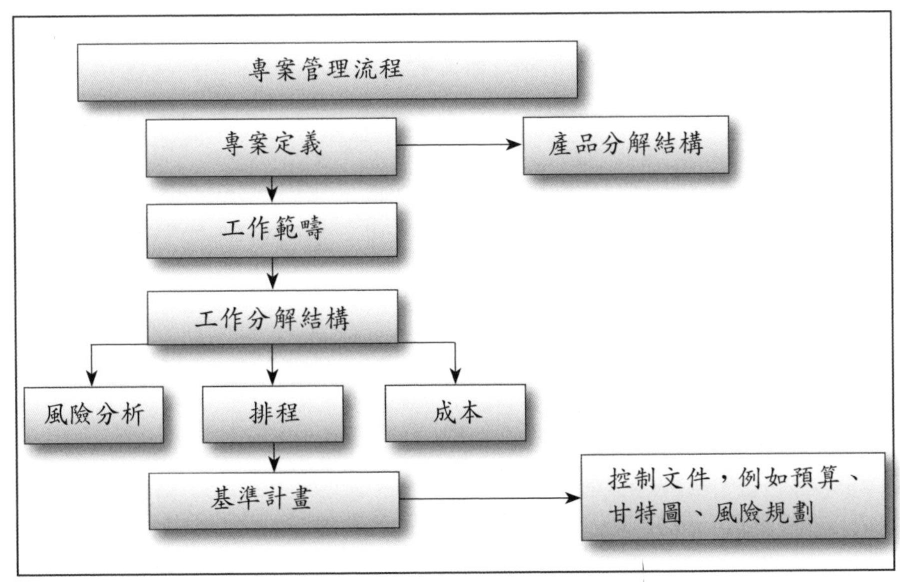

圖2-3　專案管理流程流程圖

的複雜度，已經引發了一項需求：目的是打破原始由軟體所完成的整體任務，變成更小的單位。這些單位或物件會在不同的組態中重組，以產生所期望的結果。這種將工作分解成可供管理的任務模式，是專案管理的基礎。越來越多組織使用專案管理，乃是因為傳統組織結構和方法無法快速回應新經濟體的變動，現代的公司都在進行規模調整及重組成另一種工作團隊結構，以便更敏捷快速的回應變動。

活動產業也不能倖免於這種情況，尤有甚者，可能更是助長這種情勢。有些特別的活動更是用來引發企業、區域或是國家內部的變革。兩大公司的合併是所有供應商和新聞界眾所周知的，並規劃舉辦活動來慶祝。該活動的目的是讓員工及一般社會大眾接受因為合併所帶來的企業文化改變，並藉由特殊活動強化新產品與新經營模式的接受度。會議及展覽是展現公司在態度、策略和經營方式改變的良好活動方式。對活動管理創造一個有系統且負責的方法，包括增加活動的大小、數量和經濟重要性；對利害關係人負責；專案及風險的複雜度；影響專案的規章；專案的跨界狀況。活動管理流程包含促進活動相關人員的溝通文件，也包括向利害關係人所做的進度和解釋報告。

專案管理有許多優勢供企業活動管理者參考，包括：

1. **對所有活動建立一個系統化的方法**：今日，活動不再被視為一個一次性的提案，更可以為下一個活動重新創造技術和技能，活動已經成為企業和政府業務的一部分。企業活動管理者、客戶端和贊助商可以從每一個活動相互學習，並找出需要改進的地方，從而發展更好的活動，而所有的利害關係人也能夠全面性瞭解專案。建立符合整體系統所使用的時間表、任務和責任，讓所有人知道他們要做什麼且何時該完成。
2. **將活動去個人化**：活動的知識存在於該公司而不是少數優秀個人身上。在過去，大多數企業活動需要竭心竭力的人格特質或

核心小組以推動活動工作，因此，方法和技能都存在這群人手上，而活動也展現其個人風格。當企業活動產業仍處於初創階段時或許還能允許這種情況，但是當活動數量增加或是考量活動經濟重要性時，則不再允許這種浪費。規劃和執行系統必須獨立於任何人之外，這也是為什麼一些活動管理者都不願意執行系統性方法，因為有損於他們的權力和神秘感。

3. **促進明確的溝通**：在活動期間以及面對利害關係人時使用通用術語，能有效提升決策制定的效率。專案管理術語非常適合不同領域的團隊之間的交流，舉例來說，企業活動管理團隊必須與財務及行銷部門溝通，而專案管理術語也就變成這些部門語言的一部分。在經由會議和文件溝通任務與責任時，專案管理提供了一套清晰的系統。
4. **順應其他部門使用的方法**：許多公、私部門正在經歷某種形式的重組，一般是朝向專案管理型態邁進。這表示專案管理方法論已經影響了大部分活動的利害關係人。此外，它早已存在於一些公司的功能部門，如資訊技術，產品開發和人力資源部門。
5. **確保當責制**：專案管理流程的文件產出意味著企業活動應該對利害關係人負全權責任。活動管理可以顯示一個複雜的活動，因此客戶或贊助商可以在任何時候得到一份進度報告。
6. **提高活動規劃能見度**：企業活動管理團隊常未見其績效，因為最明顯的規劃程序結果是活動本身，而活動內的工作通常未見於資深管理者或利害關係人。如果活動能成功，不管做了多少工作，它都可能會被視為是輕而易舉的。因此，如何向客戶端正確有效地提出專案管理報告和文件，是提高專案全程能見度的好途徑。
7. **促進培訓**：有一套方法論意味著員工和志願者可以迅速地完成訓練。專案管理流程的其中一個產出是企業活動手冊，該手冊

可用來培訓員工。當系統已經就緒時，新進人員可以更容易地了解他們的責任，看看他們的工作與專案的配合度。

8. **發展可轉移的技術**：在系統化專案管理環境中工作，意味著所學習到的技能不僅對活動產業是有價值的，也適用於其他專案管理領域。當潛在的員工知道他們能夠獲得可移轉的技能時，活動管理者將有更大的機會吸引優秀的人才。
9. **建立一個多元化的知識體系**：專案管理累積與改善世界各地無數的專案經驗、技能和知識，無論是從美國太空總署登月任務，到為在地公司執行一個新的軟體系統，活動管理可以從所有這些專案的錯誤和成功中學習。

專案範疇與定義

當客戶要求企業活動管理者建立與管理活動時，在客戶腦中所浮現的「活動」，有時候不是這麼容易理解。因為活動可能不盡相同，明確說明活動的內容是活動專案管理的第一步，這往往包含著許多目標的組合，有些目標直截了當、有些卻是不明顯，甚至是隱藏的。

一個專案管理方法上實用的概念是「專案定義」，它被視為是整個程序的第一個步驟。無論客戶端是政府、企業或慈善機構，所謂的活動管理意味著應該真正瞭解客戶的需求並將其形式化。對專案的定義應該遠遠超過「活動摘要簡介」，因為它包括從活動管理公司、企業活動辦公室以及客戶端目標聲明的資源投入。它也可以被稱為協議聲明書，以及工作、責任、進度和預算的大綱。同義的術語是專案核准證明或工作說明書（SOW），後者是來自工程建築的實用概念。這些詞彙在活動管理以外的組織經常使用，同時也是現代企業的標準專業術語。

雖然一頁的專案定義可能已經足夠了，但還是應該盡可能的詳細。現今與未來發展方向的準則均已制定。在這些當中，特別重要的是贊助商或客戶端及其組織的責任，以及內部或外部企業活動管理的責任。如果客戶端的資源，如會計，法律和廣告宣傳，都被用來支援活動，最好有一些關於允諾投入活動資源數量的指導原則。

該準則文件可能包含以下標題：

1. 企業活動描述——包含使命、願景和主要目標。
2. 主要客戶端的角色和職責。
3. 利害關係人的名單，如行銷、人力資源、公共關係、政府相關部門或贊助商。
4. 工作範疇。
5. 標示里程碑的進度表草案。
6. 基本假設（可能隨時間變化）。
7. 有現金流量結構的預算。
8. 簽署權限及限制。

不能期望工作說明書可詳細說明企業活動的所有工作。但是，它仍然提供一個執行步驟的基準和備忘錄。它還包含一部分概述變更此基準的程序。

產品分解結構

產品分解結構（product breakdown structure, PBS）是一種傳統專案管理技術。「產品」是企業活動本身，包含產業展覽、會議娛樂晚宴、成立團隊的海港巡航或是建立網絡機會的雞尾酒會等等，均可作為企業產品項目。列出全部產品且不能忽視活動的細微之處，都是很重要的部分。例如，無論是舉行活動慶祝公司開幕或是贊助社區活

動，都可以使州政府留下深刻印象，並改善公共關係。產品分解結構除了可以用來管理客戶需求，也是活動的通用術語。此外，任何原來隱匿的目的，皆可能藉由產品分解結構程序而浮現。產品分解結構需要陳述共同假設，或至少要記錄下來，可供活動規劃或執行期間參考。當資深管理者需要更新資料或是當事情出差錯而要追查肇始者時，文件也是非常有用的。

產品分解結構也可以用來建立組織結構。例如，具有廣泛產品分解結構的公司年終晚會，可以由委員會管理。它存在許多優勢，因為委員會可以在活動中容易地回應產品成長。一個額外的活動要素可以藉由額外成立以專門管理該要素的委員會來被管理。因為產品分解結構能夠同時提供客戶端和活動管理員工有關整體活動要求的明確概況，因此如果活動所需要的專門服務超出了企業活動管理員工的能力，便可能要外包或徵求投標。

工作分解結構

當活動確立之後（至少應該訂出草案），下一階段即是分析活動的規劃與執行工作。將一個複雜的專案分解成許多可供管理的更小工作單位的程序時，我們稱之為工作分解結構（work breakdown structure, WBS），而分解後的的工作單位通稱為作業或任務。因此，這種過程被稱為任務分析。一個任務或作業具有以下特點：

1. 它通常只有一個簡單目的，而且可以被當做獨立的個體來管理。
2. 它有明確的開始和結束時間。
3. 它需要明確分配資源。

例如，要舉辦一場體育盛事，可能包括選手的餐飲和發電機設備。企業活動可以依據各種不同準則而分割成以下部分：

1. 活動節目安排（例如，活動中的節目安排、展覽、正式晚宴、觀光）
2. 現場位置或地點（例如，在建築物的前面）
3. 功能（例如，資金、音響、娛樂、獎品、報到）

一般來說，如果只是要找出可供管理的小活動，以轉包給分包商或工作人員，那麼前項三個準則可以混合使用。當活動日期越接近時，工作分解結構的樹狀圖WBS可以擴展也可以縮減。大型活動的第一個層級，可以依據現場活動所在地點而制定，例如「地點1：會議中心」，然後按照所在地點所執行的功能再往下細分；或是它可以依據活動管理功能分類，例如物流、住宿、餐飲、規章或佈置會場。當第一級分類被選定後，其分類應該周全且互斥，越往下分組或分類時，每一層的項目均應該包括所有的工作，以確保活動項目毫無遺漏。

工作分解結構也可以用來為整個活動進行編碼，每一個代碼表示該結構的層級。良好的編碼很容易為工作人員所辨識，也能夠作為強化、分檢或排序活動資料，更可以作為企業財務成本代碼。這些代碼可以是全部數字或字母與數字並用。以培訓研討會和展覽為例，第一層級的代碼可以分解為 S（表示研討會）和X（表示展覽）。研討會的WBS可以是地點（V）、主持人（P）、報名者（R）、餐飲（C）和設備（E），因此研討會的設備成本可以用代碼SE來表示。

圖2-4是某個城市舉辦頒獎晚會之WBS草案的實際案例。由於該頒獎活動由工程公司所舉辦，其視聽方面的活動安排也就格外重要，因此，在本案例的視聽音響單獨列為一個類別。

圖2-4包含工作分解結構與產品分解結構，它使企業活動管理者能夠清楚地向客戶端定義出活動範圍。因此，在活動規劃的一開始，便能明確訂出「誰該做什麼」。有關活動範圍的一個要項是應該要知道工作需求的限度，也就是說，不需要做哪些事情。然而，**圖2-4**並沒有

明確指出所有必要的任務是由誰來決定與分派。第二個步驟是擴展下一個層級的元素（例如「樂隊」，如圖2-5）。

圖2-4　頒獎典禮的工作分解結構

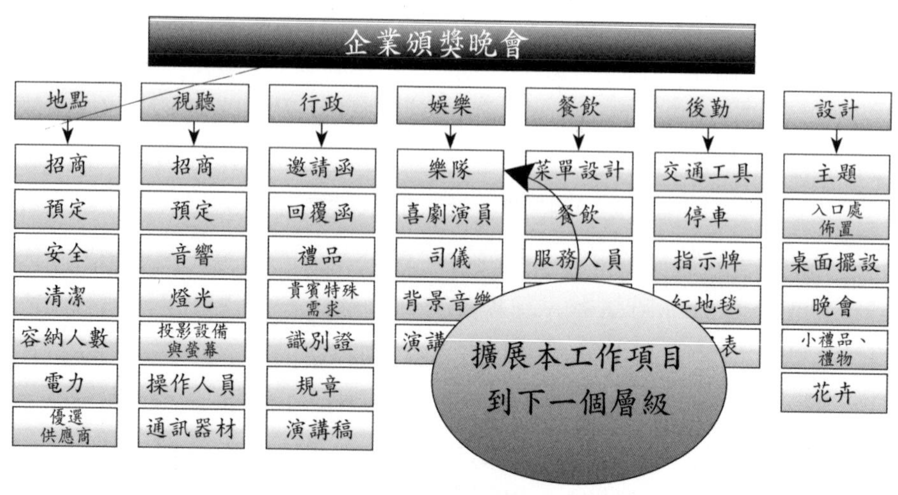

圖2-5　工作項目擴展範例

圖2-6顯示經由第二級任務所分析出來的下一層級（第三級）任務。在此，樂隊被分解為許多獨立的任務，各個任務可以由具有不同專業技能的人來負責。例如，契約簽訂可能由法務部門負責。

許多前面所提到的各項任務都可以作為成本中心，成為預算的「直線元素」。因此，整個活動的成本可以藉由加總每一個工作項目的成本而來。整個活動專案管理可以從工作分解結構的基本圖形看出，很容易為企業活動工作人員、客戶、贊助商、志工所理解，並可以馬上看出活動的各個面相，其精確度可媲美不斷變化的活動規劃環境，也就是說，它不會使計畫陷入困境。值得注意的是，有許多不同的方法可以進行前面所提到的工作層級分類。第一個層級可以先由活動的實際位置來分類。當有許多不同的團隊共同管理臨時工作區時，

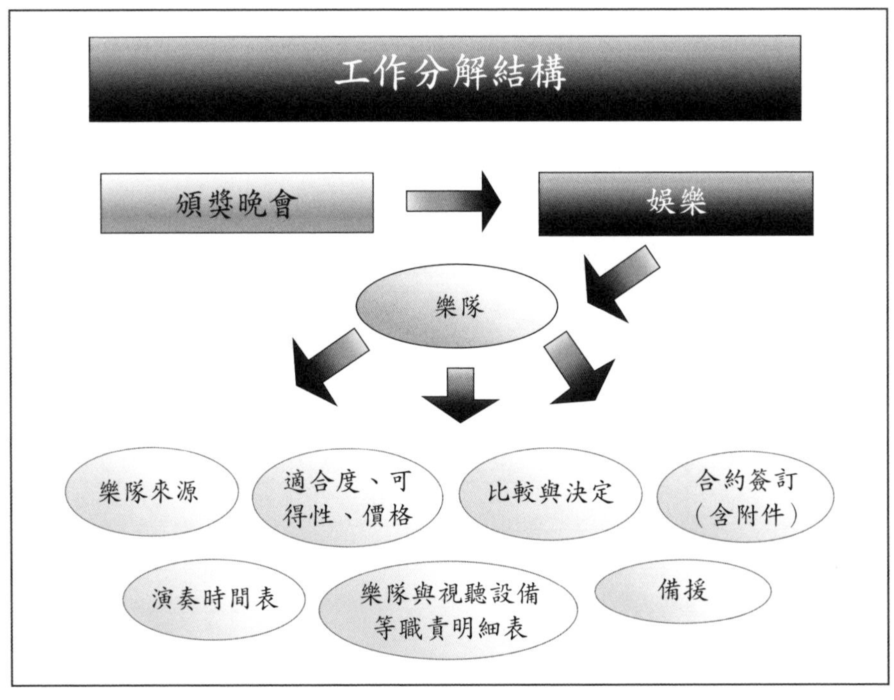

圖2-6　樂隊元素擴展

這是一個很常見的分類方式。頒獎晚會的各種替代方案如圖2-7。例如，主要舞台分為七個責任次領域—講桌、視聽設備、椅子、裝潢、投影設備與螢幕、多媒體設備、司儀和舞台總監。工作分解結構應該被視為確保活動成功，且該完成的項目毫無遺漏的一項工具。

範疇擴張

大部分的活動管理實務工作者都知道「範疇擴張」（scope creep）這個重要術語，它指的是待完成事項的逐漸增加。範疇擴張發生在當工作分解結構已經完成，卻因為辦公室忙碌的工作而常常忽略未完成事項，以致於發現時為時已晚，而無法改變造成發生的原因或減少其損失。它可能因為客戶端變更活動的某個層面，例如客戶或贊助商突然決定改變地點，此舉可能造成活動管理未被估算到的工作量增加。在規劃階段，非常微小的改變決策都可能引發成倍量的工作範疇擴張。範疇擴張也有可能來自外部成因，例如國家法令的修改或匯率的

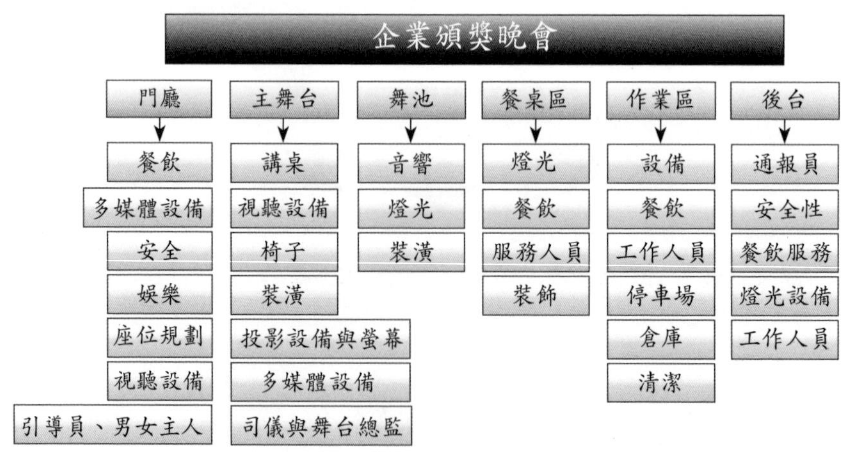

圖2-7　工作分類的其他選擇方式

波動，這些都是活動管理所無法控制的。內部原因可透過建立範疇變更的控制程序來掌控。雖然此舉將造成變更文件的增加，例如進行變更之前，必須填寫變更表格，並獲得核准方得變更。這是企業活動的管理團隊的一個取捨決定。填報變更表格的官僚化作業較重要？還是活動團隊的信任度與自主性較重要？這是值得思考的。活動到處充斥著變更，因此核心團隊必須開會討論該變更是否需要、變更所帶來的後果，以及變更是否會影響活動的可行性。

工作包

當企業活動被分解為作業或任務（任務通常被視為系統中的作業和小專案的次系統）之後，必須將它們分配到某一個負責的人或一群人身上。任務可能被組合在一起，形成一個工作包（work package）。例如產品發表會中，一個多階段的活動，可能有完善的準備和運作以作為每個階段不同的任務。然而，它們會被組成一個工作包，並由一個承包商（一間健全的公司）所承接。對具有足夠資源的承包商而言，工作包代表了一個持續性的工作量。具有總體開始與結束時間的工作包（由成群任務組成），通常被標示在發送給承包商的文件中。工作包樣板請參見**附錄1-4**。

排程

任務——並列與串列

一旦企業活動任務確定後，下一步就是把企業活動放在最有效率

的順序上。依據現有的資源，有些工作可以同時進行，而有些則必須順序完成。例如，在同一人不執行廣告活動與供應商簽約這兩項工作的條件下，廣告活動與供應商簽約可同時進行。然而，在帳篷送達前得先確認地點所在。

任務可以分為：

並列的：可以同時被執行，因為它們需要不同的資源和滿足不同的先決條件。

串列的：必須依資源的可得性或必要的先決條件順序執行。

工作必須依目前原有的事物進行排序。而什麼工作必須在這項工作開始前完成？例如，視聽設備無法到達、設定和操作直到安全無虞。有鑑於數個工作可能涵蓋於一個複雜的活動之下，這個初始的整理過程本身就會是個艱鉅的任務。在較小的活動中，策劃者會把每項工作記錄在一張便條紙（如便利貼）中，並貼在一面大板子上。然後這些工作將會被重新排列至最佳的順序。這套方法有靈活的優點，而且可以讓策劃者快速的因應突發的狀況，像是客戶突然想改變場地或想要的餐點。

圖2-8是一個活動公司或企業活動辦公室執行作業數量的概述。最初，在事前準備包含了一些任務，如果成功的達成了工作，活動管理將會迅速進入策劃與準備的階段。當各方面在進行時，會有一段控制期，以確保所有事務按照計畫進行和處理一些問題或改變的產生。在此同時，管理團隊必須檢查並做最後的改變。這當中管理者理應只需監督工作。然而，總有意想不到的狀況，如與會者生病、到客數增加或天氣的改變。在活動結束時，企業活動管理者控制與應對不同狀況的技巧再次獲得充分的發揮。

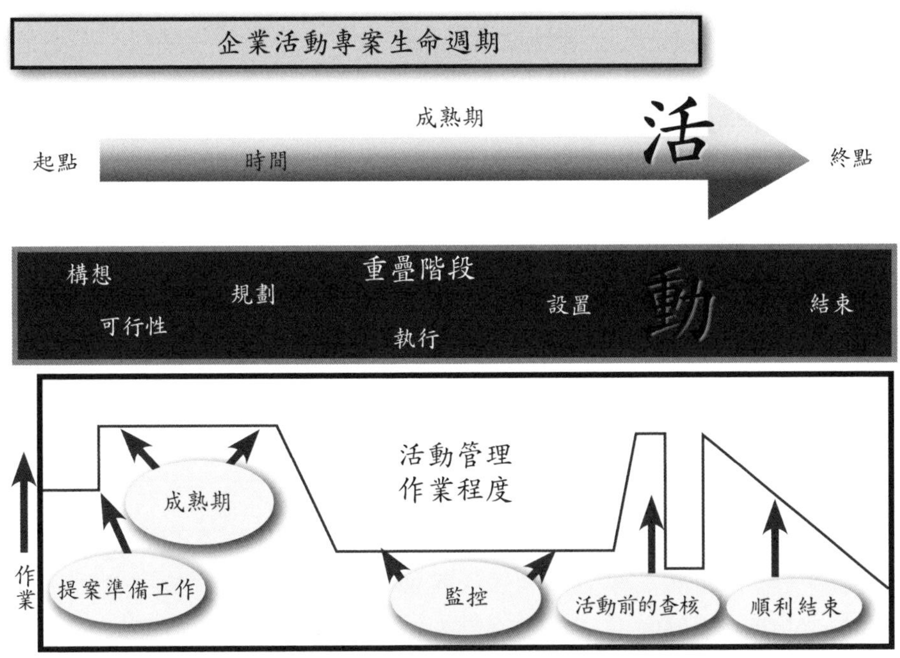

圖2-8　顯示作業量變化的企業活動專案生命週期

時間表

每項工作的時間表都必須經過評估，也就是在給予適當的資源與先決條件下，每項工作所需的時間。這段期間一般稱之為估計完成時間（ECT），這通常取決於專家的預測。在工程規劃管理中有四個評估值：

1. 最早開始（Earliest Start, ES）：在立即的前置工作完成後最早可以開始的日期／時間。
2. 最早完成（Earliest Finish, EF）：工作最早可完成的日期／時間（因此EF＝ES + ECT）。

3. **最晚開始**（Latest Start, LS）：在不造成活動期程延宕下，最晚可開始的日期／時間。
4. **最晚完成**（Latest Finish, LF）：在不造成活動期程延宕下，最晚可完成的日期／時間。

最晚開始（LS）與最晚完成（LF）對活動計畫是極重要的，儘管它很少使活動日期改變。「何時可以完成？」是活動管理者最常問的，而隨著活動日期的接近，答案顯得更加重要。

甘特圖

規劃企業活動會牽涉許多來自不同背景與教育程度的人，每個額外的個人或分包商需要額外的溝通管道，這也意味著有效的溝通可以明顯地節省成本與時間，以圖形顯示可以迅速的把資訊傳遞給不同的工作文化。甘特圖（Gantt chart）或長條圖便能簡單地顯示需要完成的重要工作。這些圖表可以用在活動提案來顯示排程，或向分包商說明活動的成功取決於他們的準時完成，透過整合工作分類，甘特圖證明管理能力可以增強活動提案。**圖2-9**為一場研討會場地佈置的甘特圖，它包含詳細的層級，以提供客戶了解作業概要。

關鍵任務與要徑

大多數企業活動管理者的技能在於辨識任務的優先順序。有些任務必須準時完成，而其他任務則有浮動的空間——也就是說，它們的完成時間並不是最晚的完工時間。每一個類型的任務必須給予適當關注，該任務的順序，如果沒有緩衝的時間，即稱為要徑（critical path）。要徑上的每一個任務，即使它需花費更多的資源，或是對活

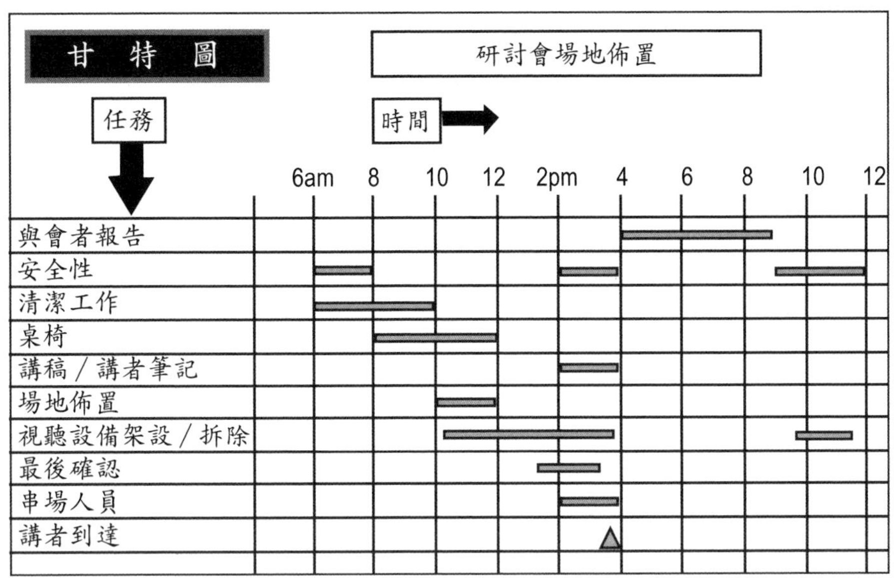

圖2-9 小型研討會當日的時間表

動內容產生變更，也必須絕對準時完成。在戶外的應酬招待活動中，許多任務仰賴發電機的引進與裝配，發電機被視為一個關鍵任務，一旦發電機架設好了，帳篷便可以搭設了，晚宴負責人可以開始進行工作，裝潢公司也可以在入口處進行佈置。如果發電機故障，活動負責人將被迫面臨許多替代方案，所有的替代方案都免不了要消耗資源（包含資金及人員時間），或是選擇改變該活動的本質。

有許多藉由估計法和電腦軟體，來教導如何辨識要徑的書籍（部分建議書籍置於本章最後）。由於企業活動處在不斷變化的環境當中，原來被視為不重要的任務，可能在一瞬間變成關鍵任務，卻也是無庸置疑的。必須承認的是，儘管要徑法是有幫助的，但它並不是一成不變的，透過電腦軟體找出活動要徑，也顯示出專案管理軟體的侷限之處。所有活動中的任務之間均有其關聯性。假設鏈結本身是合乎

邏輯的，而當有一百個任務時，則會產生五千零五十條連結線，只要改變其中一個任務的順序，所有的鏈結都需要更新，所有的資源也必須重新計算。正如本文所強調的，改變是企業活動管理的一部分，不幸的是，大多數活動不穩定的特質，對於該軟體來說太過複雜了。但是，目前也有可利用的軟體，可以在任務未產生鏈結的狀態下繪製甘特圖和其他重要文件。大家也可以使用Microsoft Project元件，甚至在Microsoft Word、Excel以及其他文字處理器或試算表套件中繪製圖表。

里程碑

就某種程度而言，任務是容易變動的，這也意味著如果內部或外部環境發生變化，為了確保活動順利準時舉行，任務可能隨之發生變化。在安排整個活動上，里程碑（milestones，即重要任務的完成）便成為關鍵點。在規劃活動時，里程碑必須能被辨識出，並認為是重要的。在規模較小的活動中，里程碑的表現方式可能僅是董事長或其他資深管理人員的出席。

影響圖及敏感度分析

影響圖及敏感度分析（influence diagrams and sensitivity analysis）是用來瞭解方法變更對活動影響程度的良好專案管理工具。所謂的影響圖是利用方框與箭號顯示任務的相互依存關係，以便清楚瞭解一個活動的許多面向。它顯示出企業活動本身即是一個系統，而且活動中任何一個部分的改變，都可能引發許多複雜而又難以預料的後果。例如，改變一個活動的程序，可能對安全要求造成很大的影響。如果一

個有著重大影響力的政治家在最後一分鐘決定參加一個活動，將對既有的安全規劃產生非常顯著的影響。

敏感度分析的目的在於找出活動的變更對整體性活動影響的程度。就某種程度而言，這是一種風險管理策略：如何找出一個微小變更對整體活動的影響？例如，基於新科技的重大突破，有一個在布魯塞爾的企業活動管理者決定更換開幕式其中一組喇叭。該決策對資源需求影響不大，但對於節目而言，該決策對觀眾感受而言是有利的，但是卻不利於換場時間及相關成本。該決策改變雖然在節目單已設計與打樣之後發生，但幸好尚未送印。

輸出結果

專案管理流程分析包含運用圖表及其他活動文件，其他活動文件包含聯絡人清單、工作職務表、活動清單、工作包，報名表和評估表。這些文件也可以作為製作活動手冊或是過往記錄的依據，並作為比較活動差異的方法。

可調整性

專案管理流程的優勢是它可以被使用在企業活動的小範圍中，也可以被使用在整體活動上。活動行銷經常使用工作分解時間表和甘特圖。在行銷活動時應該在時間軸及甘特圖上，將活動分解為可供管理的單位。擬定投標文件或活動企畫書也適用專案管理流程。活動場地或地點的安排與分類是另一個領域。接著，所有的次流程，均應在主

排程上進行。可以使用專案管理軟體以方便管理這些企業活動規劃的功能差異。對綱要的掌握可以藉由僅顯示副標題來概述整個計畫，或是藉由顯示所有細節來詳細闡明整個計畫。

企業活動計畫管理

活動公司或企業活動辦公室不可避免地在不同的規劃和執行階段，同時出現許多活動，此即類似所謂的計畫管理。不過，計畫管理有兩個含義，它可以是指許多獨立的活動，每個活動有不同的客戶端。這些活動唯一共同的關係是，它們都是由同一個公司或中央企業活動辦公室所執行，以及分享公司部分的資源。

計畫管理也意味著管理一個非常大的活動（例如奧運會），該活動是由許多同時進行的專案所組成，所有的專案都有其管理團隊與交付標的物，計畫管理者的角色是確保所有「次活動」在軌道上運行。

圖2-8顯示了活動管理公司或企業活動辦公室在企業活動生命週期的活動量。在監測期間內，當辦公室僅有最少任務時，活動公司將尋找更多的工作，也就是承接另一個活動，其目的是保持恆定的工作量。這是一個資源撫平的例子。

部分公司逐漸成為以專案為驅力的企業，以因應快速變遷的商業環境及快速回應顧客需求。這種發展型態正對活動管理產生影響，因為這些公司正在發展一套專案文化，組織內的專案正在相互爭奪資源。專案選擇與核准標準正被建立中，而能夠獲獎的專案，將是那些支持公司的整體經營策略的專案。

專案管理的核心為其程序、分析與時間。這種方法論在整個企業活動中均一致不變。它可以適用於活動管理的任何階段，或是結合全

部的活動。這種方法論對於日益成長的企業活動管理產業的專業化，是非常必要的。

重點摘要

1. 對於專案經理而言，基準計畫的核心概念與活動管理的生命週期，是企業活動的重要關鍵因素。
2. 基準計畫的建立，使專案經理能夠辨識與掌控專案的變化。
3. 活動的生命週期，象徵著規劃與執行過程中所發生的成長與變化。
4. 企業的活動規劃既是一個溝通工具，也是一個可被衡量的專案基準。
5. 在活動管理領域中，回應變化與制定動態決策均是關鍵成功要素。
6. 活動管理組織從事如下事項：(1) 擬定必須完成的活動；(2) 將活動分解爲可供管理的單位；(3) 分配資源；(4) 有效率地將工作單位排入計畫表中。
7. 基於組織的規模、複雜性、經濟面、財政責任、風險及法規與規章，企業活動應具備系統化與負責任的做事方法。
8. 專案管理功能如下：(1) 提供所有活動一套系統化的方法；(2) 使活動大眾化；(3) 使溝通更清晰與便利；(4) 配合其他部門所使用的方法；(5) 確保當責制；(6) 增加規劃成果能見度；(7) 促進員工培訓；(8) 開發可轉移的技能；(9) 建立一套多樣化的知識體系。
9. 工作說明書或專案章程乃是正式確定客户端需求項目，並明確規範活動應擔保內容的文件。
10. 產品分解結構使專案分解爲系統化的分離元素，並依據目標與目的建立客户需求。
11. 工作分解結構將活動分解爲更小，且可供管理的工作單位。
12. 活動中應該被完成的工作量逐漸增加時，造成了所謂範疇擴張。
13. 工作包是分配給個人或小組的一個活動或一組任務。
14. 應該估計與監測每一個任務的起迄時間。里程碑是重要任務完工的時間點。
15. 沒有緩衝時間的串列性任務，被稱爲要徑。在要徑上的任務必須準時完成，以確保活動準時舉辦並獲得成功。
16. 圖表等工具可以協助活動管理人員和客户瞭解變化的影響，以及建立一個活動記錄，或比較類似的活動。

延伸閱讀

以下的建議書籍將提供更多資訊，以改善貴公司的專案：

1. Kliem, R., et al. *Project Management Methodology: A Practical Guide for the Next Millennium*. New York: Marcel Dekker, 1997.
2. Kliem, R., and S. Ludin. *Tools and Tips for Today's Project Managers*. Newtown Square, Penn. : Project Management Institute, 1999.（這是一本查詢常用專案管理術語的好字典。）
3. Project Management Institute. *A Guide to the Project Management Body of Knowledge* (PMBOK). Sylva, N.G.: Project Management Institute, 2000.（這本200頁的文件可以從網路下載，同時它也是傳統專案管理的標準範本。在搜索引擎中輸入"PMBOK"即可找到。）
4. Thomsett, M. *The Little Black Book of Project Management*. New York: AMACOM, 1990.（這是一本介紹傳統專案管理的書籍，内容精采簡短，非常容易閱讀。）
5. Turner, J. R. *The Handbook of Project-Based Management*. Maidenhead, Berkshire, U.K.: McGraw-Hill, 1999.（這是一本包含許多範例的進階書籍。）
6. Weiss, J., and R. Wysocki. *Five-Phase Project Management: A Practical Planning and Implementation Guide*. Reading, Mass.: Addison-Wesley, 1992.（本書以會議規劃爲例，是一本學習程序規劃的良好入門書籍。）

以下書籍可提供想深入鑽研專案管理的人士作爲參考：

1. Badiru, A., and P. Pulat. *Comprehensive Project Management: Integrating Optimization Models, Management Principles, and Computers*. Upper Saddle River, N.J.: Prentice-Hall, 1995.
2. Schuyler, J. *Decision Analysis in Projects*. Sylva, N.C.: PMI Communications, 1996.

討論與練習

1. 描述如何運用專案管理系統以製作以下活動：
   (1) 具有兩年規劃時間的企業週年慶活動。
   (2) 具有六個月規劃時間的企業人力資源招募活動。
   (3) 具有三個月規劃時間的公司野餐活動。
2. 討論將專案管理方法論運用於活動管理的限制。此方法論是否導致體制更官僚化？所有的文書作業均有其必要性嗎？現有專案內人員是否都能瞭解該文書作業的要義？
3. 挑選一項活動，並於活動中建立下列項目：
   (1) 產品分解結構。
   (2) 工作分解結構。
   (3) 工作計畫與甘特圖。
4. 討論有哪些預防措施可採行，以確認並控制範疇的擴張。
5. 網路研究：
   (1) 使用搜索引擎找尋專案管理網站，尤其是專案管理協會的網站。這些網站跟活動管理有關聯性嗎？試討論其原因。
   (2) 網路上有許多提供專案管理服務的組織。試找出該組織，並討論其對活動管理是否有助益。
   (3) 找尋專案管理入口網站、專案辦公室網址、虛擬專案管理和分散式專案管理的相關資訊。這些技術可用來作爲虛擬活動團隊的範本嗎？

第 3 章

企業活動辦公室及文件處理

本章將協助你：

- 闡述專屬企業活動辦公室的重要性及價值。
- 描述企業活動辦公室在整個活動專案生命週期的功能性。
- 爲企業活動辦公室擬定一份計畫以及記錄、文件歸檔系統。
- 詳述適用於企業活動知識管理的基礎概念。
- 爲企業活動建立一套有效的文件處理系統。

企業活動辦公室是為了企業活動所設立的組織單位。可由外部的活動組織或是內部的企業活動人員執行整合功能。內部人員的規模，小至由公司其他部門借調的單一活動協調人員，大至企業活動專屬的全職團隊。

具體而言，企業活動辦公室類型可能是戶外農業展覽會中佈滿泥土及灰塵的現場作業辦公室，或是現代化辦公大樓中的冷氣辦公室。也可能是內含許多來自各地電腦資訊的虛擬辦公室。不論何種型態，實體或是虛擬，企業活動辦公室為活動提供了資訊彙集及儲存的地點。管理處含有許多籌劃及控制企業活動所需的原始數據，從管理處送出活動相關的資訊，是為了要產生所期望的結果。此章節描述了管理處的設立如何使企業活動管理團隊有效率地籌劃及執行活動。藉由分析企業活動辦公室本身及其所使用之企劃管理和活動管理系統，新任管理者可由以往的成功與錯誤中獲得學習。

企業活動辦公室之功能性

企業活動辦公室的目的在於，為活動提供統合管理及行政支援。活動辦公室同時賦予計畫能見度，如此一來，於某些組織中，也提供了活動的可信度。企業活動辦公室類似於戰情室或競選辦公室，有時也被稱做控制中心、指揮中心，或活動的中央流程總部。**圖3-1**展示了企業活動辦公室的功能，以及他們是如何在活動專案生命週期中逐步成形。

功能性的範疇會隨著活動生命週期而改變，因此辦公環境的重點也將隨之變動。起初，這是個用來與各種合作廠商及利害關係人開會、彙集資料、尋覓供應商、進行專案成本計算及製作活動方案的籌

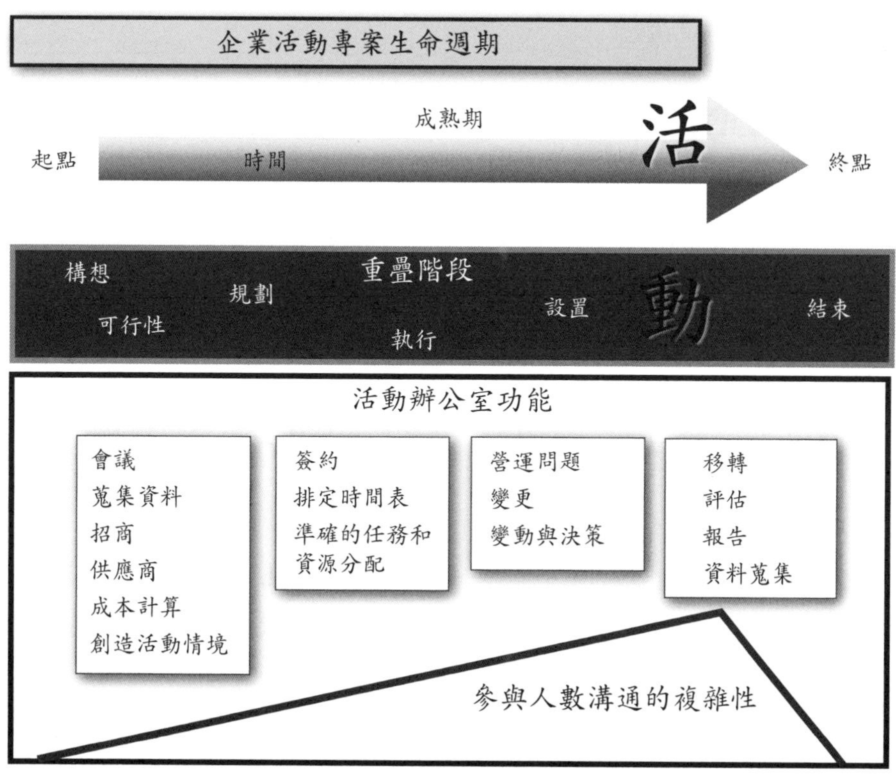

圖3-1　活動辦公室的功能

備處。一旦活動概念確立，則企業活動辦公室便開始專注於合約的訂定、工作的排程，以及任務及資源的分配。當企業活動團隊擴充並加入分包商後，溝通便顯得極為重要，在活動即將開始前與進行當中，企業活動辦公室的焦點便轉為處理營運事務及回應突發變動，一旦活動結束，辦公室則著手安排關閉流程、轉換、歸檔、評估及流程彙報。在設立企業活動辦公室時，須考量到上述所有功能性質。

專屬企業活動辦公室

由於企業活動辦公室對於公司及政府機關的策略性計畫日趨重要，專屬企業活動辦公室的概念也逐漸獲得認同。就一個公司而言，活動辦公室可支援其內部研討會、會議、展覽會、慶祝活動、頒獎典禮以及贊助活動。較大型的公司體認到，為了在所投資的贊助活動中取得最大的投資報酬率（ROI），不能僅做個旁觀者是較明智的。因此，他們更加積極的投入到組織及指揮活動——一種需要靠只有專屬企業活動辦公室才能獲得的專業知識方能完成的工作。

許多美國的主要公司行號——如可口可樂、Brach's甜品、IBM、Xerox以及Mars（M&M's製造商）——皆擁有籌辦活動的專屬辦公室。假設公司一年要舉辦五至六場大型活動，專屬的活動人員或辦公室可節省相關成本，在依據過往經驗所形成的工作重點下，可依循往例立即與有合作經驗的賣方簽約、所記取的教訓可以制定為新的最佳實務範例、過去成功的流程與人際網絡可以再度施行，這些都可以省錢省時，又可確保成功。這一個辦公室的成員可依照各個活動所需進行擴充或約聘。

活動辦公室將分散於公司內部的所有專業人員、技能、知識進行統整，因而創造出規模經濟。它同時也為企業活動導入了一個連貫的方法，並與組織文化相融合。一致性對於品牌而言至關重要，如今，活動已經是一種可為公司行號創造出正面形象的行銷工具，一致的形象有助於員工及民眾塑造明確的觀點。活動辦公室可支援企業活動的各個層面，企業活動辦公室的主要角色是管理外部活動的贊助項目。

企業活動人員與外來的活動管理公司共同合作的情況日漸普遍，

此方法使得客戶公司獲得精準的行銷及各種可能性的開發。在廣告行銷混雜的時代，具有亮點的活動可獲得豐厚的投資報酬。企業內部活動辦公室可與其他部門合作，以活動作為資訊互通的適當手段，以取得各種良機。通常，對企業活動管理的要求，例如突然增加的工作項目，與標準的朝九晚五工作型態是不相符的，其他部門缺乏從其例行性工作上釋放出人力，並將他們調度至活動專案中的彈性，反之，企業活動辦公室可視各個活動的擴充及簽約情況，自行於不同專案團隊中進行人員調配。

活動辦公室之實際佈置

於所有專案導向的產業中，企業活動使用曲線圖、示意圖及圖解與各層面進行溝通。企業活動辦公室便是展示這些資訊的地方。在整個活動的生命週期當中，活動辦公室的牆面上，將會佈滿了包含表3-1中所示項目的各種組合所構成且經常在變動的拼貼圖。

企業活動辦公室的牆面可用來促進腦力激盪及情境設計。寫上意見、資源及時間表的便利貼可隨意移動以創造不同的方案。正確的組合則可轉換至書面或電腦中。此流程於草擬時間表的小型會議中特別實用。一位珠寶製造商活動策劃人鮑伯說道，該流程不僅激發構想和發展出活動的連貫性，而且非常有趣，並且建立了團隊成員間的協力作用，結果使得團隊中所有成員都成為最終計畫中的一份子。

表3-1　企業活動辦公室展示項目

地圖	1. 描述企業活動場地地理位置的地圖。 2. 詳列機場、高速公路、火車站、公車站、停車地點等等之交通運輸地圖。 3. 企業活動場地／會場的詳細地圖。
圖表	1. 組織圖。 2. 日程表、甘特圖、進度圖表及與會者清單。 3. 人員表，附上重要人員照片。
清單或一覽表	1. 責任及行政管理系統清單。 2. 所需資源一覽表。 3. 交付時間表。 4. 緊急處理程序。
彙報及新聞	1. 進度報告。 2. 最新消息、花絮及公告。 3. 績效目標與里程碑。
溝通策略	1. 聯絡清單：特別是緊急連絡號碼。 2. 通訊規章。

企業活動辦公室文件歸檔系統

該組織以數位化或書面處理文件的方式，且必須於企業活動企劃開始之前便設定。以下列舉優良的歸檔及記錄系統。

便利性與優先順序

隨時會用到的文件應容易搜尋。企業活動管理團隊需決定最初的分類資料夾。就大型企業活動而言，可就功能性（如營運操作、資金、合約管理）或項目元素（如開幕典禮、頒獎晚會）進行分類，一

般都是這兩項的混合體。特別注意組織文件歸檔系統及組織工作分解結構（WBS）兩者間的相似之處，可參照第2章。

可調整性

離企業活動起始日越近，書面及數位形式的工作量將明顯增多。文件歸檔系統必須有足夠的處理能力，而不是被文件或數據淹沒。樹狀結構圖最為有效，可就活動組織進度進行擴充。

結構一致性

要求書面及數位文件處理系統一致化，並不代表它們兩者必須完美對應。然而，資訊的歸檔方式應趨近上述兩種系統，如此一來，人員便可於其中進行資訊歸檔及搜尋。

瑪麗蓮為任職於某西北部大型銀行的企業活動策劃人，建議書面及數位資料使用相同的編碼系統，可避免混淆及增加結構性。她形容首度被指派為團隊經理時，企業活動辦公室有多麼的雜亂無章，由於使用不同的編碼系統，某些項目被錯置在別處。她說當時客戶非常擔憂，因為辦公室的結構不良已產生許多溝通問題，策劃人無從得知哪些人已獲得計畫變更通知以及已確認參加人數，有些以為已獲得確認的來賓抵達特定活動時，卻發現自己的名字並未登入在數位系統中且被拒於門外，可想而知，這些來賓非常不悅。瑪麗蓮迅速的設定規範及工作流程，以確保辦公室的效能及效益，進而製作出令客戶及來賓都滿意的活動。

企業活動辦公室所面臨的難題

企業活動辦公室的主要問題是混亂，可能是肇因於文件管理、辦公室佈置或人員訓練的規劃錯誤，而這些錯誤的規劃都和企業活動辦公室的組織設計有關。辦公室的作業項目爆增是最主要的引發點，辦公室設立時應預先考量到這一點。無論如何，仍有些無法預期的變動，企業活動管理團隊須具備應變能力，以便活動辦公室能持續有效運作。

另一項重大的問題是數據超載的風險。重要資訊常被不重要的訊息掩蓋而必須花費額外時間尋找正確的資料。資訊應符合現況，不正確或過時的資訊容易導致決策錯誤，降低整體資訊的價值，並削弱溝通效力。確保所有資訊的正確性及完整性是企業活動知識管理的首要準則。

比起組織活動本身，過於關注企業活動辦公室的設立也會造成問題。需對所有員工強調企業活動辦公室存在的目的是滿足活動目標，別無其他。

當活動準備流程如火如荼進行時，即使是緊密運作且專業的辦公室也會產生許多問題。如何使蜂擁而至的書面資料井然有序且及時是很重要地，如此一來才能使所有利害關係人瞭解所有狀況。

約翰・歐比是全錄公司個人系統事業群的全球訓練經理，他表示成功的祕訣之一就是：一定要把文件製成的日期及時間標明在每份與活動相關的文件頁尾。約翰提到這項「版本控制」流程對於他的檔案管理極有幫助，且可確保他所使用的是最新版本的文件。

夏希・高達是維吉尼亞州風行者公司（Windwalker Corporation）

的計畫經理，他創作了一個可供全公司使用的版本控制流程，可在活動結束時，保存所有電子及書面文件。文件名稱是根據之前活動籌備階段所設立的命名規範而定，所有文件的第一份草稿在名稱末端標上“_v.1”，之後的版本依序標上：v.2, _v.3等等。所有書面檔案及列印文件皆以此方式分類，所有文件都附上標明檔案名稱及版本號碼的註釋。此流程於使用新版軟體套件時較為順利；然而，當此格式用在某些套裝軟體，特別是較老的版本時，點號（.）必須要消除。此案例中的重點是：必須使用可識別各種文件版本的標準格式，以確保員工使用的是最新版的文件資料。

會議、簡報及訓練

如有足夠空間，企業活動辦公室或其連帶會議室是舉行活動相關會議的理想地點。該地點的設備可使與會者做出專注且資訊來源充足的決策。相較於在大樓的其他地點，活動辦公室展示在牆上的關鍵資訊及檔案取用的便捷性，可使與會者更具戰鬥力且縮短達成預期成果的時間。會議討論出的待辦清單可立即轉換至企業活動系統中。若會議目的是製作出實際成果，則應遵守會議流程的規範。具效益的會議需要一位主席或推動者來運作、通報與會者、記錄、設定期限。議程表極為重要，連同會議預期目標一起於會議數天前寄出。藉由建立一個焦點與結構，活動管理者可促使與會者蒐集所需資訊，甚至是為會議成效付出努力。忽略這些常見準則等於自找麻煩。

迪波拉，是一位任職於財星500大製造公司的活動策劃人，她表示自從她製作一份會議準備事項及程序的流程表後，會議變得更有效率。迪波拉為會議預先準備了一份備忘錄及議事計畫表，並略述參加

者的角色及職責。她同時在議事計畫表上註明會議討論事項及所預期的成果。最後，迪波拉確保正確的人員出席，促進決策訂定及進展。我們在本章末尾的「延伸閱讀」中列出許多關於此主題的優良書籍。

企業活動辦公室是進行媒體、員工、志工及合作廠商簡報及任務報告的絕佳場地。因為時間控制對於企業活動管理來說是項挑戰，簡報應提供精確特定的資訊，因此，簡潔有力為佳。如果企業活動辦公室夠寬敞，將任務的重點文件張貼於牆上，可作為良好的訓練地點，使員工及攤商熟悉專案管理及工作流程。無論如何，活動的規模決定了人員的多寡，而訓練及簡報會議常需要在大型會議室甚至是公司禮堂中舉行。在這種情況下，需考慮製作大型圖表或是可置於畫架上的看板，以提供活動資訊及心得分享。

企業活動辦公室資料庫

企業活動辦公室資料庫的目的是儲存所有活動相關資訊。可能包括活動手冊、辦公室及通訊設備的操作手冊、軟體手冊、供應商目錄、工作環境安全準則及規章、會議程序、歷屆活動報告、產業協會刊物。在知識管理領域中，數據儲存、檢索便利性與存檔的重要性日趨增加。知識被視為是創造競爭優勢的重要因素。理想狀況是，企業活動辦公室資料庫是數位及書面資訊的整合系統，用來為將來的企業活動建立知識的基礎。設計資料庫的型式及結構時，應將此策略目標考量在內。

企業活動辦公室需求

基本的傢俱和設備即可滿足多數企業活動辦公室的需求。然而，由於活動組織本身就涉及了變動工作量和各活動層級的合約，因此一開始的辦公室設定極為重要。在活動專案生命週期中，電腦硬體及軟體等設備，將經歷大量使用而活動結束後閒置的情況。因此，是否購買或租用等決定相當重要。基於帳本盈虧結算考量，許多企業較傾向於租用設備，而非購買。

以下列舉出企業活動辦公室所需要的設備及服務：

1. 電腦及其週邊設備、綜合軟體系統。
2. 網路及內部網絡連結。
3. 檔案櫃，即便是「無紙化辦公室」也必須保存及使用合約。
4. 白板。可擦拭的白板對於隨時處於變動的活動情況非常有用。
5. 對贊助者簡報及訓練課程所需之數據／影像投影機。
6. 通訊系統，包含各式各樣，從手機到無線電等，與電腦系統相連的通訊設備。
7. 整潔明亮的環境。辦公室應是一個讓人們樂於置身其中工作的地方，尤其是他們得長時間待在裡頭。應附帶一些便利性產品，如微波爐、小型冰箱、電動咖啡機。

其他額外考量包括：供連續會議及決策會議使用的備用空間；醒目陳列的活動場地圖、照片、素描；設備儀器的臨時存放空間。在某些情況下，如展覽會，活動辦公室可直接俯視整個場地。

文件

規劃企業活動是一回事；與各個利害關係者溝通該計畫則是另一回事。準確無誤的文件處理對於有效管理企業活動而言至關重要，且可帶來下列優點：

1. 文件檔案可使員工及志工理解活動計畫。
2. 文件可提供活動進度的連續記錄。
3. 文件構成了活動一規劃流程的歷程記錄，可用於釐清責任問題。
4. 文件可作為企業活動管理改進方法的書面依據。
5. 規格化的文件可讓不同的企業活動進行重要對照。
6. 文件的製作訂定了規劃流程的準則。
7. 文件可以消除計畫中的個人色彩。也就是說，可以將計畫脫離某一人的掌握，並確保計畫不是某特定個人專屬的。
8. 文件可使企業內部各部門間產生連結，如資金、行銷、人力資源，或其他活動合作廠商。

企業或是其單位的活動管理中，最常見的擔憂就是，如果活動管理者離職了，該怎麼辦？任何活動如果只有單一人員通曉所有的細節，整個活動便存在於風險之中，清晰、詳盡的文件檔案，可幫助接替的活動管理者瞭解當前的情況。

企業活動主要文件

本章所討論之文件，是指企業活動專案管理流程的成果。流程的每個部分都會產生文件檔案（**圖3-2**），其中包含了各類時程表、職責

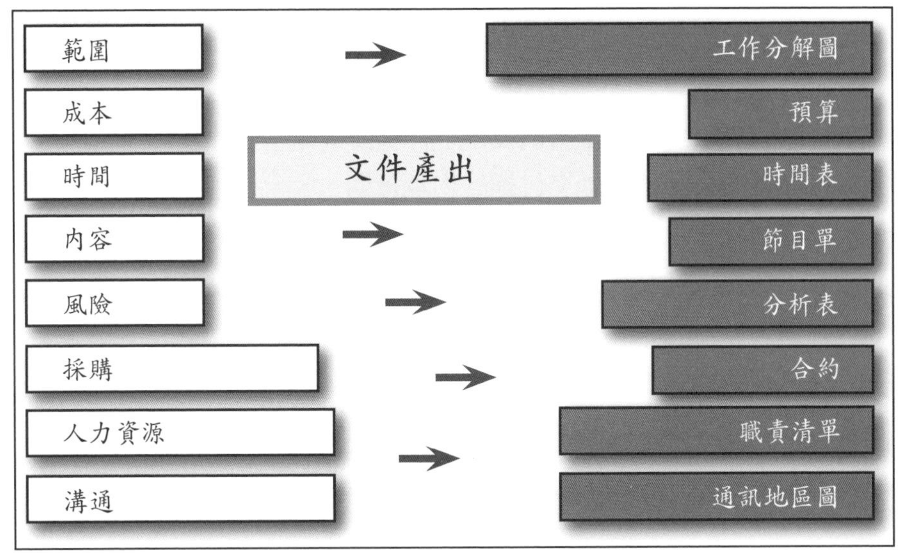

圖3-2　文件的產物

圖表、行動表。每個企業活動管理團隊及獨立的活動公司皆發展出自己的文件檔案風格及各式各樣的名稱：如生產計畫、風險清單、輸出矩陣、時間軸、行動次序表、要徑、檢核表、訂貨單、里程碑清單、表演時間表、節目順序。

所使用的術語通常反映出企業活動管理者的過往經驗。全錄公司的約翰．歐比負責過多場包含表彰及成立團隊的大型訓練活動。約翰籌辦同步國際活動或連續活動的成功關鍵就是他穩健的組織技巧。約翰會為每場活動建立一份「控制書」，書中製作個別區塊分類各種名稱或元素。他按照品項內容決定前後順序。比方說，他經常使用視聽器材清單，因此該區塊放在控制書的前段。他於活動前每個月追蹤一次預算，並在活動結束且總帳單完成對帳程序後進行修訂。帳款付清後他便回到每月修正的部分。因此預算及相關文件的部分在控制書的後半段。

新加入活動管理領域的人員應從下列六項主要文件（見附錄1-1至1-6）開始著手規劃及掌握每日的活動重點：

1. 聯絡表：包括電話號碼及地址（郵寄或電子郵件）。
2. 職責表：包括關鍵交付標的物及日期。
3. 任務表：包括要求的日期。
4. 工作包。
5. 檢核表。
6. 行動次序表。

聯絡表

聯絡表有多種型態，如列印於員工配戴之許可證背面的簡易清單，或是參與企業活動之員工及利害關係人的詳細清單。為使員工更快速的熟悉聯絡表，請將它們設計成與其他文件相似的格式。緊急聯絡表應印於獨立的一頁，以方便快速查詢。聯絡表應設置代號欄位，因為代號有區分的作用，可讓員工迅速的找到正確的連絡方式。例如，與保全相關的連絡方式可在旁邊註明代碼S。範例請參照附錄1A。

職責表

職責表是專案管理的基本文件，且擁有多種形式。通常是簡略如註明各個相關人員名字及職責的組織草圖（範例請參照附錄1-2）。而較複雜的形式則可能融合了組織圖與工作分解結構，將工作分解結構的各個要素連結到組織圖之中。企業活動管理者將團隊分配到各個待辦工作項目以創造出活動。很顯然的，其中包含了區域、部門、擁有不同職責範圍的人員。部分人員對於特定要素負有全部或部分責任；其餘則與該要素無關。有些人員是監督者角色；而有些則具備簽核權利。以上都應列於職責表中。

圖表可能是矩陣表：橫向欄位註明人員名稱、部門或組別，直向欄位註明任務、職責。矩陣圖的各個單位填寫其職務層級，而層級可用下列方式編碼：

1. Rs：具有完全責任。
2. Rj：具有部分責任。
3. So：須經批准。
4. Cs：應徵詢意見。
5. Sv：監督。

舉例來說，負責小型客戶晚宴的活動管理部門可以使用表3-1。

有了如此簡易的文件，所有人都可共同合作，不僅瞭解自己的職務區域，同時也知道該向何人回報以及其他區域所執行的任務。這些職務表在複雜的情況下非常有用。它們強調團隊工作及專案合作。職責表也可增加日期欄位，標明任務應於何時完成。雖然表3-1較為簡易，但可利用本文所描述的方法進行延伸。它們可應用於大型、複雜的企業贊助活動，如奧運會、雞尾酒會。

表3-1　客戶晚宴矩陣表

	Ho	Ali	Frank	Mary	Xerces	Huang
尋找及預訂場地	Rj			Rj		So
筵席承辦		Rj	Rj	Sv		So
設計、寄送邀請函					Rs	So
回覆函					Rs	So
娛樂表演	Rj	Rj		Sv		So
預算						Rs、So
佈置				Sv	Rs	So
後續追蹤					Rs	So

任務／行動表

行動表是藉由分配特定任務責任以完成工作的基本要素。它是講求準確資訊以及具體說明由誰、何時、何地所完成之工作。幾乎所有企業活動管理者都有一份表格。但是，企業活動專案管理系統所做的不只是製作分配給員工的表格而已。行動表是該系統精心製作的產物；因此，可用於回溯整個工作的分解結構。如有使用第二章所建議的代碼系統，所有的活動資訊便可輕鬆的利用電腦軟體套件進行分類及合併。範例請見**附錄1-3**。

工作包

工作包是指分派給負責活動單項成果的合作廠商或員工的任務總合。例如，一場頒獎晚宴需要各式各樣的音效設備，應於製作工作分解結構時進行確認。音效專家負責此一項目，其餘活動相關工作應指派給具備該領域所需技能與資源的人員。這些人都會收到一份工作包，內容描述了可協助他或她完成所負責項目的工作及資源需求。範例請見**附錄1-4**。

檢核表

一份簡單的檢核表代表著企業活動管理團隊經驗與知識的融合。這是工作分解結構最終的產物，且可被視為小型里程碑清單。檢核表顯示了所有待完成工作的詳細分類，可在為時已晚前，有效防止錯失或疏漏的任何事務。相較於待辦清單，檢核表可應用於未來的活動。所有人都可以閱讀檢核表，因此製作完成並分發給各負責人後，企業活動管理團隊便可將焦點轉移至其他領域中。

使用電子檢核表範例的優點在於該範例適用於不同的活動類型。檢核表的格式可進行延伸、合併或重整，以配合各個活動的規模及種

類。第10章包含多種可作為企業活動知識基礎的檢核表。檢核表具有多種型態且可隨時使用。為了各種企業活動要素，應製作活動前、活動中、活動完結的檢核表。當工作項目完成時便可在清單上打勾，檢核表一定要清晰簡明且明確地規定工作項目。

行動次序表或作業排程

說明誰於何時做了哪些事的行動次序表（run sheet）或作業排程（production schedule）有許多不同名稱。這兩個項目皆與企業活動本身——實際節目內容有關。它們描述了活動中哪些、何時該完成的事項。一般而言，作業排程是在活動具有重大視聽器材、對外播送之連結需求、牽涉範圍廣泛等需要密切調整多種元件的情況下所使用。無論如何，時間掌控極為重要。通常，會有一本由許多時間表所組成的「作業本」：包括遷入及編制時間表、排演時間表、技術演練時間表、作業排程、遷出時間表。反之，行動次序表則是在時間控管沒那麼嚴格時所使用的。不過，在此做個提醒：由於企業活動管理者出身自各種背景，他們對於文件檔案或許有不同的期待且可能將行動次序表和作業排程這兩個項目交替使用。無論是哪個項目，重點都在於遵守該時間表。**附錄1-5、附錄1-6**內含行動次序表範本及範例。

文生是一位任職於大型企業的活動策劃人，提供了一個說明時間表對於活動成功之重要性的例子。一位新任活動管理者正在籌劃一場企業公關活動，某政府官員將於繁忙的行程中間，撥冗於活動中發表簡短演說。該活動已準確分配時段，且建議每位演說者將演講長度控制在所分配的時限內。由於其中幾位重要演講者還有忙碌的跨州行程要進行，該活動只是他們短暫停留的其中一站，因此沒有辦法事先綵排。原本活動進行的十分順暢，但經過幾段演說後，漸漸出現了約一分鐘的延誤；接著一位當地政府官員使用了過多的時間。活動管理人手忙腳亂的打著信號，該官員卻仍滔滔不絕。終於，活動管理人引起了該官員的注意並給了他一個「卡」的手勢，某重要演講者差點因為要趕赴下個行程而放棄演講，該管理人算是勉強度過了艱難的公關危機。精心準備一份行動次序表或作業排程並且有效的運用該文件，是任何活動成功的關鍵。

活動順序時間表是另一項現場管理部門經常使用的文件。它著重在活動編制、分解以及影響場地和員工的各種營運層面，如筵席時間。

文件處理與風險

由於企業活動屬於一次性活動，本質上就存在著高風險。如果發生任何問題，文件可證明企業活動辦公室於籌辦活動期間已慎重演練過。專案管理的其中一項指標就是良好的文件處理，不僅涉及文件的準確性也包含執行的方式。文件除了對活動溝通與知識管理具有重要價值外，也應被視為風險管理的優先考量。不少活動管理者希望自己更早採行此建議。

文件處理牽涉的不僅僅是活動的書面記錄。許多我們訪問過的活動管理者表示，他們會使用相機以利於文件建檔。當然，並非所有的活動觀點都值得記錄，但準確紀錄時間的照片不僅勝過千言萬語，且或許能為公司省下不少錢，對於戶外活動如公司野餐及企業贊助慶典而言更是如此，有些活動策劃人會雇用錄影人員或攝影師記錄這些活動。錄影人員或攝影師不僅提供了寶貴的行銷工具，同時也為可能的訴訟留下了鐵證。影片及照片應仔細的做上標記以配合活動的整體文件處理系統。它們也可作為活動策劃人展示給客戶們看的影像證明，以及企業活動辦公室已完成所交付事項的證據。

通用活動表格

近年來，企業活動管理的新進人員都會製作一份適合自己管理風格的通用活動表格。此文件的基本類型請見表3-2。

其他企業活動文件

精心籌劃的內部溝通系統對於企業活動而言極為關鍵，並可被視為專案生命週期的骨幹。馬克・哈理遜（Mark Harrison）任職於全效能（Full Effect）公司，他強調溝通的重要性：重點在於「溝通」二字——在每一個階段，從收到簡報到發表提案及籌辦活動，一旦溝通

表3-2　通用活動表格

標題	文件須註明標題以及企業活動名稱。雖然它們可能爲方便使用而以色彩編碼，但這些顏色不可破壞其傳眞及影印的效果。
圖片說明	比起連名帶姓，簡稱顯得更爲方便。如果使用此方法，則必須附上圖片說明以標示該簡稱代表的是誰。另外，如果不同的活動要素以字母表示，則這些字母的意涵也應註明於圖片說明。
代碼	代碼的需求端看活動的複雜程度。如果任務或工作項目須快速的移轉或使用電腦軟體，則代碼系統便極爲實用。即使連續以「1」作爲任務的開頭編號，也可方便讀者快速的搜尋特定工作項目。代碼也可用於其他活動區塊的相互對照中，如預算。
版本編號	版本編號是活動相關文件的重要環節。藉由讓所有當事人確實使用最新版本的聯絡表、檢核表、行動表，可達到準確的溝通目的。追蹤版本編號並標示於主要文件上，可防止許多錯誤的產生。
日期	某種程度上來說，日期是決定文件版本的另一種方式，且有助於製作文件變更決策的歷程記錄。

管道不良便有可能造成混亂。來電應以書面方式確認並追蹤。傳真與電子郵件應要求回覆確認及設定回覆期限。缺乏溝通可能導致延誤及不確定性。

在下列的細項中，我們將探討構成企業活動辦公室其他內部及外部溝通方式的文件類型：備忘錄、會議記錄或簡報、電子郵件、報告、商務通訊。

備忘錄、記錄、電子郵件

這三種文件類型可使企業活動順利運作，建立良好的內部溝通系統時務必納入。在組織內部，他們公開強調允諾或待辦事項表。備忘錄及電子郵件應以簡單明瞭的方式書寫。它們具有正式文件所缺乏的即時性。第九章將說明使用電子郵件的部分細節、結構性，以及接連往返式電子郵件（可顯示在某一主題上交換訊息順序的電子郵件）的好處。會議及簡報記錄是公開活動相關決策與職權的另一種方法。記錄也可作為訴訟時的活動職責調查證明。

報告與商務通訊

書面報告是監督活動進度的正規方法。它們簡要說明了企業活動管理的眾多領域：資源、時間表、價格。報告應比較企業活動的實際進度與底線（例如，將目前已完成工作與工作時間表相對照），並明確指出差異處。

於企業活動專案生命週期起始之初，設定報告頻率是項重要考量。尤其是，報告應該在重要決策點，如里程碑上，適當、精準，且適時地被提出，關於活動中無形或無法衡量之面向的非正式報告或正式報告也應是一種考慮。使用報告表格或範例可協助必要報告的準備流程。

由電腦軟體製作出的報告僅提供了原始數據且需要就任何差距對於活動所造成的影響進行評估說明。在大型複雜的企業活動中，進度報告乃歸於專案管理資訊系統（PMIS）當中。PMIS可被定義為提供專案管理團隊決策支援的軟體系統。於企業活動管理各層面運用這類系統的優勢與限制請參見第九章。

就大型企業活動來說，以書面方式寄出或發佈於網路及內部網絡的活動商務通訊，是一種與客戶、團隊人員、志工們溝通的有效方法，且為活動創造了特性與凝聚力。因它可協助解答任何無法預料的情況發展，其益處遠超過精神講話。商務通訊的風格反映出活動的型態，如果所有的收件人都會瀏覽，裡面的資訊應及時且切題。

公司專屬的企業活動辦公室擔負起創造及安排所有活動的情況已普及化。本章節討論了創建辦公室的最佳方式及促進目標達成的最有效文件類型。一個精心製作的文件處理系統並不是為了增加企業活動的官僚化，而是可以降低許多風險，並有助於培養一個支持創新及靈活的企業活動管理環境。

企業活動管理上對專業素質需求的提升，需要一個系統化的活動文件處理方法，老式的「碎紙片」方法已經不合時宜。從範例衍生出的文件可應用於所有活動層面。它們可輕易的與網路加持的活動配合。企業活動辦公室不僅有效促進企業活動管理，同時可協助公司組織與執行其整體企業策略。

重點摘要

1. 企業活動辦公室（數位或實體）使企業活動管理團隊有效率的籌辦及執行活動。
2. 活動辦公室的實際佈局可促進溝通及項目開發。
3. 需訂定文件整合（數位或書面）的計畫。
4. 凌亂、資訊超載、將焦點放在籌辦而非安排活動本身，將爲活動辦公室帶來問題。
5. 組織化並精心計劃的活動會議最具成效。
6. 知識是創造競爭優勢的主要因素；因此，內含許多活動相關文件且具備歷史性和當前價值的活動資料庫，須妥善保護。
7. 精確的文件檔案對於溝通效益及企業活動的管理極爲重要。
8. 可用於計畫和控制每日活動重點的六種主要文件：聯絡表、職責圖、行動表、工作包、檢核表、行動次序表或作業排程。
9. 訴訟時，文件檔案可爲企業活動提供有力證據。
10. 業務通訊（數位或書面）可作爲與團隊人員溝通的有效方式。

延伸閱讀

1. Cleland, D., ed. *Field Guide to Project Management*. New York: Van Nostrand Reinhold, 1998.
2. Doyle, Michael, and David Straus. *How to Make Meetings Work*. New York: Berkley Publishing Group, 1982.
3. England, E., and Andy Finney. *Managing Multimedia: Project Management for Interactive Media*. U.K., and Reading, Mass.: Addison-wesley, 1999.
4. Frame, J., and T. Block. *The Project Office: A key to Managing Project Effectively*. Menlo Park, Calif.: Crisp Publications, 1998.
5. Kerzner, H. Project Management: *A System Approach to Planning, Scheduling, and Controlling*. 6th ed. New York: Wiley, 1998.

討論與練習

1. 選擇特定企業活動並進行下列工作：
   (1) 詳列整個專案生命週期中，活動辦公室的功能性。
   (2) 根據活動工作分解結構，製作數位及書面的文件分類結構。
2. 討論下列各項目的優缺點：
   (1) 固定辦公室。
   (2) 虛擬辦公室。
   (3) 擁有兩個平行系統。
   (4) 創造互補系統。
3. 使用專案管理軟體系統，以下列項目創造虛擬活動：
   (1) 製作工作分解結構並使用編碼系統。
   (2) 製作任務表。
   (3) 製作工作職責表。
4. 企業活動辦公室是否可以成為專案辦公室的一部分？這將造成何種衝突？
5. 使用網頁搜尋下列資訊：
   (1) 討論專案管理處與活動辦公室的關連性。
   (2) 檢核表。
   (3) 活動檢核表：宴席、燈光、研討會與展覽會計畫、多媒體。

第 4 章

會場：活動場地

本章將協助你：

- 闡述場地選擇對於活動成敗的重要性。
- 分析企業活動的面向以進行最具效益的場地選擇。
- 評估並有效利用企業場地圖及場館計畫。
- 分析活動場地／會場以便設立標示。
- 製作一份活動結案企畫書。

企業活動專案管理須考量許多重要的因素，如關於會場或活動場地的潛在限制。專案管理在其他的專業範疇上，如資訊科技，則不須面臨類似限制。而工程專案管理因與臨時場地有所關連，所以對於企業活動專案管理所面臨的挑戰有相似的體會。活動管理公司及企業活動管理者往往發現，他們的競爭優勢仰賴於如何將活動場地發揮到極致的設計功力。一個好的策展人善於利用每寸空間以轉化為利潤。同樣地，企業訓練活動或集會的設計與佈置，足以改變活動的整體氛圍，且對於活動成敗扮演了關鍵性的角色。

本章探究了活動專案管理的限制及界限，從場地的遴選一直到會場的佈置及場地圖繪製。整個系統必須適用於一個特定的實體位置上——而且是暫時性的。有許多可供場地選擇時使用的資訊，在某種程度上，對於如何發揮場地最大利用價值的規劃也頗有助益。本章詳述這類知識，並檢視會場中經常被忽視的場地或會場圖與會場標示。這些企業活動管理元素，是風險管理、品質管理及活動運籌的基礎。活動產業發展至今，企業活動管理者須融會貫通其他專業領域的資訊和流程，如應用於專案管理及籌辦會議相關程序的軟體系統。即使每場活動所必備的管理元素及流程不盡相同，但這些系統仍包含了一些與場地或會場相關的資訊。

選擇最佳場地

除了虛擬活動之外，所有的活動必須存在於立體空間中。藉由近距離觀察企業組織的內部文化，你可以找到符合場地條件的活動準則。選擇場地時，須牢記你想創造出的氛圍及所籌備的活動項目。此流程可簡略但仍需考量全面性，因企業形象往往與活動會場息息相

關。所有我們共事過或交談過的企業活動管理者皆言明，活動場地是繼活動整體目標確立之後的首要考量。媒體即訊息，活動中的所有事物事實上都以某種型態傳達著訊息。俗話常說，整體較其個別部分之加總為大，會場與場地是所有環節的基礎與背景。活動會場的型態可能是刻意建造的體育場、廢棄的車庫、博物館或叢林野地。我們都有在這些會場或其他特殊地方組織過活動的經驗。

會場／場地的巡視必須與活動設計同時進行。從各種活動的累積經驗中，總會發現場地不敷使用或無法獲得授權。是否選擇到適當場地將關係著活動的成敗。因此，多數的企業活動管理者在仔細視察過場地之前，不會貿然的投入活動。

專業的企業會議籌辦人或活動管理者都會使用網路、書籍、雜誌、網絡連繫來縮減場地候選名單。與客戶進行討論可按照其需求鎖定或排除特定場地。舉例來說，1999年1月全錄彩色公司產品說明會不但要求可容納近1500人、為期兩周的休憩室及會議室且包含Xerox及Xerox Marketing Partner Product的大型展覽區域，所有北美的銷售代表及技術支援人員都會出席這場活動。該公司的期望是傳遞出教育的氛圍，並以慶祝晚會慶賀1998年色彩製作部門的空前成功作為活動句點。然而，企劃團隊並不想營造出與總裁俱樂部業務表揚活動同樣的氣氛，也就是為超越業務目標的銷售人員所準備的獎勵旅遊活動。獲得獎座是種榮耀，而這樣的目標激勵了銷售人員全年辛勤的工作。因此，特定地點，如佛羅里達或拉斯維加斯，即使它們已然達到規模及旅遊的需求，仍於候選名單中被剔除。芝加哥最終被評選為最佳的舉辦城市。位於市中心，擁有大型飯店及會議室，且自然博物館是舉辦慶祝晚宴的極佳場所。不過，1月份的芝加哥並不如佛羅里達或拉斯維加斯一樣充滿著獎勵般的吸引力。因此，在此案例中，這是最符合該客戶所要求的地點。

一旦客戶及策劃人確認了最後幾個候選場地，則活動策劃人及企業代表應該花幾天的時間到這些場地按照其所需標準進行評估。他們需考量的細節如機場到會場的距離以及來賓可入住的飯店、停車問題、來賓自其他相關場地以步行或藉由其他交通方式前往會場的便捷性、保全、入場費用、設施品質、現有資源等等。**表4-1**列舉了在進行場地評估時須考量到的事項。你可以按照自己及客戶的需求增添其他項目。

很顯然地，每一個場地皆包含了問題與契機，許多限制是不存在於書面上的。因此，實際的場地審查是必須的。在此建議你將每個場地拍照存檔。不需使用昂貴相機，便宜的即可拍相機便可記錄重要的場地資訊。同時須針對因應出席人數多寡的出入口及其便利性做出評估。室內或室外的海報與支撐桿，都須列入考量。例如，一間曾提供我們平面設計圖的大型飯店，無法在圖中標示我們預備使用的三間房間中央所要懸掛的海報。在我們的自身案例中，這些房間用於招待或專業展覽上的成效遠超過用於教育講座。在場地選擇的最終階段，你可利用實際到場參觀及照片資料評估各場地的可行性。

親自走訪飯店各分組會議室的路線是明智之舉，尤其是考量到活動中個別團體組織可能會參與其他特定展示會或會議項目。舉例來說，芝加哥凱悅飯店是舉辦企業活動及展覽會的絕佳場地，但由於該飯店共有兩棟大樓，如果同一組團體須參與不同的分組會議，那麼額外的往返時間就必須列入考量。

現在的大型集體會議多半包含了炫目複雜的多媒體作品或是其他少見的實體需求。就拿瑪麗凱公司企業年度大會的例子來說，凱迪拉克及迷你廂型車在眾多傑出銷售代表出席的展示會上亮相。這類典禮對企業文化而言是不可或缺的。正如狄爾與肯尼迪於《企業文化》（*Corporate Cultures*）一書中所言，「完美呈現的典禮可鞏固員工心目中的價值、信念、英雄至上的觀念」。因此，場地的選擇須與活動

表4-1 會場／場地決策表

活動規模：
參與人數：
資源需求：
特殊需求：
主題：

類別	要項	活動要求
外部	位置 交通運輸 外部 入口	
內部	房間大小 住宿 樓面載重量 入口及出口 內部入口 電力 其他 設備	實體的限制
預算		
資源 人力 器材設備		
時間		
簡報	供應商 客户	非實體的
變動因素	服務項目	
	娛樂	
	房間／會場配置管理	
	員工	
	視聽設備	
	餐飲	
	隨時間進展產生的變化（如：搭建作業）	
	其他	

主題相輔相成。為確保場地有利於典禮進行，則通往舞台的路線及載重數據都須列入考量準則內。

對於「凱雷多士柯製片公司」（Kaleidoscope Productions）和技術服務公司「恩多羅」（Entolo）一起舉辦一場活動而言，空間和技術需求雖不同但一樣重要，不論是在紐約或是在拉斯維加斯。活動的重點是影響及激發銷售人員對於公司最新處方藥品業務的銷售能力。工作團隊按客戶需求設計了多種特效，如隨著煙火釋放而看似即將崩塌的舞台及音效，天女散花般的彩紙和一個壯觀的「燃燒」字樣標示，為活動畫下戲劇性的句點。

參與人數、多樣化的設備及活動項目牽動著場地選擇時的實體需求。你可從這些範例中獲知，為促使活動成功，一份完整的企畫書及詳盡的實體需求清單是不可或缺的。流行活動國際公司（Current Events International）總裁大衛．索銀（David Sorin），他是一名具有專業認證的特殊活動管理師，他建議使用一份含有供應商所有要求的檢核清單。在確認所有需求之前貿然的簽訂合約可能會造成超支的情況。地圖有助於檢驗有無任何遺漏。圖表可以突顯出手寫文件中是否有疏失的部分。

一旦決定場地及簽訂合約，籌辦人可註明場地的其他相關細節。不論企業活動是公司野餐或包含展示會的正式慶祝儀式及餐後舞會。地圖或平面圖對於優良的活動設計及後勤統籌至關重要。計畫書越詳盡越好，而活動管理者必須是計畫中的「地圖達人」，譬如，忽略了開門方式這樣的小事，可能於活動籌備期間造成相當大的問題。又比如說，一位企業活動策劃人於籌劃一場超過2,000人的訓練會議時，收到了由飯店營業部門寄來的飯店平面圖，內容不僅錯誤又模糊不清。就因為她並不知情，導致之後多花了額外的四十個小時來重製後勤統籌，雖然宴會廳可以被劃分為八個隔間，但位於東側的四個隔間，卻僅能讓參加來賓從隔間板中間的小通道進出，而地圖上所顯示的走

道，最後竟然是服務用通道／來賓禁入，此一錯誤導致了整個會議時刻表大亂。如果不是活動策劃人於活動前六週親自走訪了飯店，那麼錯誤百出的飯店平面圖可能會帶來相當慘重的損失。取得一份清晰且全面的平面圖，能為活動的各個觀點提供基本藍圖，包括燈光設置圖及背景音效，甚或是器材設施及來賓的動線。

一份場地圖是參加者溝通交流的一種方式。圖像資訊是很直接的，供應商從簡單的素描地圖中所能獲得的資訊更勝於純文字敘述的方式。古云「百聞不如一見」正是這個道理（本章後續將詳列製作有效率的場地圖資訊）。

場地圖同時可用於促銷宣傳。例如，來賓專用的場地圖可標示出餐飲服務或領取小禮物的地點，也可註明付費活動項目的位置。地圖上的彩色標記及清楚的方向指示可以為活動帶來額外的收益。而如果收益不是主要目的，則焦點可變更為鼓勵來賓參加活動項目，使整場活動增添刺激感與樂趣。迪士尼集團使用的主題公園場地圖，兼顧了影片販售、食物、紀念品之宣傳目的，以及指引最熱門景點的位置。

將活動舉辦於特定場地，通常是考量該場地的過往經歷。如果某場地曾用於研討會，那麼可想而知的是許多工作量可相對減少，該場地可提供歷史紀錄，例如可容納人數、以往舉辦活動項目的類型及所需的許可證種類。舉例來說，一間位於聖地牙哥，曾舉辦過無數企業會議及慶祝活動的知名飯店。某公司希望確認天氣（雖然總是風和日麗）不會對其舉辦的年度業績達成慶祝大會造成影響。籌辦人想要利用宴會廳的舞台、音效及燈光效果來輔助頒獎儀式。「獎勵及悠閒」是整場活動的主題且頒獎典禮是勢在必行。籌辦人考慮將海灘舞會的氣氛帶進室內，加上沙雕和凌波舞、排球等等海灘遊戲。由於承辦飯店有過類似經驗，對於防止砂子散布及迅速清理場地已有完整的配套措施，因此舉辦這類題材活動完全不成問題。同樣的，假如飯店曾經承辦具備特效的活動，那麼一般來說，使用煙火、野生動物、人造

雪、雷射光等等的要求是可行的。籌辦人通常對於與富有特效經驗的獨立活動策劃人或製作公司合作較有信心。

上述的所有討論說明了製作及使用場地圖的重要性。但是，場地圖只有在可被理解的情況下才能發揮作用。本章後續，你會看到可輔助製作場地圖的檢核表，以及可供參考的場地圖範例。

場地限制與契機

如同上述，企業活動管理者應與場地代表走訪一遍會場並複查檢核表，以確保場地能協助及提供策展經驗。場地限制可歸類為以下幾點：

1. **實體**：實體限制（入口通道、柱子或立牌、樓面或舞台載重量）是較常見的。尤其在大型展覽會或是戶外的活動。
2. **法規**：此類別涵蓋了地方、州政府、聯邦法律及安全規章。就Glaxo Wellcome企業製作團隊所舉辦融合了炫目特效的活動而言，須考量到場地處理煙火的能力及所需證照、許可證的使用權限。該公司要求適切的法律文件，以及標示出觀眾與煙火釋放地點之間距離的地圖。在簽定場地合約之前，須查明許可的取得辦法及制定一份標明煙火釋放地點與觀眾間相對位置的地圖，否則消防保安官可輕易的否決掉精心籌備的企畫案，因為賓客的安危是他們的首要顧慮。就專案管理方面來說，許可證的取得應連結到場地選擇因素。許多電腦軟體，如微軟的MS-Project，允許建立此種連結，並且可註記任何未採取適當步驟就想進一步行動的動作，以確保取得必要許可。
3. **歷史性**：場地的活動承辦經歷，對於預期實際運作時可能遭遇的情況具有極大影響力。例如，我們可以假設，活動管理者選

擇了常用於研討會的場地，那麼在舉辦這類活動時的工作量便可大幅減少。

4. **道德**：該場地真的適用於活動嗎？
5. **地點**：地點並非僅指交通運輸和停車問題，還有地區的考量。該地區是否安全？急難救援服務能否及時獲得？
6. **環境**：環境限制因素日趨重要，需要特別考量。

有鑑於現今的社會訴訟不斷以及國際活動中的政治事件風險性，企業法律部門必須參與計劃審核及合約複查。法律部門可以判別合約中的不利條件並協助保護你和公司客戶的權益。依據紐約魔幻派對公司的馬丁．格林斯坦（Martin G. Greenstein，他同時也是一名具有專業認證的特殊活動管理師）的真實經歷，他表示：「很遺憾的，大多數的民眾、公司行號、委員會和團體以為只要租賃場地及安排菜餚就能保證活動的圓滿成功。那他們可要大失所望了！承辦場地所考慮的只有空間和餐點的銷售，如有附贈其他服務只能算運氣好」。馬丁的頭號規則是「絕不在活動設計完備前預訂場地」。如果你先預訂了場地，那麼整個活動計畫勢必遷就於場地，如此一來，與為了活動完整性而篩選場地是截然不同的。

沒有人會為失敗而規劃，但多數人會失敗在規劃上。規劃是明瞭合約內需包含事項的關鍵。數年前，馬丁的公司在一個地區的宴會大樓規劃引人矚目的活動，他在該會場已有超過二十年以上的表演經驗，因此對於那裡大大小小的角落都瞭若指掌。他知道合約上該附註什麼，且場地巡視對他而言只是浪費時間。然而，場地巡視極為重要。該活動是混合著奇幻主題及異國風情的午餐餐會。他預計要使出特有的「魔幻入口」，一種將領獎人投影到特殊巨型螢幕的驚人視覺特效。音效的部分，是由領獎人及其家人搭配經挑選的音樂剪輯演出以強化節目效果。到了尾聲部分，領獎人會從相片中走出來進入活動

現場。這場餐會的表演構想是一場大型的魔幻秀：領獎人進入一個大型籠子、消失、最後變出一隻重達850磅重的孟加拉虎作為整場活動的高潮。馬丁執行場地檢查、領取攜帶老虎的許可證（按合約記載）、調配安置老虎的適當地點，一切看似準備妥當，至少他是這麼認為。而接下來就如馬丁所說的：「令人唉聲連連的景象即將出現」。

他認為一切已安排妥當，活動的各方面完美契合，各就各位。老虎於星期五抵達公司倉庫，並進行與所有員工的合照拍攝。「魔幻入口」準備就緒，馬丁的團隊準時抵達倉庫，卡車已裝載完成，備妥了數張他與老虎的放大照片且團隊在時間充裕的情況下前往會場，完全沒有問題（其實只是時候未到！）

四十分鐘後，他們抵達會場。當團隊開始卸載設備時，一股興奮的氣息環繞著他們。馬丁前往表演場地檢查配置是否妥當，好讓工作人員可以開始布置會場及完成最後的裝配。

而當馬丁進入會場內，他說：「或許讓我死了還比較快活……這簡直讓人欲哭無淚！」。會場完全變了！天花板不見了，竟以玻璃天花板取而代之！原本該安置老虎的地方現在是美麗的瀑布造景。預定要展示「魔幻入口」幻燈片表演的地方現在被玻璃覆蓋且陽光閃耀。千頭萬緒飛快閃過他的腦海，「為什麼我沒有在一兩個星期前做最後的場地檢查？為什麼會場負責人沒有按照合約進行變更通知？」

所幸，馬丁和他的團隊來得及做些改變，節目繼續，即使與計畫稍有不同。他們懊惱了一下、笑鬧了一下、罵了一下會場經理，卻仍舊撐過來了，因為他們擁有冷靜的頭腦與豐富的經驗以及一位尷尬無比的會場經理（他的老闆想讓他去跟老虎合影）。

但是馬丁和他的團隊、會場業者，以及提供老虎的娛樂公司是有可能被提起告訴的，然而他們卻帶者奮戰的故事離開，並結束所有的戰事。他們堪稱幸運，但他們學到了更重要的法則：凡事要在合約上白紙黑字寫明、要派人驗收和確實做到最後的場地檢查。

道德標準對於場地的選擇同樣扮演著極為重要的角色。場地所傳遞出的訊息為何？有時，公司客戶會預先選出場地或自營的活動策劃人，或者，企業活動辦公室必須要找出有創意的方法，以便能在一個無法完美配合他們的場地上維持公司的形象與欲傳達的訊息。

以下是個很好的例子：茱麗雅是一名具有專業認證的特殊活動管理師，她受聘為某大型銀行策劃籌辦公司野餐。該銀行已預訂了場地：一處擁有大型泳池的水上公園，因為那是該地區少數幾個能夠容納大規模團體的場地。茱麗雅所面臨的挑戰是找出禁止賓客下水的方法。原因何在？因為該銀行保守的企業文化認為單著泳裝不太適當，銀行管理階層不希望有任何游泳戲水的情形出現。茱麗雅設計出了搭船遊覽的主題並且將整個泳池以木樁及碼頭用的粗重繩索環繞起來，每根木樁再用色彩鮮豔的救生器材加以裝飾。於泳池的末端，她設計了一艘由布幔、大型煙囪和成串三角旗所構成的船型造景。這個主題不但融合了水上公園的特色且巧妙的透露出衣著限制。

地點不僅僅涉及了會場與企業文化的契合度或是交通運輸及停車問題；同時也與所在地區有關，該地區是否安全？急難救援服務能否及時獲得？此一要素需要慎重的考量，尤其是戶外或國際活動的情況。讓我們先討論戶外活動的相關限制。根據《成功會議雜誌》（*Successful Meetings*）1999年2月號所提供的調查報告指出，現今的企業獎勵活動正是「體驗經濟」的樣本，相信你也注意到了「體驗活動」的蓬勃發展，如主題公園、攀岩和激流泛舟。今日的企業活動，尤其是戶外型態，更是經常融合這類體驗。因此，活動策劃人有必要於專案管理流程中加上安全事項審查，仔細的審核可使用的安全防護資源，能預防活動不至演變為令人不悅的法律訴訟。

某企業活動策劃人有幾個可供選擇的海灘場地清單，可用於一場目的為宣導各部門間同志情誼與榮譽的企業家庭餐會。縱使一座靠近岸邊的小島可以提供幽靜、寬敞和異國情調的氣氛，他仍然選擇了一

處較無異國風味卻鄰近於消防與醫護服務的場地。支付消防及救援團隊小額費用是絕對值得的。該策劃人的遠見及技巧備受讚賞，尤其當緊急情況發生時：一位老年人胸口疼痛和一個孩子被鞋帶絆倒而傷及手臂。由於現場醫療防護人員的及時救助，該策劃人與該企業得以避免悲劇產生。

對於國際活動而言，同樣重要的是全面檢查其他國家當前與將來預計會變化的政治情勢。雖然一開始到充滿異國情調的國家旅行會滿懷期待，但有可能以恐怖收場。綁架或炸彈攻擊，甚至是失蹤，在世界各地某些地區都是時有所聞的。致電大使館或是州立部門可協助判定前往某些國家區域進行活動的可行性。彙整場地圖時該注意的項目有：哪些人是閱讀者？來賓嗎？他們能看懂嗎？哪種型態的地圖是人們熟悉的呢？

你需要設身處地的站在來賓的角度想想。地圖是種視覺傳達的方式，必須仰賴活動管理者來確認讀者能否瞭解其中的所傳達的訊息。何時或何地需要用到地圖？活動前？活動後？或兩者皆是？來賓在活動現場徘徊時會用到嗎？地圖耐用嗎？是清楚表明「你在這裡」的地圖嗎？是否會刊載於網路上，好讓來賓及供應商能夠自行事先熟悉場地雛型呢？

請特別注意製作地圖的準備工作時，使用電腦輔助設計系統（CAD）的優勢與劣勢。這套技術尚未穩定。地圖等同於摘要，有些東西可以省略而有些卻必須標明。CAD的神奇與便利性常會掩蓋掉它的不足之處。大自然中不存在著筆直的線條或是完美的圓形，而如此被製作出來的地圖可能不是良好的溝通工具。一份含有圖像的手繪地圖與目標群眾之間的交流或許遠勝過講究精準度的CAD地圖。同樣地，一份吸引人、製作巧妙的地圖可為活動的氣氛定調並更為準確的描繪出實際狀況。

會場／場地圖應含項目

McDonnell和O'Toole在他們所出版的《慶典與特殊活動管理》（*Festival and Special Event Management*）中，建議下列項目須包含在會場／場地圖中：

1. 比例尺與方位（北方）
2. 地圖中所用之符號清單
3. 入口與出口
4. 路線與停車場
5. 行政中心
6. 服務台
7. 急救站及緊急逃生路線
8. 兒童協尋處
9. 電力及出水口
10. 休憩室設備（廁所）
11. 食物和販售亭
12. 小型、大型帳棚
13. 設備存放區
14. 禁止進入區域及危險標示
15. 演員休息室
16. 維修區域
17. 通道
18. 電話
19. 電子轉帳、銷售點、自動提款機（ATM）
20. 媒體區

然而，上述的內容或許不必全部放在同一張地圖中。視覺混亂可能造成溝通反效果。最好的辦法是準備一份主要地圖附帶其他衍生地圖：各準備一份給供應商、來賓以及在網路刊載使用。部分戶外活動可使用航空圖作為所有地圖的基準。

下列的分類中，我們將詳細的介紹上述的各個項目。

比例尺與方位（北方）

雖然你身為一位企業活動管理人，可能早已熟知哪個方位是北方且認為這不需要放進你的場地圖中，但那是個共通的參考依據。特別是位於室內的活動，方位極有可能成為你與急難救助隊之間最終的溝通方式。至少，於場地圖中使用全球通用的方位指標也是健全風險管理策略的一部分。

地圖比例尺往往是依據地圖的類型而定。目的為行銷該活動的地圖可能有不同的比例尺，而其圖示則絕不會等比例。如卡通類型的地圖便不需要精準的比例。另一方面，為供應商及場地設置所繪製的地圖，比例尺的問題可能造成兩種天壤之別的結果：一是活動運作順暢，一是供應商的運貨卡車過大而無法駛進卸貨區，或是發電機的線路過短而無法連接到舞台。

地圖中所用之符號清單

慣稱圖例、符號對於擁有不同「圖像認知」的來賓而言是極具差異的。必須選擇通用的符號圖像。標示危險區域的符號對你而言可能很明顯，對其他人卻未必如此。

入口與出口

供應商、急救車輛、來賓可能使用不同的入口。應詳列各自的入口處。有特殊需求的群眾的入口處也應特別註明在地圖上。

路線與停車場

通常一份簡略地圖（定位圖）即可，於道路圖中標示出場地位置。表演人員、巴士／公車和一般民眾可能使用不同的停車場，因此區域的分配須特別註明。

行政中心

建築業習慣上會將行政中心／場地辦公室設置在專案經理能夠全盤觀看工作進度的地方。

服務台

將服務台位置標示於地圖中，可協助來賓，並降低活動當天的混亂情況。

急救站及緊急路線

急救站區域是「資訊檢索」甚為重要的最佳例證。在大型體育場或多功能舞台的工程中，緊急路線通常是繞場路徑系統的一部分，這個系統由數條圍繞著主區域的同心圓形的路徑所構成，而其中有一條是急救車輛專用入口。戶外活動中，緊急路線圍繞活動周邊建立出入口，亦可建立穿越場地的對角線路徑。標示出這些入口路線可協助他們避開阻礙。

兒童協尋處

任何曾組織或協助過家庭活動的人員都知道，讓來賓清楚尋人處或是安置地點的確切位置是極為重要的。將其註明在企業活動場地圖上，能讓潛在的參加者瞭解這是個對兒童友善的活動。如有提供兒童看護／保母的服務，則務必於來賓專用地圖上標明位置。

電力及出水口

任何展覽會供應商專用的地圖上都會標明電力連接點。對於供應商，尤其是筵席及影音人員來說，瞭解連接點的位置及電力供需是非常重要的。這類需求應於專案管理流程初期便深入瞭解。舉行於韓國某離岸小島上之高階全球通訊會議的籌辦人，必須仰賴完備的資源及敏捷思考以解決該場地的不足之處。他設計了海島風野宴搭配民族舞蹈以及可與表演者合照的機會。就在賓客抵達前一個小時，他測試了由發電機提供電力的電動烤肉架。令人失望的是，他發現電力不足以同時供給場地布置照明及準備食物之所需。除了加緊腳步外，他同時顛倒了整個活動順序。將民族舞蹈與照相作為歡迎儀式令賓客十分滿意。與此同時，一架小飛機將額外的發電機送到鄰近的地方，使得餐飲準備工作得以繼續進行。此案例正說明了專案管理清單中的某個小項目也能夠對活動成敗造成影響。

出水口有兩種，自來水與飲用水。於地圖上標示清楚可協助供應商或來賓取用。

洗手間設施（廁所）

雖然洗手間總看似不夠用，但仍須將其醒目地標示在場地圖上。

食物和販售亭

告知攤販人員：其所分配到的攤位之確切位置及攤位大小是非常重要的。這幾乎總在販售自家商品的攤位間產生問題，因為總有攤商想佔據不屬於自己的範圍。籌辦人如果沒有劃分清楚攤商的位置及攤位大小，等於是自找麻煩。

而如何讓來賓輕易獲知攤商位置及所販售的商品也很重要。於地圖上標明食物種類，如回教餐點或中國菜，也可促成文化交流行銷。

圖4-1展示了一張極佳的釀酒廠宣傳活動場地描繪圖。這種圖表可輕鬆完成，而且仍舊透露出大量資訊。

大小型帳棚

於供應商專用的地圖上註明大小帳棚的設置地點是相當重要的。如果一開始就沒有將帳篷的設置地點說明清楚，那麼詳細的描述帳篷內部的配置即顯得毫無意義。大型的企業慶祝活動可能需要多個帳篷，用以準備及供應食物或作為來賓小型活動之用。有些戶外活動甚至搭設超過二十個大小型帳棚。

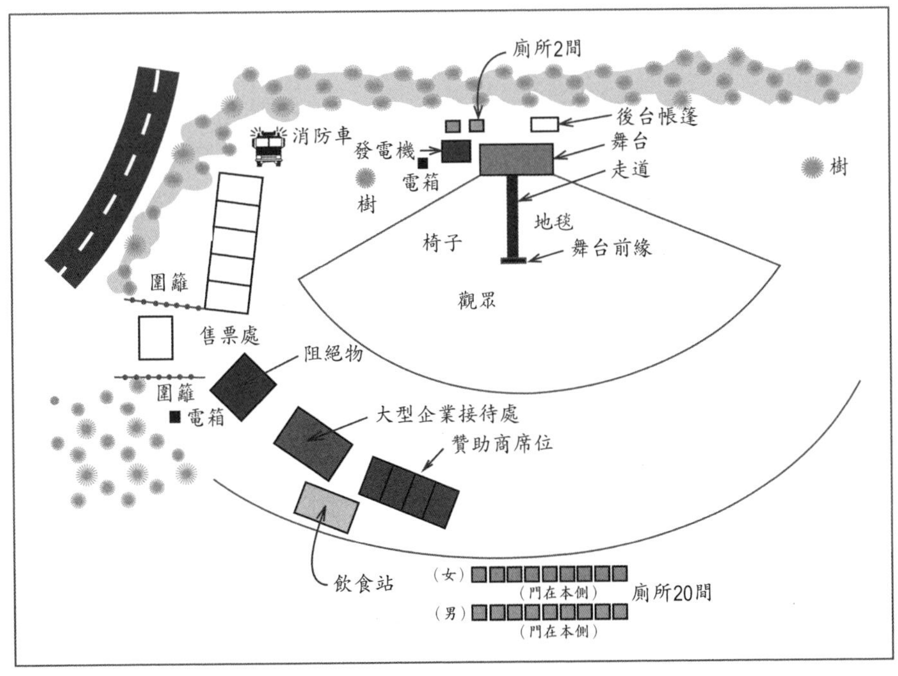

圖4-1　酒品促銷地圖

設備存放區

如展覽會、體育盛事、大型慶典等活動的設備存放區，必須清楚標明在交付給供應商的地圖中。如此一來，專案團隊可按照活動進度，預先架設較耗時的設備以及後續的拆卸及打包工作。生產器具展示會或涉及複雜設計主題的活動，須劃分舞台區域。設備存放區相較於會議飯店或會議中心而言是較有利的，因為可大幅縮短搬遷物品的時間。

禁止進入區域及危險標示

辨別場地／會場的危險區域，如溪流和隱蔽角落，需要不同人員的技巧及專業知識。尤其當你缺乏籌辦大型兒童活動的經驗時，最明智的辦法就是徵詢有相關經驗的人員。當籌辦位於企業內部的家庭餐會時，絕不能忽略這個考量事項。同樣地，因所存放資料的敏感性或是包含生產設備而劃分的禁區，可能引起額外的保全／安全挑戰。辨別這些區域是屬於企業活動風險管理策略的一部分。

演員休息室

表演人員或主持人需知道演員休息室的確切位置，以便等候或是休憩。

維修區域

維修區域的位置主要與供應商及活動作業人員較為相關。

步道

假如你身處在一個多功能的大型活動的任何地點，可能會看到川流不息的參加民眾、表演人員、工作人員、供應商、保全人員、舞台

設備人員、醫療服務人員等等。所有人都使用活動場地中的步道，因此地圖須清楚標明路徑。規劃實際的步道設置本身就是一門科學。因為步道不只可為來賓指引方向，同時也可為他們創造活動體驗。對某些企業活動而言，步道刻意設計成在場地周邊迂迴曲折，使得每個轉角都成為來賓的一次驚喜。但要確認路線是否足夠寬敞，以應付預估的流量。

電話

雖然手機已經非常普及，但活動中仍可能有使用公共電話的需求，因此仍須於地圖中標明位置。

電子轉帳、收銀機、提款機

來賓可輕鬆使用電子資金轉帳（EFT）、收銀機（POS）和提款機（ATMs）來領錢或刷卡。清楚標示這些機器的位置，對於以收益為目標的活動而言是極有幫助的。

媒體區

應為負責媒體的員工、表演人員、貴賓和其他「媒體人」註明媒體區的位置。該地點同樣可舉辦記者招待會。

活動標示

活動標示通常是作業要素中最後一個考慮的項目。當我們詢問一些活動管理者如何處理標示問題時，他們說只要顯而易見就行了，這正好說明了為什麼許多活動的標示會有不合適、不恰當、不易辨認或

難以理解的問題。根據我們所知，除了有關機場及停車場的書籍外，很少有著作討論暫時性標示這個主題。

當來賓已是「活動場地達人」時，則現場僅需少數幾個標示。一個在相同地點舉辦的企業年度集會所需要的標示，與其他活動相較之下便少很多。正是因為供應商、來賓、表演人員和主持人皆已熟悉該場地及設施。此時的重點是標示的數量、位置及風格，須依照活動的背景以及目標群眾而定。

就活動場地而言，標示都是暫時性的。然而標示設計在其他領域如建築物或國家公園的情況下則不然，因為來賓並不熟悉周圍環境。在活動期間內，標示不能有半點錯誤，而活動結束後便會拆除，接著多半變得毫無用處。然而，如果是年度活動或是巡迴在各城市間的活動，只要每年或每地的活動主題保持不變，則標示是可重複使用的。

活動中使用的四種標示：

1. **指標性質**：包括指示由他處前往活動地點及活動現場的標示（如「報到處方向」）。
2. **作業性質**：包括資訊告示板或地圖（如「您現在的位置」）。
3. **法規性質**：包括法律規定（如「火警逃生口」）或特殊警告標語（如「地板濕滑」）。
4. **設施性質**：包括分類辨識如「入口處」、「休息室」、「吧檯」、「第一舞台」。用於入口處的標誌特別重要，關乎來賓對於活動的第一印象，並型塑他們腦海中的標示類型／風格。

其他標示可能包括贊助商的看板、宣傳看板、報到區標示牌、注意事項，以及比較一般性質的標示牌（如「歡迎明年再來！」）

企業活動標示檢核表

規劃

場地／會場需要註明標示設置地點的地圖。要放在哪裡？可以放置哪些類型？

必要標示類型如下：

1. 停車場、交通運輸、入口。
2. 方向指示。
3. 安全性質／保全／救護站。
4. 資訊性質。
5. 宣傳性質。
6. 贊助。
7. 設施。

標示放置地點如下：

1. 在未抵達（入口處）前：
   (1) 交通運輸：巴士、鐵路。
   (2) 停車場或車庫：員工、與會者、賓客。
   (3) 入口位置。
2. 在入口處：
   (1) 工作人員及與會者入口。
   (2) 參加者入口閘門及售票口。
3. 場地／會場內各項設施位置。
4. 場地圖位置（「您現在位置」）。

5. 出口處：
   (1) 大眾運輸工具。
   (2) 停車場或車庫。
   (3) 計程車招呼站。
   (4) 「請檢查隨身物品」。

請評估標示所需要的資源。

執行

1. 設計：尺寸、顏色、遠距離辨識度。
2. 限制：尺寸、類型、位置、安裝方法。
3. 供應：
   (1) 特製或租用。
   (2) 價格（競標價）。
   (3) 抵達、儲藏、提取時程表。
   (4) 維修及更換：（「間隔時間」）。
   (5) 現場布置（包括時間及順序）、安裝方法。
   (6) 撤離場地。
4. 執行責任。

標示使用原則

資料混淆

不論是公佈太多或太少資訊都是不妥的。好的活動標示必須在縝密與淺顯易懂間取得最佳平衡。與活動手冊和活動地圖略為相似，標示的目的在於溝通。假如「訊息」混淆、凌亂、含糊不清或令人毫無印象，則該標示是徹底失敗的。此外，簡陋的標示所造成的問題遠超

過上述欲避免的缺點。活動管理者必須瞭解觀者的想法。他們「閱讀標示」的能力如何？縮寫和符號只能在確知觀眾都能夠理解的情況下使用。雖然過多資訊會造成問題，但過少亦然。如今我們是全球經濟體，許多企業活動包含多種國籍的來賓。以來賓的主要語言公佈關鍵資訊，可以避免誤導並確認來賓能夠準時出席各個聚會活動。

標示陳設

很顯然地，標示一開始的放置點應為遠離遮蔽物、醒目、突出且背景素淨的地方。同時，活動管理者應考慮要設立於何地，好讓來賓在抵達現場之前便對活動標示有一定瞭解。將標示設在機場、火車站和停車場等地點的相似位置，如此一來，當乘客需要相關資訊時便會本能的搜尋特定區域。其他來賓可能會使用的路線也須列入考量。如推著嬰兒車的家庭或許不會使用最多人走的路線，如果標示僅限於繁忙的區域，他們可能會因此錯過。

標示設計

對多數的企業活動而言，標示的設計應統一。如此一來，可使來賓快速的熟悉標示。然而，某些活動的相同標示可能會適得其反（如網頁上的橫幅廣告）而被輕易忽略。

如同活動的其他元素一樣，標示應表達出活動的整體主題。有趣的標示可以吸引他人的目光，從而達到活動策劃人所預期的效果。

標示顏色

地鐵系統：如澳洲雪梨的RTA以及華盛頓特區的Metro，經常以色彩編碼標示。綠色標示的用意不同於藍色標示。這樣的系統可作為潛意識溝通之效用。例如，以不同顏色表示方向標示與法定標示。然而，要特別注意某些顏色的使用，因有特定比例的民眾有色盲障礙。

至於圖形，於多重文化與多重國籍的活動中使用國際間公認的特定圖像，可避免造成混淆。

標示安裝

如何安裝標示？允許怎樣的安裝方法？需要甚麼資源？標示是否堅固耐用以配合活動長時間的使用？會不會被當作紀念品偷走？

安裝事項也許看來不重要，但也可能造成損失。就拿某活動策劃人的例子來說，他設計並特製了符合活動主題的標示，卻發現安裝的需求不符合飯店的規定。慶幸的是，標示廠商可以進行修改，但額外的費用卻導致籌辦人的預算超支。

間隔時間

如果標示受損、遭偷竊或是急需更多數量，則特製及運送新的標示需要花費多少時間呢？

活動主題

標示應反映出活動整體主題。機場所使用的標示風格便不適用於表揚大會或海灘派對。企業活動管理者應時時考量到要如何使觀眾、供應商及與會者在正確的時間瀏覽標示。不論標示是低調及樸實無華的或是炫麗及引人注目的，這都需要籌辦人自己置身於來賓的角度來做判斷。這不僅是為了觀者的舒適度，同時也是風險管理的優先事項。

可信度

標示應為正確無誤地，單一錯誤可能使一些人被誤導而使其影響程度加劇。特別留心活動中的任何緊急變動，以備標示的迅速更新。標示中的小錯誤或過時可能會降低其他活動標示的可信度。

緊急服務

標示的重要性於活動需要緊急服務時更加得以彰顯。就如同街道號碼，標示的設計與設置也須以緊急服務人員的觀點為考量。

導覽

人們如何在不熟悉的環境中找到方向的方法是個全新的研究領域。虛擬空間的導覽能夠發揮很大的幫助，如網際網路。幸運的是，這類知識也適用於企業活動。這裡的關鍵字是「陌生」。企業活動管理者需要學到的一課就是，就某些活動而言，標示本身就解釋了一切是很高明的：不僅是擺在角落而已，而是所有在設定路徑上等著被發現的趣味點。美國境內國家公園的標示指南及建議路線都可於網路上搜尋。

一個實際發生的故事是探討會場與場地佈置的最佳詮釋。領有專業證照的特殊活動管理師茱麗雅（Julia）為一場為期兩天半的零售業股票分析師實地考察準備了25場活動，活動包含了膳食、零售店行程及各式各樣企業展示簡報。而各企業可想而知，必須盡力讓這些分析師留下深刻印象。

主辦此行程的經紀公司要求除了早餐以外，所有行程都必須遠離住宿飯店以防止有人「偷溜回飯店小憩」。換言之，這些分析師被「控制行動」了。

每日行程以在飯店享用早餐時，企業進行簡報拉開序幕。接著整天的行程是搭乘巴士前往鄰近區域的零售點、於另一家飯店聽取簡報、前往另一處零售點及聽取簡報、於另一家飯店或俱樂部午餐並聽取簡報、前往另一處零售點、在餐廳晚餐並聽取簡報、最後是娛樂場所的「自由時間」。

這樣的行程需要挑選十個提供餐飲的地點，其中半數是為了中場

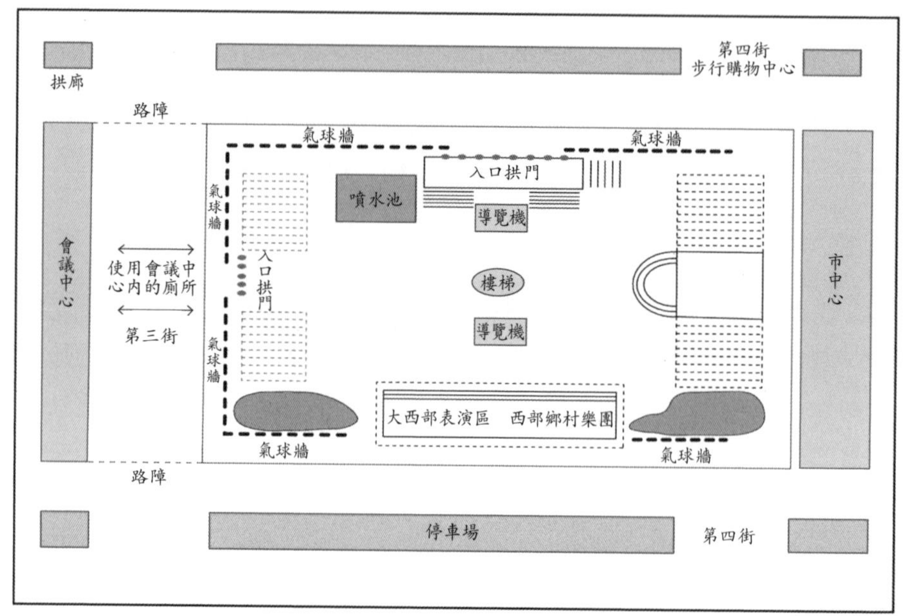

圖4-2 市民廣場平面圖

（資料來源："New Mexico Fiesta", Albuquerque Civic Plaza (c) Julia Rutherford Silvers. CSEP）

點心服務以及影音簡報；場地營運商的獲益不大。此外，這些地點必須鄰近於前後兩個零售點之間。緊接而來的挑戰是必須確保每一次的餐點都有所不同以及視聽需求須達到個別企業要求。請參考**圖4-2**及**圖4-3**所展示不同主題與平面圖的範例。不論是在飯店、餐廳或是在各種零售點，對大量運用影音聲光的簡報而言需要一個整合計畫，更為複雜的是，簡報涉及各種視聽設備，包括電腦、影片、幻燈片和多媒體器材。茱麗雅的團隊向自己的影音供應商租用足以應付的設備，按照行程路線循序漸進的安裝及拆除。

預先規劃，想當然爾，是極為重要的。議程路線必須精心規劃以符合移動效率。唯一能使整個活動順利運行的方法就是，團隊的其

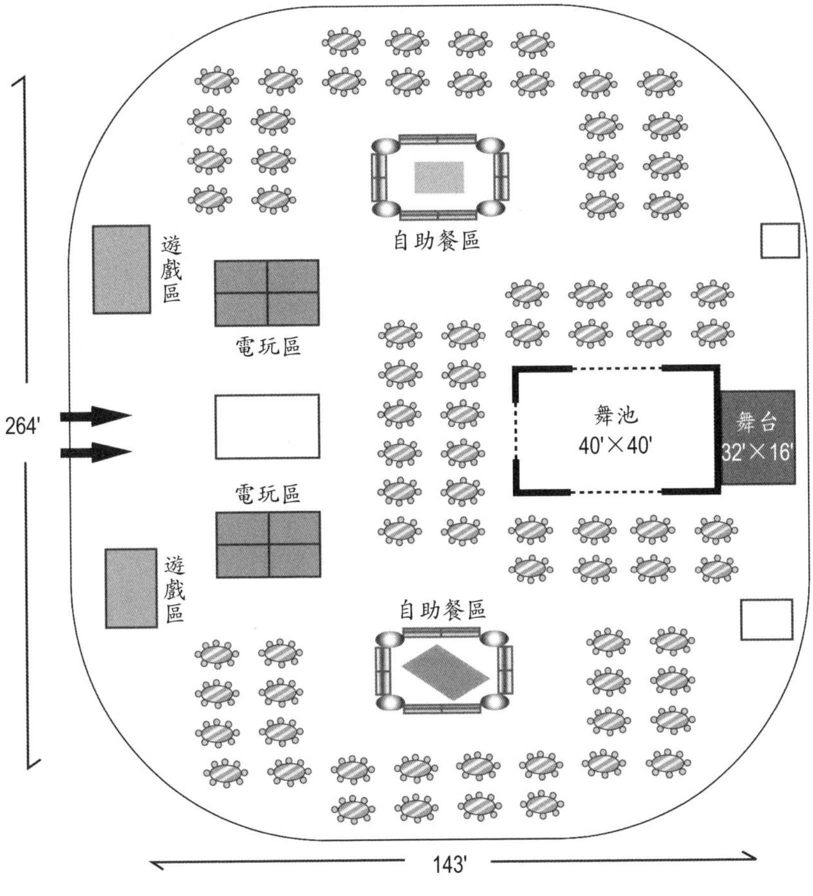

圖4-3　區域平面圖

（資料來源：Old West-New West Tingley Coliseum (c) Julia Rutherford Silvers. CSEP）

中一員參與行程中，而另一人則作為先遣人員，一旦行程抵達預定會場，先遣人員便出發至下一處會場。此方法使先遣者茱麗雅可以界定出路線的交通情況，並以無線電回報同伴替代方案以避開交通繁忙區域。她也可事先提醒下一個主辦公司人員，團體即將抵達，他們便可在巴士停靠時列隊歡迎。

這也同時讓茱麗雅可以在團隊到達前做出緊急變更。例如，於最後一次午餐活動前，約有15位分析師先行搭乘早班飛機離開，導致空桌的情況。她先撤走空桌並重新安排會場，使午宴看來座無虛席。

兩張用於這場活動的平面圖收錄於本章後半段，可作為如何有效使用場地空間以及如何將主題編入平面圖的最佳範例。注意**圖4-3**餐桌的安排。特別留意靠近舞池與舞台的桌位。這樣的佈局可以在不影響設計對稱的情形下撤走或添加桌位。活動策劃人可依照到場人數擴大或縮減座位。

茱麗雅和她的團隊必須與二十五個不同企業進行溝通；並辦理個別合約以提供場地、餐飲和影音設備；加上收取貨物、傳遞輔助材料及招待禮品。他們必須確認所有簡報人員都擁有正確的設備及充裕的排練時間，並控制好日程表以免行程延誤。而當然，要讓每個參與企業覺得自己的宴會是「最棒的」。

難得的是，茱麗雅和她的團隊能夠理解各個企業的意圖及目標，以及體會讓分析師留下良好印象對他們而言有多麼重要。當零售廠商完全掌控了他們的環境配置，Silver's團隊的責任便是尋找並協調能夠提高簡報品質及品牌目標的場地。而瞭解分析師們的過往經驗對茱麗雅團隊同樣極為重要：提供高效率的交通路線、多樣化菜色、高品質簡報環境，再加上一點在地文化風味。

在這實例中，茱麗雅的主要客戶，即經紀公司，公開表示這一趟分析師考察之旅是有史以來最好的，而主要因素在於行程控制得當。以往他們的其他行程多半因為接待問題及溝通不良使得時間表落後及不斷的延誤，導致參與企業怨聲載道，且分析師們也感到灰心。而這絕非任何人所期許的目標。

利用正式的企業活動專案管理流程來選擇、佈置及繪製活動場地圖可降低風險並增加活動成功的機會。

場地關閉流程

企業活動管理者需要注意的是活動在「正式結案」之前都不算結束。活動結束對活動管理而言是段高工作量的時間。在現場這包含了人潮與設備的流出，以及清理並儲存其他器材設施，同時還有場地的一般性清潔，而這些只是場地關閉程序的一部分，其他還包括合約終結、場地移交及下列許多其他的任務。

活動結案流程的準備工作包括：

1. 製作一份工作分解結構。
2. 建立時間表。
3. 分配任務責任。
4. 建立有效的回報程序。
5. 執行安全分析。

這正如同本文開始的專案管理流程，分解出活動結案時必須完成的工作數量並設定完成時間。任務順序對於流程效率而言非常重要，這可能需要一份先行圖以顯示哪些工作必須於其他項目開始之前完成。例如，如果沒有替代照明用具，那麼先行拆掉現場舞台燈光就會造成問題。一旦任務完成（或者就算任務未完成也一樣），活動管理者必須知道活動已結束，因此要執行通報程序。

依據多位企業活動管理者的報告指出，此階段正是設備失竊率最高的時候，範圍可從辦公室派對的裝飾品到展示會上的電腦。設備、人群以及精疲力竭的員工和志工的流動，正好創造了一個絕佳的偷竊環境。

以下列舉一系列檢核表之標題與說明。

人群疏散

絕大多數的情況下，除非人群散去，否則現場無法進行任何行動。人群與設備同時移動會造成混亂。活動企劃初期就應該訂出散場時的群眾管理規範。通常最後的印象對於來賓而言最為深刻。有許多方法可以疏散廣大的人群，而最為顯著的是通知當地交通管理當局（及計程車）。正確的活動程序設計有助於結案流程。對一場擁有多個表演舞台的活動而言，各區域可依照表演結束時間依序進行打包工作。如果活動全部同時結束會導致人潮瞬間湧入周圍區域，造成交通系統癱瘓，因此可將表演時段錯開以減少此困擾。關閉程序時，並不是只有擁擠人潮需要留心，安排貴賓或政治人物離開也要特別注意。

器材設備

在展覽會上，很需要製作一份貨物裝卸處使用權的詳細時間表並嚴格遵守。一輛遲到的貨車或搞錯裝卸地點都可能影響整個關閉程序。支援設備如堆高機或起重機須隨時待命。

活動管理者可能會發現直接購買或製作活動所需的設備更為划算，之後還可進行變賣。而小型設備的麻煩之處是容易遺失或失竊。手提雙向對講機就常常於使用後被遺落在舞台區。為防止類似情況發生，許多活動均會使用設備取用／歸還簽到系統。

移動大型器材設備需要特殊考量。於一場近期舉辦的開採設備展示會上，當場內要移動一輛大貨車時，幾乎所有的工作都得為之停擺。活動所設的路障須擬定一份撤除時間表，否則會造成交通壅塞。

娛樂表演／演講嘉賓／明星

表演人員間最常出現的評語就是：一旦表演結束後，活動管理人幾乎就遺忘了他們。由於許多表演人員沒有經紀公司或「開票期限」，因此希望表演結束後即可領取酬勞，而不用等到九十天後。他們會很希望收到感謝函：簡潔即可，不需加油添醋。表演人員／演講者可將感謝函作為推薦信之用，以獲得其他工作。

人力資源

活動現場的終止流程可能需要特殊人員。通常，工作人員在整天勞動後都十分疲憊，因此可增添新的團隊。同時，也需要專家如起重機駕駛、索具裝配工及電腦技術人員。對某些活動來說，人力資源部門才是主力。那些於活動中服務的人員可以提供企業活動辦公室各類資訊，以確保下一場活動更精進的效率及效能。

一般而言，活動管理者也要負責舉辦感謝派對。這可於活動籌辦期間便進行協調。

責任

活動關閉同時也包括蒐集各種驗證／反駁責任的數據。影片或照片至少要於活動結束一個月後才有辦法取得。

現場／舞台區域

通常，說到結案流程，舞台區是最常被提及的區塊。清理及移交場地必須完全按照場地合約。接著則是確認沒有任何東西遺漏的「地毯式檢查」。在展覽會上，仔細檢查有無遺留任何標示牌也很重要。

承包商

結案流程不只包含場地事項，同時還有合約終結。如第八章所言，這是合約管理流程的一部分。而寄送感謝函給所有的分包商是明智且有禮地。

財務

活動結束後應立即支付所有應付款項，這必須與會計部門合作，儘管可能困難重重。就某些特殊活動而言，多變複雜的活動環境代表著極容易遺忘付款及開立票據。因此最好於活動完全關閉後一星期內，對細節記憶猶新時立即處理。而活動結束後隨即付款給分包商更是禮貌之舉。

行銷及促銷

有許多公司行號會妥善彙整活動相關影音資訊。別忘了蒐集網路上的評語。有些公司會希望知道為何受邀者沒有出席活動的原因，這可為企業活動管理處提供寶貴意見。

贊助商及贊助款

絕大多數的贊助款需要一份交代資金流向的報告書。就在活動結束後，此時大家都還很興奮，這是個與贊助商及活動伙伴碰面並激發一些熱忱的時間點。於近期舉辦的一場活動，一些參與其中的孩童加入了會後簡報。並非所有贊助商都瞭解活動成果，而這些孩童讓贊助商看見活動對他們的深重意義，而且贊助商也都獲得一份包含活動網頁名稱及照片的電腦磁片。

客戶

多數成功的活動公司都會提供客戶一份華麗的活動報告。要達成這樣的效果，需要事先安排攝影師也到場。

緊急結案及臨時取消

緊急結案及臨時取消皆為風險管理計畫的一部分。尤其是，在緊急結案時，場地的準備工作為何？這些是否符合活動管理處的計畫？

結論

場地選擇涉及了無數的因素，因此需要以有條不紊的方式進行抉擇。一旦選定了場地，就必須設計場地佈局。場地企劃及場地圖是絕對必要的，這同時也是與利害關係人之間的溝通橋梁。如果繪製得

宜，則場地圖可勾勒出活動範圍及活動要素的具體位置。另一個重要的溝通方式是活動標示。最終階段則是考量結案流程。場地圖、標示及結案流程這三個元素，於活動資料中常被忽視，但它們卻是活動管理上不可或缺的專業方法。

重點摘要

1. 活動場地須與企業文化及活動標準相契合。
2. 實際審查活動場地是必要的。
3. 評估候選活動場地時，可於資料中加入表格、圖表和照片。
4. 地圖及平面圖對於策劃優良的活動設計與後勤至關重要。
5. 場地提供了限制與契機：實體、法規、歷史、道德、地點與環境。
6. 檢核表對於確認場地圖是否含有重要資訊極有幫助。
7. 充足、清晰且易讀的標示：使用常用術語及圖表是造就流暢、成功活動的關鍵因素之一。
8. 直到實際結案及合約完結之前，活動都不能算是正式結束。

延伸閱讀

1. Simms, M. *Sign Design*. London: Thames and Hudson, 1991.
2. Graham, S., J. Goldblatt, and L. Delpy. *The Ultimate Guide to Sport Event Management and Marketing*. Ill: Irwin, 1995.
3. McCabe, V., B. Poole, N. Leiper and P. Weeks. *The Business and Management of Conventions*. Brisbane: John Wiley & sons, 2000.
4. Gray, C., and E. Larson. *Project Management: The Managerial Process*. New York: McGraw-Hill, 2000.

討論與練習

1. 製作並填寫一份各種場地的遴選表，如大型研討會、頒獎晚會、公共慶典贊助、員工派對、產品發表會。
2. 特定場地選擇：
   (1) 討論具體限制及可變因素。
   (2) 設計一份平面圖及畫一份描繪地圖。
   (3) 設計標示及討論設置地點。
   (4) 製作結案時間表。
3. 網頁搜尋：
   (1) 取得活動場地平面設計圖，如：
      I. 運動場
      II. 宴會廳
      III. 表演場所
   (2) 比較以上平面圖並討論缺失。
   (3) 使用網頁搜尋標示及找路。找出國家公園網站及其標示措施。
4. 爲下列企業活動建立一份全面的場地審查檢核表：
   (1) 新品發表會、500位銷售人員出席、爲期三天。
   (2) 研討會、30位軟體用戶、爲期兩天。
   (3) 展覽會、100位展示者與3,000位買家、爲期一天。

第 5 章

可行性、投標及提案

本章將協助你：

- 進行可行性研究。
- 評估一項企業活動的可行性。
- 運用企業活動可行性研究所需工具。
- 準備提案／報價。
- 決定一項活動是否可行。

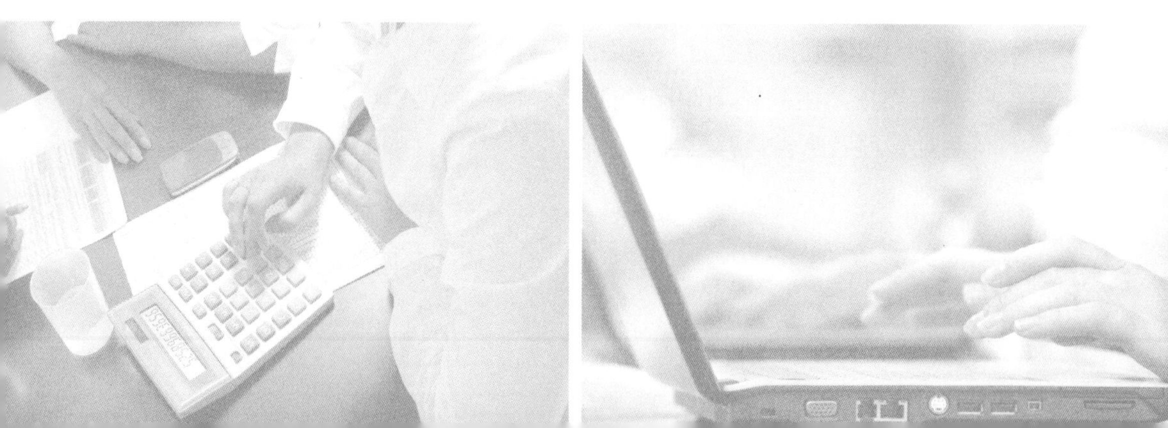

企業活動專案管理的初始階段要能回答兩個問題：(1)活動是否可行？(2)這是達成預期結果的正確方法嗎？初始階段的產出就是企業活動專屬的企畫書。

可行性、投標以及提案這三個範疇因為經常交織在一起，並且代表著對某項活動所需時間與資源的承諾，所以必須同時檢視，因此企業活動管理者必須知道如何有效地彙整三項範疇的相關文件。以往企業活動管理者很少需要負責提交建議書，然而藉由專案達成管理的方式已是全球的趨勢，這也意味著公司內的活動團隊必須和其他專案競爭經費。活動必須滿足某個需達成的投資報酬水準，就像產品研發專案所需展現的達成度是一樣的。比方在人力資源活動的個案裡，企業活動團隊應當展現出比達成既定目標的其他方案（如光碟或課本），具有更佳的投資報酬率，這些均有賴活動辦公室針對活動提案製作出一份具體的、有所本的可行性報告。

活動管理者的角色

想要針對某項活動來場全本盛裝的彩排、檢驗每項要素是否能合作無間達成既定目標後，再決定活動是否可行，這幾乎是件不可能的事。因此，進行可行性研究並向利害關係人報告的工作就顯得異常重要。可行性研究是對活動的不同方案進行多方探討，確認能符合客戶的目標。而可行性研究的結論也就是活動提案，或稱活動企畫書、建議書。一份活動提案就是某項活動的詳細建議。

雖然企業組織逐漸傾向將工作外包，但仍會成立活動辦公室，此時活動管理者應當具有三種角色：

1. **活動發起人**：企業活動管理者建議部門或公司的管理高層決定採行哪項活動。在以專案為主的企業裡，此種方式將會成為所有部門的標準做法。如同其他的專案，活動也須符合公司的評選準則。
2. **活動合夥人**：參與的組織各自遴派活動管理者或是核心團隊，以組成總活動團隊。奧林匹克運動會舉辦許多的招待活動，就是這些組織流程的好例子。
3. **活動評審員**：企業活動管理完全外包時，組織仍會派員評估活動是否切實可行，並監督活動進行的過程。

組織在任何情況下都必須明瞭活動的可行性與提案內容。

在投標作業方面，活動管理者具有下列兩種身分：呈報提案或建議書，或是撰擬提案邀請書（RFP）。兩種身分的相對關係參見圖5-1。

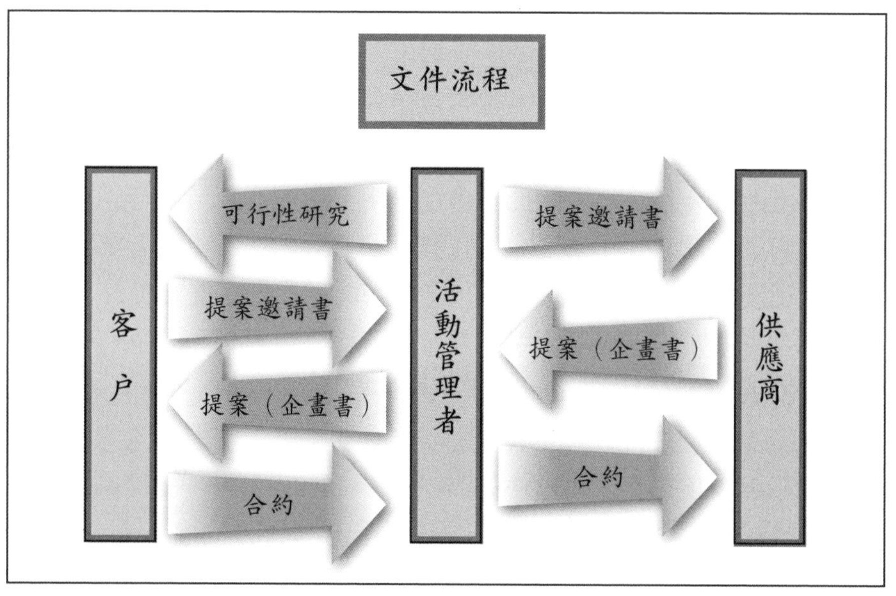

圖5-1　企業活動文件流程

可行性研究

較大的活動一般都會進行正式的可行性研究。可行性研究主要目的在於提出活動各種模型以供選擇，並呈現每種模型的成本與效益，分析結果則是用以評估活動正反意見的決策文件。至於公司內部的提案，可行性研究必須呼應所有已知的評選準則。**表5-1**列舉出可行性研究可以運用的目錄標題。

活動可行性研究最重要的篇幅在於各種活動模型的比較部分，其中必須包含某些貼近實況的描述或數據，以及快速一覽研究要點的說明。比較活動模型時應注意結構面是否相同，而且要同類相比，也就是要「蘋果比蘋果」。

選擇方案矩陣或活動模型矩陣，在上方欄位列出活動型式，左方欄位列出活動要素，就能快速地比對出優劣。這些要素可以是主要成本、目標對象、促銷機會、可能的合作夥伴或贊助商，以及特別顯著的風險。

在可行性研究裡，視覺化表達也是相當重要的部分，任何圖片、照片、影片或圖表都有幫助。活動管理有兩項限制條件需要特別留意：期程要標出起迄時間以及日期的選項；場地位置要標註在位置圖、場地使用計畫或樓層使用計畫。而流程圖可視覺化表達時間與工作項目，有助於安排作業的順序與主要的相互關係。

流程圖只提供制定重要決策所需的必要資訊，能避免落入見樹不見林的泥沼，可顯示出決策的長遠影響性。**圖5-2**例舉一張產品發表活動的簡單流程圖，利害關係人能一眼就看出活動涉及的事務。

表5-1　可行性研究標題

前言：說明研究目標、活動目的，以及如何符合贊助人或客户的策略目標
時間與地點的選擇： 1. 場地或會場的遴選因素，包括財務和政治考量 2. 建議地點草案 3. 日期選擇因素
後勤： 1. 供貨來源 2. 交通運輸
估計專案成本
收入： 1. 資金來源：部門預算、共同贊助人、基金 2. 付款時程或資金轉帳 3. 邀請對象或門票銷售 4. 報名費或票價種類
活動內容
活動選項或模型
活動模型比較
行政事務，包括合約事務與組織結構
類似活動之衡鑑
建議方案
未來工作
附件： 1. 模型矩陣 2. 整體流程圖 3. 時程草案 4. 預算草案

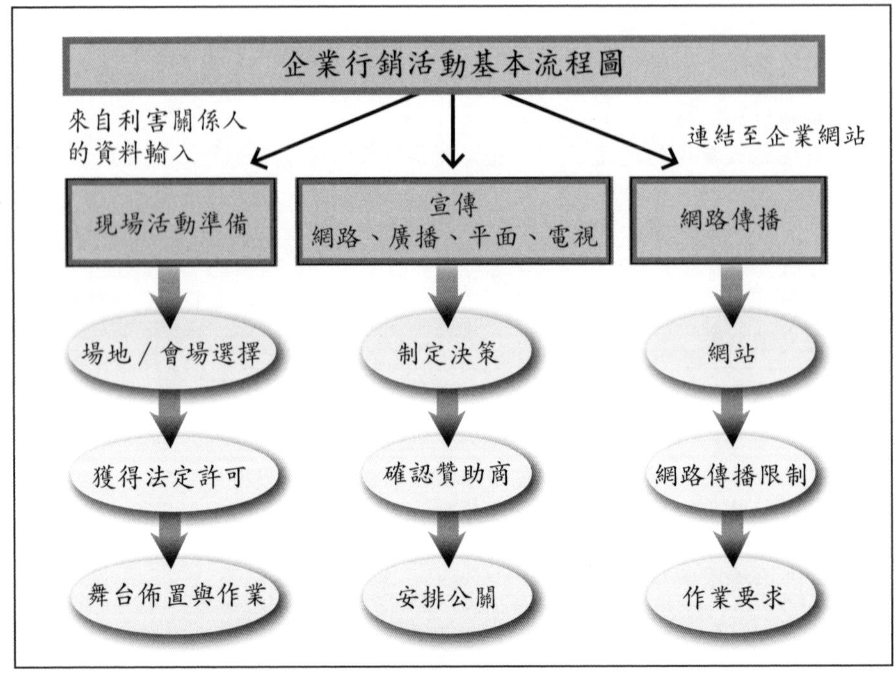

圖5-2　企業宣傳活動流程圖

在圖5-2的範例中，專案領導人或負責的資深主管將活動的管理與職責區分成三大塊，每一塊都需要不同的技術與資源，產出的文件就是工作分解期程草案。當天來賓出席的活動只是活動管理團隊所要負責的一部分，產品發表籌備工作和創新的網路直播將占用許多資源。這種鋪展期程的方法能使客戶馬上瞭解。例如，現場活動要先選定場地才能繼續往下規劃，雖然產品發表和網路直播也有賴於場地的選定，但流程圖只顯示出活動的主要輪廓。數據太多或太少都是個難題，資深主管只要一份需要完成的工作，以及工作大致順序的快速摘要，而不必拘泥在細節上。

可行性研究工具

活動可行性研究可引用其他專業領域的工具，特別是行銷所用的SWOT分析、規劃所用的缺口分析，以及財務所用的成本效益分析。

SWOT分析

SWOT（強項、弱點、機會與威脅）分析對於可行性研究效果很好，又是許多企業活動管理者和利害關係人熟悉的工具，而且也架構出活動要素的描述方式。例如，運用上方欄位列出日期選項，左方欄位列出SWOT分項以評選活動日期。若是發表一項能夠讓生態永續的產品，世界環境日、地球日或是其他經由準則選出的日期，都可列入比較。

萊絲莉・海斯（Leslie Hayes），維吉尼亞州麥克林市海斯聯合公司（Hayes & Associates）的總裁兼執行長，提供一個SWOT分析和決策過程非常優異的案例。發現傳播公司（Discovery Communications Inc.）的電視頻道之一——「動物星球」是她們的客戶。動物星球想在中國兩隻大貓熊安抵華府史密斯森研究中心（Smithsonian Institution）國立動物園（National Zoo）歷史性的當天，舉辦紀錄片首映會的特別活動。片中按年代順序播放貓熊的幼年生活，起程的點點滴滴，以及踏上美國土地的盛大歡迎場面。

海斯和她的同仁運用SWOT準則評估各種場地，最後決定在國立動物園，也就是貓熊的新家舉辦這場盛會。起初看來不像是個直來直往的活動，而且名單只列出500位嘉賓，因此你可能會懷疑海斯和她的團隊為何願意花時間針對活動的每一個構面進行詳細的SWOT分析。但是最佳實務和直覺告訴海斯場景可能有所變化，畢竟這對貓熊是國立動物園、首都的訪客，以及千萬動物園之友鄉親們的心肝寶貝。

海斯和她的工作夥伴總是運用SWOT分析來判斷強項、弱點、機會與威脅與其相關的變化，他們一旦進入這個程序，就會考量許許多多的議題。哪些是強項？第一點當然是國立動物園為貓熊準備的一個貼近自然的生活環境。第二點，國立動物園腹地廣大，可以容納許多遊客，公共交通便捷，停車設施完善，又有電影院和飲食區，也是非常理想的取景地點，可以滿足新聞媒體的拍照需求。什麼是弱點呢？貴賓名單要是不斷增加該怎麼辦？如何處理貓熊和眾多貴賓的維安問題？照護貓熊的專家以其福祉著想，要求展示區任何時刻的參觀人數不能超過250人，華府消防局也只允許電影院最多容納500人。

活動團隊要如何導引群眾到哪些地方呢？但看起來又不像是為了保持動線的順暢而把來賓挪來挪去。他們又如何保持動物星球的紀錄片是活動的焦點，以及各個節目之間的平衡？其他附帶的問題呢？

活動必須搭建某些必要的設施，又要與既有的動物生活環境相融合。例如所有的通訊要靠信號或人傳遞，不能有驚嚇動物的擴音器或高分貝噪音。另外顧及到美國和中國的官方代表，又必須考量某些協議或外交禮儀，以免貽笑國際。海斯聯合公司想把會場布置得具有中國風味，但要小心避免摻雜日韓文化的元素在內。

機會呢？對於公司而言，當然是客戶與來賓未來的商機。動物星球能藉此受到更多的肯定，擴展更多的業務。政治層面看來，這也是強化美中雙邊關係的良機。最後不外乎是貓熊與國立動物園巨大的新聞價值。

威脅呢？超過動物園或消防局的人數限制可能會撤銷活動許可，或是增添貓熊的不安，當然也可能有人想藉機發表反對動物園、中國、來賓、甚至是中國駐美大使的政治性言論，因此一定要有應變計畫，還要保持某種彈性。

實際情形呢？又有哪些決策呢？與會名單毫無意外地增加到1,500人，需要延伸當初預先規劃的策略以便疏散人群。幸運的是，SWOT

分析讓海斯和她的同仁有所因應而採取備案。他們發給來賓不同顏色的入場券，顏色代表某種特定的時程安排，諸如孩童遊憩區、貓熊書籤和帽子選購區、飲食區、觀賞貓熊區。每一團來賓經由交錯的順序都能體驗各種活動。例如250人在貓熊之家的屋頂上享用美食，同時刻其他人在觀賞影片。每件事都要一而再、再而三的檢查，以確保能滿足以貓熊為主題的這項需求，即使在亞麻布上寫的字都要請專家鑑定確認是中文而非日文，真正做到鉅細靡遺的地步。

為了要吸引來賓的注意，活動主題與邀請函的設計必須深入瞭解所有參數的效果。發現傳播公司希望獲得非常高層貴賓的青睞，包括來自華府地區的白宮官員、地方政府官員。海斯團隊非常有創造力地將活動主題設定在「管窺貓熊」，請柬就是一個盒子，貴賓打開時，會看到一副貼有動物星球商標的雙筒望遠鏡，躺在綠紙撕成的小草上，邀請函上寫著「管窺貓熊」。當貴賓抵達動物園卻發現忘了帶望遠鏡時，沒問題，海斯團隊早已準備好相同的盒子。

故事的重點在於SWOT分析與縝密的計畫，能讓活動規劃人員依據活動可行性分析做出有事實根據的決策或稱知情決策並保持彈性，如此活動規劃人員就能視活動情勢的發展予以適切調整。

缺口分析

缺口（gap）分析是一項風險管理工具，在上例中就是要找出可行性研究和活動最佳實務之間的缺口。缺口分析最好能在起草研究報告時開始進行，因為彙編研究內容的過程中就可發覺疏漏的部分，此外可用檢查表或是與之前活動的各項要素相互比較。活動管理若是過度埋首於可行性研究反而無法看出缺口所在，最好請另外一位企業活動管理者或是獨立的活動規劃人員審視研究內容。

成本效益分析

活動管理者無論是否進行可行性研究，都應當準備一份概略的成本效益分析。可行性研究視活動大小與獨特的程度，通常需要一周或更多的時間來完成，國際性的活動需時更久，往往研究和彙編數據到實用的表單就花費不少時間，準備成一份引人入勝的文件就更不在話下。研究報告的內容取決於需要詳細的程度，也就是資訊的粗略程度以及所要建議的備案數量。當然研究工作本身所需的開銷與人力也要納入考量，或可用失去其他機會的機會成本一詞表示。無論如何，可行性研究的結論能協助客戶和活動管理者判定該項活動是否具有可接受的投資報酬。假以時日，可行性研究能因刪除獲利不良的活動而節省企業數百萬資金，並將這些資金投入在報酬可觀的活動上。

初次拜會客戶

初次拜會客戶是每一項活動成敗的關鍵。約翰・戴禮（John Daly），他是一位具有專業認證的特殊活動管理師（CSEP），目前為約翰戴禮公司總裁，他認為一般人對於提案和客戶初期的面談都沒有準備妥當，然而這些步驟又是整個過程中極為重要的部分，因為要確認活動規劃人員或企業活動管理團隊是否能和客戶相互匹配。

當約翰接到一項活動的請託時，他拜訪客戶的次數就像客戶找他的次數一樣多，他知道除了客戶沒有人會開支票，而客戶要的就是投資有所回報，客戶辦活動就是因為相信活動是達成公司目標最棒的手段。約翰在初次會談時就問到：「為何要辦活動？」「你想傳達什麼訊息？」他會留意客戶工作的方式，並且判斷自己是否有客戶需要之

處，甚至是客戶是否有他需要之處，他會捫心自問：「我和客戶合適嗎？」

約翰和他的團隊要成為客戶的夥伴，雙方之間的整合應當平順無隙，然而許多活動規劃人員或活動辦公室並不把這項業務視為夥伴關係，他們只想從客戶身上挖出多少東西，「我能為客戶辦什麼樣的活動以便得到好處？」他們應當看重能為客戶服務的機會，而讓客戶得到好處。要是客戶獲益，未來自然會和活動規劃人員繼續合作。

約翰有97%的業務來自老客戶，他相信確認合適與否並讓客戶得到好處的這個經營哲學是相當成功的因素，即使客戶在別的城市辦活動也不會找陌生廠商，而會找約翰，並把他的團隊帶到世界各地。客戶對約翰的企業文化、辦事過程和專業知識相當有信心，約翰非常習慣和客戶一同工作，他會融入到對方做事的方式。客戶為何要甘冒失敗的風險，甚至花錢訓練新廠商，告知自己是如何作業，又是完成什麼工作？正因為某種特別的工作關係，客戶知道約翰和他的團隊具有成功的要素，約翰也樂於和客戶維持長期的合作關係。約翰已然成為客戶公司裡的一部分，彷彿是位隨時待命的員工，需要時先派人手支援，工作結束後再回頭討論合約問題，這樣能完美地符合客戶的需求，客戶有優異的人力資源，又無須在不是很需要的時候支付薪資。

提案文件

在市場行銷的術語裡，一份活動提案遠比一份提供銷售服務的文件來得重要，這份具有高度目標價值的文件包含許多濃縮的訊息，能提供滿足客戶特定需求的解決方案。文件的格式與內容必須反映出企業活動管理成員的專業特性，要能展現活動管理者獨特的知識與經

驗，以及對客戶的承諾和活動的目標。總之，這份文件可以讀出許多不同層面的事物。

提案文件可能只是一頁的建議書，一份詳細的卷夾，或是一份簡報。活動管理實務中大多由專人簡報提案內容，然而某些時候，例如公務機關招標或某些企業規定要用郵寄方式投標。專人簡報或郵寄方式的提案都可經由內部或安全的外部網站，提供更新版本予以補充說明。網路的優點就是能讓利害關係人可以在任何地點任何時刻取得內容，而超鏈結功能可以快速導引讀者到有興趣的部分。提案可以依據使用者的需要分成不同的詳細程度，無論如何，郵寄或網路方式都不能比面對面專人簡報提案內容帶給決策者更深的影響。

賴瑞．魯賓（Larry Lubin），一位活動製作人，就是專人簡報提案內容絕佳的例子。賴瑞接到客戶附帶規格說明的請託，為他的團隊帶來真正的挑戰。當他們沉思要如何處理客戶的要求時，突然靈光乍現想到用「不可能的任務」作為活動的主題。賴瑞決定在真正的提案簡報之前，就以這個主題製造點趣味以展現公司的創意。提案截止的前幾天，賴瑞從間諜玩具店買了一本內部挖空的書，又請附近的DJ用錄音帶錄了一段具有「不可能的任務」風格的訊息，並加上電影主題曲作為背景音樂，訊息的對象當然是客戶而不是電視影集中的菲爾普斯先生（Mr. Phelps）。賴瑞公司的一位員工把書放進一個看起來很像是公務郵件的包裹裡，並親自送到客戶公司的接待櫃檯，客戶的秘書無法想像為何有人要按中國文化的方式送一本書。秘書受到好奇心的強烈驅使，打開包裹和書，並聽到其中的訊息。

下一步要想辦法傳遞第一回合的投標文件，賴瑞聘請一位女演員準時在截止當天的午餐時刻，將文件送到客戶總部大廳的接待櫃台，大廳的樓下就是公司自助餐廳。女演員的穿著配合得恰到好處，窄裙加皮夾克，油亮的秀髮直梳於後，並戴著包覆式太陽眼鏡，手提一件高雅的皮質公事包，再用手銬銬在手腕上，以保護其中價值不菲的文

件。她要求見客戶，客戶也很喜歡這種方式，就這樣，賴瑞和他的團隊通過第一回合，進入到四強決賽。

在提案簡報的當天，團隊提早到達會場準備，他們把門反鎖並派一位身穿警衛制服的同仁守在門外，會議室佈置成戰情中心，掛滿顯示世界主要城市時間的時鐘，許多螢幕的影像內容看起來極像是情報資訊，牆上還掛著許許多多的圖表，標示著神神秘秘的註記。當客戶提早十分鐘抵達會議室時，警衛不准他進入，客戶的情緒開始興奮起來，猜想賴瑞和他的團隊又在設計什麼。稍後警衛在適當的時刻打了一個暗號，門開了，驚喜也開始了！簡報的風格就像「不可能的任務」（Mission: Impossible）情節一般，賴瑞團隊毫無疑問地贏得勝利。整個案例的重點在於傳遞訊息的方式比本段文字的敘述更有力量。

自發性提案

然而提案不見得都是為了爭取生意，有時是因為察覺到某種機會而產生的，例如活動辦公室看到一個能增進同事情誼的機會，舉辦公司內部或與其他公司聯誼的運動比賽；或是某項可以增強公司與當地社區公共關係的機會，比方說礦業公司和鄰近社區的關係向來敏感，可建議公司舉辦節慶活動邀請附近居民參加，並展出他們的民俗文化作品，有助於相互瞭解。世界各地已有不少成功的案例，但在某些國家這項議題受到忽視的結果，竟是礦場收歸國有，並註銷公司許可。

標準化與客製化商品和服務

是否使用標準化或客製化的商品與服務，一直是提案或可行性研究的基本問題。一般行政管理之所以能穩定進行，絕大部分的原因就

是採用標準化商品或服務，因為品質、價格、交期與風險都能預估出來。而以專案為主的產業正好相反，他們仰賴客製化商品或服務，經常必須從頭開始做起，就像搭設台柱和布置舞台，活動一旦結束，某些舞台的設備和其他的資材，就會被轉賣、捐贈或資源回收處理掉。

許多有關採用標準化或客製化商品與服務的決策必須在提案完成後制定妥當，兩種方式都有的案例較為獨特，為一項提案預估各種方式是個相當困難卻不得不做的過程。

許多企業會為國際活動或跨國活動採用可重複使用的單一主題，因此能反覆利用某些商品或服務。例如1993年的全錄文件世界活動（Xerox DocuWorld），以大量金屬和管狀網格呈現高科技質感的主題，導引觀眾詳細瞭解已上市數位與網路產品的功能特性，接著在不同國家巡迴展出相同的主題，直到巴西聖保羅的活動結束後，小心打包並北運到芝加哥，用於內部的銷售訓練。企業可以一直保持與傳達「無論是誰，只要沒見過就會覺得新鮮」這樣的主題，而且可以節省好幾萬美元。

提案內容

為投標而提案是許多活動公司爭取生意最常見的方式，某些時候也是新公司生存的唯一管道。政府機關依照法律規定必須公開招標所需的物品或勞務，許多私人機構也認為公開招標是確保得到具有競爭力價格的好方法，活動產業自然也不例外。某家活動公司大多和其他競爭者一樣把投標文件彙整在一起，而客戶依照活動公司的工作品質，決定是否納入供應商優先名單。通常客戶會先詢問名單內的廠商有無投標的意願，要是活動公司想持續留在優先名單之列，那麼準備投標事宜就是件艱苦的工作。然而，該家公司可能因時程太緊或並非自己的專業領域而不願接案。

以下是活動提案準備事項的檢查表：

1. 自我介紹信。
2. 書名頁。
3. 所有權須知——未經授權而洩漏內容的注意事項，因為某種法律原因而應放在提案的前幾頁。
4. 目錄。
5. 縮寫字詞表。
6. 執行摘要。
7. 提案本文：
   (1) 活動公司簡介。
   (2) 一般部分，包括任務、背景、資歷。
   (3) 特別部分，包括先前類似的活動、可用資源。
8. 專案夥伴及其背景資料。
9. 活動專屬訊息：
   (1) 目標。
   (2) 工作範疇。
   (3) 利害關係人。
   (4) 主題、設計、構想。
   (5) 場地／會場評估。
   (6) 所需資源：視聽設備、餘興節目、宴席籌備、工作人員、供應商。
   (7) 所需之行銷或宣傳服務。
   (8) 預算要符合計畫要素的功能領域。
   (9) 監控管理：進度回報、組織架構與職掌。
   (10) 時程：規劃、運輸、動次順序、宣傳。
   (11) 環境影響：自然環境、交通、運輸。
   (12) 附件。

提案準備

準備提案若非看成吃力不討好的工作，就是視為活動管理團隊把所有的技術與知識專注在某一活動的機會，無論何種方式，都是活動管理團隊的主要責任，這也是把活動實際組織起來的第一步。

為了準備提案而型塑團隊這個工作的本身就是件專案。為獲得正確的團隊型態，此時需要從內部徵才或是外聘顧問和徵求合作夥伴。提案團隊一旦成立，就必須蒐集與彙整所有正確的資訊，為了做好這件工作，提案準備可以分成易於管理的單元，由各組分別進行。最後要為提案準備的時程預留足夠的緩衝時間，以因應任何突發狀況。

圖5-3顯示，提案團隊想要完成一份效果良好的提案所需的輸入與輸出。輸入部分包含類似活動和本次活動的資訊，聰明一點的話要先打聽誰有權拍板定案，是董事會、委員會還是某個人？他們的背景是財務還是行銷？提案內容要能回應所有活動利害關係人的目標，若是針對報價邀請書（RFQ）或提案邀請書（RFP）而提案，就必須敘明正確的報價和建議的內容。客戶制定的規格或是評選準則都可作為提案架構的範本，為便於客戶評估內容，提案要點的排序方式可以和RFQ或RFP一致。提案若是多頁文件，應當加上執行摘要、頁碼，以及每頁頁首與頁尾的識別文字，運用範本編輯則可確保能滿足所有的準則要求。

以下是關於創作一份提案的幾點提示。

清晰

提案內容必須清楚，前幾段內容要能吸引讀者繼續翻頁往下看，此外要善用圖表傳達訊息的力量。提案如同報告、會議紀錄和風險分析表等所有的活動文件，是向讀者傳達活動構想與彰顯活動團隊能力

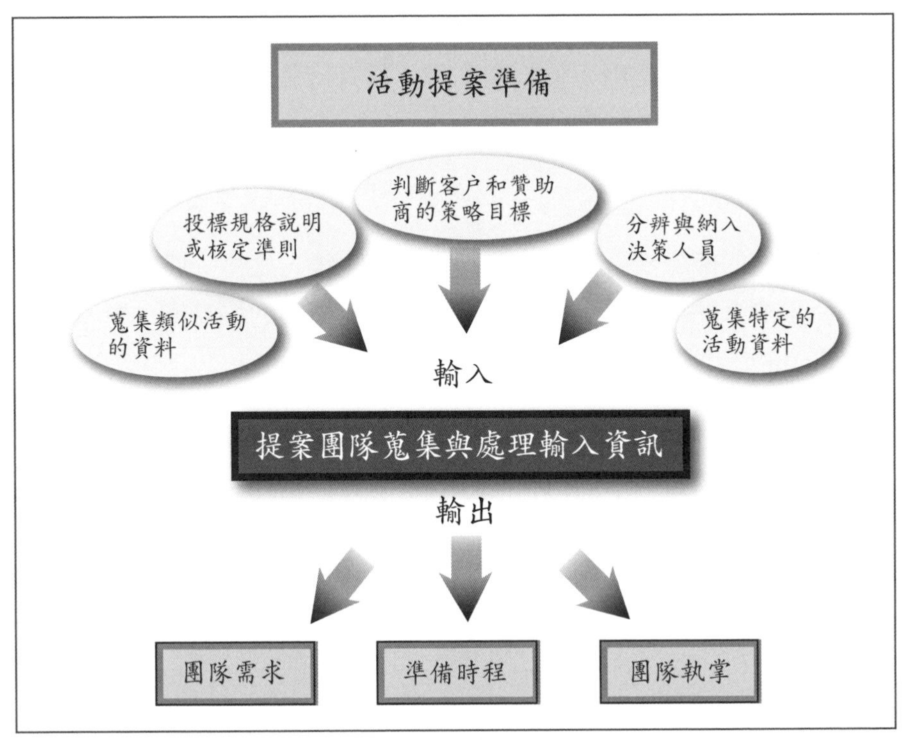

圖5-3　提案準備

的媒介，若是看不懂或讀來乏味，就失去提案主要的目的，所以要先設想誰會閱讀和評估這份提案。顯而易見的，行銷的優先順序一定和財務的不一樣，這也是為何當文件允許稍後再做審查，或是只需檢視其中一段時，網路就是非常好的輔助平台。然而，新科技總是帶有一些尋常的缺點，目標對象必須先熟悉與適應操作方式，而且如同先前所提到的，網路也並非是提案簡報唯一的傳播媒介。

需求

無論何人評估提案，都會有份準則排序清單，可以是把需求列在標題欄並給予提案內容1到10分的評分方式；或是先將一些基本、核

心的需求列為篩選提案的第一關。某些提案若是無法滿足這些需求，就直接排除，接著再用評分方式評選。具有特殊創意或格外優異的提案，通常是以特別加分方式處理。

輔助方式

多媒體的簡報素材可以附在提案文件之後，像是一段影片、光碟片、特別的網站或是電腦簡報，都可以增加提案的接受度，更不用說可以符合評估小組的風格與口味。

文化差異

提案應當警覺到不同文化的差異性，公司與社群的文化差異都應納入活動考量。若不能理解這種敏感度的重要性，提案內的遣詞用字就很容易受到攻擊。最明顯的例子就是不同文化的飲食差異，例如南太平洋或毛利人大餐（Maori Hungi）的活動可以烤乳豬，但會冒犯某些文化團體。

Now This! 是一家位於美國華府，以承辦企業活動為主的即興創作娛樂服務公司，就有一個處理企業客戶與企業文化的好例子。卡羅・尼森森（Carol Nissenson）、麗莎・薛曼（Lisa Sherman）、珍妮・安・威廉斯（Jeanne Ann Williams）一致同意，很多從事活動產業的人咸認對待企業客戶往往比社會客戶要來得容易。企業客戶通常知道要什麼、預算有多少，也知道活動相關的限制條件。有次Now This! 接到一份合約，客戶要徹底查核這家娛樂公司，並想知道是否符合活動和客戶本身的需要。企業客戶一般傾向於較少管東管西的微觀管理方式，而讓廠商自行處理，如此一來，Now This! 的員工就非常驚訝，當他們籌備一家大型電子公司年度起始會議的表演節目時，公司的會議規劃人員就毫無止盡地拷問每一個方法與步驟，之後才瞭解是因為前任的會議規劃人員由於去年會議的娛樂節目而被開除，原因顯然是有

位喜劇演員開性別歧視的玩笑有點過了頭，事後被一位女性員工控告不當騷擾。Now This! 體會到這家公司無法敞開心胸進而事事必管的原因，是客戶意識到從節目刪除的部分和加進節目的部分同等重要。這意味著不僅要做到政治正確，而且還要找出客戶公司的敏感區域或「一觸即發」的關鍵問題，甚至是政治傾向。

非正式協助

試圖在決策單位裡建立非正式溝通管道是較為明智的作法。內部消息靈通人士能幫忙建議提案簡報的最佳時刻，並協助瞭解沒有進展的原因。

會場使用提案

活動辦公室可能會提交一份會場使用的提案，例如在大學校園舉辦學術會議、研討會、論文發表會，都會要求完成一份提案文件，包括依據會議主題填具符合學校規章非常詳細的表單、保險含括範圍、贊助者支持的言論，以及活動對學校有何益處等等。

投標評估

活動辦公室在準備一份提案的更早之前，必須決定是否投標，也有可能是公司內部的標案，之所以會逐漸採用具競爭性的標案，是為了確保組織內部部門的實務工作更有效率。

投標決策的要素包括以下幾點：

1. 這真的是一份請託書嗎？還是組織的需求？或者只是試探性的作為？利用提案邀請書（RFP）或報價邀請書（RFQ）來蒐集活動的構想，或只是想瞭解市場誰有意願。這種手法並非罕見，只是缺乏職業道德而已，活動產業也必須考量如此寫實的情況。相對地，提交提案可能不是真正想競標，而是維持在客戶的合格供應商名單之列。許多公司會有一份優先供應商名單，只有核定資格的廠商才會收到RFP或RFQ。為了持續留在名單上，這對活動公司而言也是非常重要的事。
2. 投標需要花多少時間與精力？可能要準備厚厚的投標文件。有什麼機會值得這麼努力？備妥一份提案需要從別處借調大量人力，大型提案可能耗時數周，為了讓提案工作有效率，更須專注在場地實察與相關的研析工作上。
3. 得標後是否真能達成？又有何損失—像是其他的客戶或利益？提案如果成功也要評估機會成本，承辦一項活動而排除其他活動，會讓活動公司或活動辦公室沒有多餘的人力處理其他活動。公司可能會失去若干年來好不容易培養的協力廠商，只因為沒有工作給他們做。活動產業變動快速，當前的資訊能提供活動公司競爭優勢，專注在單一活動上可以避免活動管理團隊處於「狀況外」，這些都是目前的趨勢。
4. 誰是可能的競爭者？要查明有哪些競爭對手，以及他們的優缺點和可能的影響力，這些考量的因素都必須包含在SWOT分析之內，然而企業內的競爭對象會是爭取同一資金的其他專案。
5. 對我方有何好處？標案終究要對活動管理團隊和客戶有所裨益，因此若不能滿足某些細節或規格的要求，就必須找機會回過頭來試著修正標案的細節或規格，畢竟很多客戶常常只知道一點活動的內容就寫好請託書，因此也很歡迎專業的活動管理團隊提供意見。

在業務逐漸朝專案化發展的大環境之下，都期望企業活動辦公室能提交活動提案，可以是因應非正式邀請或正式的提案邀請書，也可以是不受任何邀請的自發性提案。無論何種方式，都會和其他專案競爭組織的資源。為了享受提早到來的成功果實，提案與可行性研究的經驗與心得，必須像嚴謹的業務文件一樣彙整編排。可行性研究與提案準備的基本知識是成功的企業活動管理者具備的能力，而企業活動管理者若能理解與適應這些專案管理的方法，就能創造出專業一致的成品。

重點摘要

1. 公司內的活動必須和其他專案競爭經費，因此活動必須展現出某種理想的投資報酬（ROI）。
2. 可行性研究就是對某項活動的詳細建議。
3. 可行性研究報告裡的圖表、照片、影片或圖示，都能讓客户具體地看到活動內容。
4. 企業活動管理者具有三種角色：活動發起人、活動合夥人、活動評審員。
5. 進行可行性研究時，SWOT分析（強項、弱點、機會與威脅）、缺口分析和成本效益分析都是效果很好的工具。
6. 適切準備提案與初次拜會客户事宜，是確保客户和活動規劃人員之間的合適度，以及活動成功的關鍵所在。
7. 提案是一份詳細與特定的目標文件，能夠針對客户的需求提供解決方案。
8. 提案文件的格式與內容必須反映出企業活動管理成員的專業特性。
9. 活動辦公室必須在準備提案之前，評估活動內容並決定是否投標。
10. 標案評估的要素包括：眞的是件標案嗎？籌備活動需要多少時間與精力？得標後是否眞能達成？得標後有何風險？得標有何好處？

延伸閱讀

1. Cleland, D., ed. *Field Guide to Project Management*. New York: Van Nostrand Reinhold, 1998.
2. Marsh, P. *Successful Bidding and Tendering*. Brookfield, Vt.: Gower Publishing Company, 1989.
3. Porter-Roth, B. *Proposal Development: How to Respond and Win the Bid*, 3rd ed. Central Point, Ore.: Oasis Press, 1998.
4. Reid, A. *Project Management: Getting It Right*. Boca Raton, Fla.: CRC Press, 1999.
5. Turner, J. R. *The Handbook of Project-Based Management*. New York: McGraw-Hill, 1993.

討論與練習

1. 以您所服務公司的高層或任何一家財星100大公司當做目標對象，提出某項活動的構想並草擬一份提案。
2. 有鑑於活動的許多構面易受變更的影響，是否意味著可行性研究在完成之前就已過時而不堪一用？
3. 研究招標和誠實正直的法律層面。和其他公司合夥共同爭取標案有哪些風險和適法性的議題？
4. 爲何某些活動公司不靠投標，仍然可以承辦許多活動。
5. 請幫您的公司討論自辦或外包活動管理的優點。
6. 使用搜尋引擎研究目前網路上的提案邀請書（RFP）。

第 6 章

系統與決策

本章將協助你：

- 運用系統化有條不紊的方法管理企業活動。
- 結合各項系統分析工具作為企業活動管理的一項資源。
- 將決策制定的過程應用在企業活動管理之中。
- 在活動專案的生命週期裡，辨識深層問題的跡象。

活動管理，如同任何的專案管理，應當視為一種持續不斷的風險管控過程，而其重點就在於是否具有分辨潛在問題的能力。事情可能有什麼變化？如何因應這些變化？是否有相關的人力或資源？

最棒的資源就是擅長制定有效決策的技能。想要制定有效的決策，基本上要能瞭解活動各個要素彼此之間的關連與差異。每項決策對於其他決策具有「連動效應」，但在活動工作的範圍內可能不會直接明顯地感受到決策產生的效果，也可能感覺不出與該項決策有關。

傳統管理的常規作法或程序，類同於企業活動管理的其他面向，都可應用在活動管理之中，而系統分析就可應用在活動的整體規劃。決策分析的作法也能輔助企業活動管理者如何抉擇那些源源不絕的選項。當活動產業日趨成熟時，系統法則的專業術語和應用方法更能增進活動管理的效能。

企業活動即爲一個系統

從隱喻到明示

某種形式的系統性思考就像亞里斯多德（Aristotle）的哲思一樣久遠。活動管理者必須一層一層地解構與分析，才能切實掌握情況並制定有效決策。系統性思考能夠認清活動所有要素的相互依存關係，並且明瞭反饋迴路的基本觀念與顯著的本質。就像本書所描述的其他過程一般，這類的知識對於活動管理者而言，通常是不言可喻的，也被視為一種後天的習性。一個成熟產業的特性，以及把企業活動當作一門專業的特點，就是將隱喻的知識化為明確的敘述。

動態系統

活動的規劃與執行等工作可以描繪成一個動態系統，活動管理的各個功能領域都會彼此關連相互影響。某項要素若是發生變化，將會擾亂原有的安排，使得彼此關係變得更加複雜。這些交互影響是強或是弱乃取決於活動的種類，並且會在活動專案生命週期裡不斷地改變。換言之，就好像在平靜水面上撩撥一下，其結果究竟是漸散的漣漪或是異常的波浪，猶未可知。企業活動管理的藝術就在於洞見這些變化，採取必要的措施，並在活動中具體地發揮作用。這些要義會在第7章風險管理中說明。

系統分析

把活動想成一個系統時，許多系統分析用到的工具或技術同樣能應用在企業活動管理，通常這也是推展活動管理軟體的先決條件。用於系統分析的理論與第9章網路加持（Web-enabling）的分析類似。對於有實質效能的企業活動管理而言，系統分析是項極其重要的元素，因為系統分析影響了管理工作的每個面向，有時又涉及到系統工程的領域。

研究階段

辨識現行系統

系統分析第一個階段在於研究與認清目前正在使用的系統，如圖6-1所示，這個系統可能不太明顯，而且未來也並非一成不變。活動若

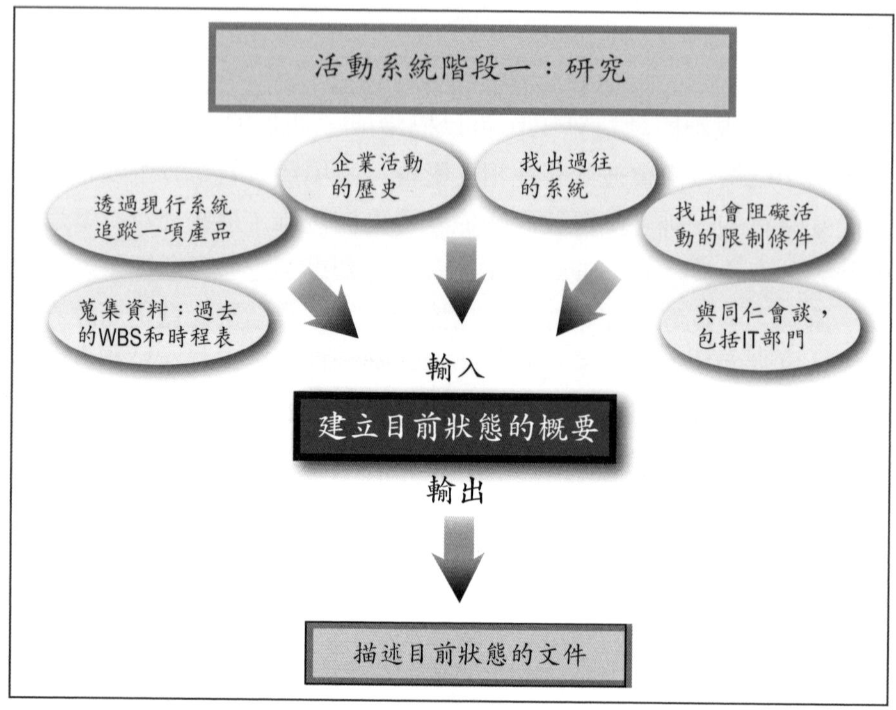

圖6-1　階段一：研究

想適當地運作，就必須是一個正在使用的系統，這是現代科技法則所要求的條件。工作分解結構與組織圖對於辨識系統而言是必要的，但仍有所不足，因為這兩項工具並未顯示出目前正在使用的一套完整的方法。正規或非正規的過程與程序，都是系統的一部分。有種方式可以闡明這點，那就是在活動的生命週期裡，持續密切注意企業活動管理中的某個工作要項，這種方法類似審視一項產品從設計到量產整個的生命週期。

對於許多活動而言，物色一位主講人是相當尋常的工作，這些過程包括了研析誰較適合？（現在可藉網路搜尋），以及詳實記錄研析的內容，也就是將過程的內容予以文件化。尋找一位演講者有許多限制條件，諸如哪一種類型的演講者、合適程度與酬勞等等。大多數

的活動都有一套標準作業程序，以及比較不同演講者的方法，也必須釐清與記錄每位人選的條件，以作為未來其他活動聘請演講者的評選參考。這套標準作業程序在整個活動中都要嚴謹的執行，而且要對客戶或贊助商負責。換言之，這也是系統的一部分，即便是非正式地進行，也不會減損這是一項整合的過程——一個系統的事實。

相貌多樣的現行系統

企業活動管理著各式各樣的系統：正規或非正規、公開或不公開、有形或無形；彷彿有機物般經年累月自然地發展，最後成為企業文化的一環—「事情就是這樣完成的」。混合型系統則是吸納並融合許多新穎的方法，對於軟體類的專案管理，某些混合型系統產生的效果，可稱為「義大利麵程式碼」——編碼錯綜複雜以致於非常難（但並非不可能）找出簡潔的模式。

研析過往的系統也有助於定位現行系統屬於哪種合適的類型，而目前採用的管理方法可能反而成為一種束縛，也可能用來平衡調適新的專案管理方法。

個人化管理

系統運作的基調若不會受到一些變化的影響，我們稱這些系統具有穩健性。當今許多公司的營運仍舊遵從總裁或高階經理人的個人風格，這類的團體就像亨利．明茲伯格（Henry Mintzberg）在1994年所述的「創業型組織」，領導特質若是正直無私的，這類的組織就會非常穩健，而威權式的領導風格會帶來過多的壓抑、絕少的靈感，以致於活動只能關注在容易達成或是短期的目標。

穩健的組織具有濃厚號召力的領導風格，能激發每位員工的責任感與自主性。正是因為有效，許多企業仍然熱切擁護這種管理風格，而此種方法也的確能得到良好的成果。

提倡專業、重視責任、風險管理、協調利害關係人的利益等等，都是當前的潮流與趨勢，而企業焦點與信念的改變，就是源自於人們認為管理不應受到單一人格特質的拘束，所以系統分析一系列的應用法則就是達到此項目標的關鍵所在。

執行階段

系統分析第二階段如**圖6-2**所示，是為了下一次活動而分析現有以及所需的工作、流程與功能。**系統法則**：結合本章所述的其他法則，可以整合到單一專案管理系統之內。**功能分析**：解構與闡明活動辦公室現在與未來不同的功能領域。**過程分析**：審視每項功能的內容以及各種流程。**工作分析**：屬於微觀層次，審查活動過去與未來工作的內容，以決定何者適用於專案管理系統。這些分析的目的在於先找出目前活動使用的方法（或任意方法），使專案管理方法可以實施。比方說，風險管理是企業活動某類功能領域，目前的管理方法可能有點零零落落，也沒有將想法和經驗記錄下來，透過工作分析就能看出因應風險所需的相關工作。當這些分析結果納入風險管理的實務工作時，就像產生一套新的系統，一旦運作起來，就會整合到活動所有的構面之中。

現有的企業文化在活動執行階段總會面臨到一些限制，但就像稍早討論過的，專案管理可以成為企業文化，因此專案經理能找到比當初預期更多的資源。

我們現在來看看活動產業裡一位成功的經理人如何運用系統法則。馬克・哈里森（Mark Harrison），英國貝德福市全效能（Full Effect），該公司擅長活動管理，曾獲獎為最佳活動管理組織。雖然哈里森所用的詞彙與本文略有不同，但一見這個案例就能明顯看出他找到並使用一套能獲得良好成效的管理系統。哈里森認為：

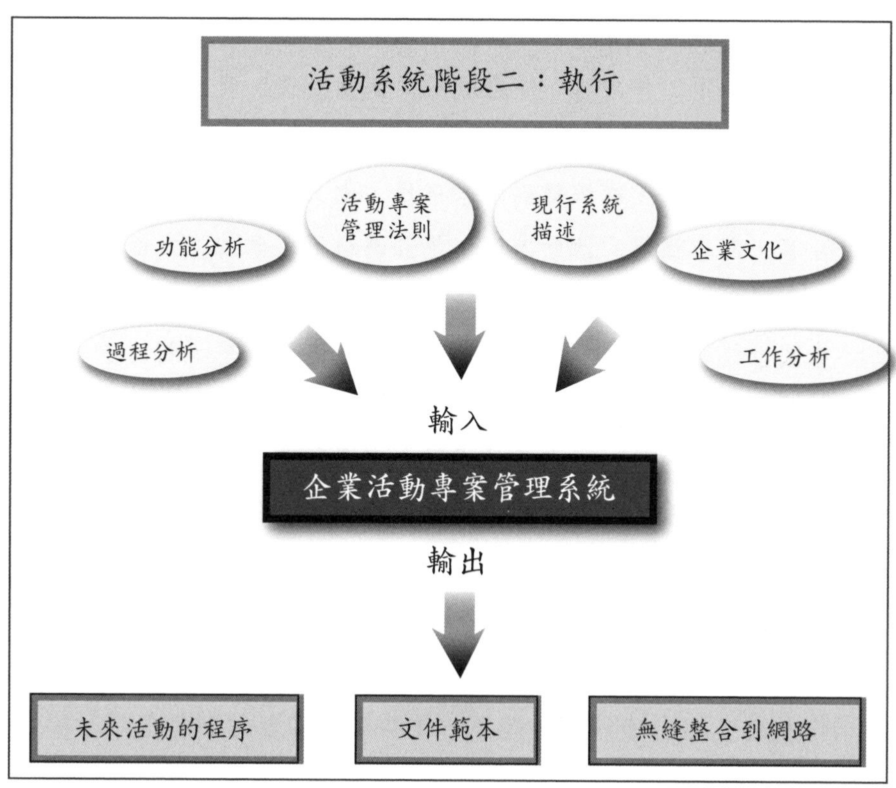

圖6-2　階段二：執行

一項活動在客户打來尋求協助的第一通電話就誕生了，雙方關係從此展開，此時也是感受客户需求的最佳時刻。理想情況下，是有必要專程拜會這家客户以便獲得更詳盡的資訊。活動一開始就賦予一個專案編號，以便追蹤專案的進展，諸如簡報構想、企畫提案、活動執行，一直到文件歸檔等等。專案編號有助於訊息的登載與建檔，也能在會計程序中看出是哪項活動。活動無論大小，所有的檔案按照相同方式依序排列，檔案的前幾頁必須包含活動的工作項目總表，就像翻

閱書籍一樣，任何一位同仁都可以取出檔案，瞭解活動的進度與下一項工作內容。一旦瞭解案情摘要後，我們就進入企畫書撰寫階段，這也是顯現創意的時刻。我們的設計團隊，從舞台到燈光、從編舞到腳本寫作，大家都能腦力激盪出符合客户需求構想的活動內容，並且透過不經意的方式邀請客户全程參與。驚喜中的每個成分都可讓活動永難忘懷，就連精明世故的觀眾在當天甚或這個時代所遇到意想不到的事，都還要令人驚豔。有時客户只是用了些成本、創意等簡單的字眼，重要的是，企畫書的提報內容要能完全滿足客户的想法，我們常常展現自己的強項，這也是大力促銷活動賣點的機會。工作小組經常開會討論活動事項，各部門經理必須確認每件事都能正確地進行，也不會遺漏任何細微末節。現場勘查、拜會客户與供應商，甚至和所有相關單位共同召開製作會議，都在確保能掌握每一項細節，甚至細到每個字母t的橫線都要貫穿，字母i上面的一點都要清楚。活動的種種細節，從第一次出貨到最後一張發票，都要詳細記載在工作文件裡，這就像能在最後一刻消除恐慌的保險單。工作團隊必須坐下來把整個活動每分鐘的流程「走一遍」：寫下要做的事情、何時做、誰來做、誰負責確認有在做。整個團隊必須一遍又一遍檢視工作文件，並且在活動所有的過程中，都要非常注意這項工作。一份包含電話、傳真、手機和電子郵件帳號的詳細通聯名單，可以確保不會在重要時刻失去聯絡。沒有任何事會比明明知道要解決哪些問題，卻找不到知道解決方法的人還沮喪的了。以上種種說明了一個最重要的

字眼——溝通。從客户説明需求，公司提報企畫內容，到管控活動事務的每一階段，沒有清晰明確的溝通，就會有模糊不清的空間。打完電話後馬上記下聯絡要點，傳真或電子郵件可用來確認東西是否收到，或是通知可以回覆的期限。溝通不良在企業活動管理中將會造成工作的延誤與增加事情的不確定性。

分散式專業知能

採用一套周延法則的優點之一，在於團隊成員能於全公司各部門甚或世界各地使用之。也惟有使用一套共通的系統，分散式團隊與分散式專業的構想才行得通。土木工程的專案管理現在已經演進到可以讓來自不同背景的人共同工作。南非一個大型建案的工作夥伴，即便在自己國內，也有許多不同的工作背景，甚或說著不同的語言，這再次印證系統是可變的與可轉換的這樣一個觀念。企業為了活動管理採用一套系統之後，便可推廣到世界各地的分支機構，而會展產業也真的有將活動手冊放在公司內部網絡，好讓世界各地的同仁都能依此要領舉辦相同類型的活動。

知識管理

企業活動管理運用系統分析法則更大的優點在於，建立管理系統的同時，協助建構組織的整體知識庫。企業活動辦公室的功能之一，

就在儲存過去舉辦活動所不斷累積的知識。我們看過不知多少次活動必須重新規劃，只因為活動管理者離職帶走所有的專業知能。因此開始規劃活動之前，就應建好一套能適當存取資訊的系統。如此的知識管理系統才能非常平順、毫無間隙地整合到所有的管理系統，當然也就是專案管理法則與活動辦公室。

知識管理不僅是設立圖書室或資料庫而已，還必須考量下列五點：

1. 活動辦公室若隸屬於公司，活動知識管理就必須整合到現有知識管理系統之內（如果有的話）。
2. 知識庫檢索是相當重要的功能。省時是基本的要求。
3. 汲取過去活動的知識與其評價，又可稱為知識的集合體或知識寶庫。
4. 留意知識管理系統未來的成長性，以及在活動專案生命管理週期中的擴張與縮減。
5. 資料輸入要簡單，訊息也能自動儲存在不同位置，以避免多次重複鍵入，例如WBS就能成為風險或會計的基準文件。

創意思考

分析型思考有助於創造力

若說有系統的思考會扼殺創意，這是謬論。認為簡潔優雅的系統設計比實際井然有序地辦好活動還來得重要，這也相當危險。某些人則相信有獨自想法的才叫創意思考，而本章提及的解析方法正可以輔助創意思考。當一個精心規劃的系統無法適切地支援決策時，企業活動管理團隊就會不斷地面對問題與解決問題，不斷地滅火。想在情急

之下解決問題，就需要大量的創意思考，無論如何，只有當問題都獲得解決時，才會有令人滿意的結局。而創意思考也只能在條理有序與冷靜沈著的環境中進行。大多數的問題若能在發生之前就圓滿消弭，這對於專注在創意過程中是相當美妙的一件事。

非正規工具

許多工具都可用來協助創意思考，眾所皆知的應該就是能從不同經驗與技術中想到解法的能力。有些活動管理者會刻意參加許多與自己本行只有一點關連的活動，有些則是廣泛地閱讀。一個創意的想法可能來得有點意外，羅伯特・格雷夫斯（Robert Graves）所著的《天神克勞狄亞斯》（*Claudius the God*）一書，就能觸發某位活動管理者辦理環保產品發表會的一些點子。《天神克勞狄亞斯》描述貝斯奎（Basques）為了要嚇塞爾特人（Celts），裝扮的跟水鳥一樣，踩著高蹺走過沼澤地。這位活動管理者以這個情節為基礎，讓人穿得跟水鳥一樣，踩著高蹺在節目中走。

創意思考意味著要不斷地發掘那些平時隱藏不見，但是一旦顯現出來就能讓每件事都恰到好處的關聯性。這些關聯性可以經由綜合數種不同的意見，或是從不同觀點來思考一種想法的方式獲得。比方說，有位活動管理者承辦某建築公司的聖誕宴會，地點在工地的大洞內，他就用起重機緩緩地將賓客降到洞內的場館。另外一位活動管理者則是將老舊停車場布置成具有中世紀主題餐廳風格的宴會場地，效果相當不錯，就是因為他感受到磚造停車場有股濃濃中世紀風味的這個關聯性。

正規工具

有許多正規方法可用來協助創意思考，像是把問題或現況分解成不同的屬性或特徵，再重新組合這些屬性或特徵以激發出觀察現況的各種方式。型態盒（morphological box）就是一項正規的技術，它是一個將屬性或特徵放於上方（行標題）與左側（列標題）欄位的矩陣，屬性或特徵的各種組合方式可以提供創新的解決方案，以及激發創意思考。

例如，**表6-1**列舉出某項產品發表會的屬性或特徵。

這種屬性思考用來發表一款不會危害生態環境的堆高機，戶外展場坐滿了來自世界各地的買主，一列高蹺藝人引領堆高機出場，隨後堆高機和高蹺藝人跟著以汽油桶製成鋼鼓的節奏，跳著精心設計的舞步，藉以展現堆高機靈巧的機動性。這類活動的創意可以大幅增進產品功能的價值，並且反映了客戶選擇適當活動管理公司的專業品味。

分鏡腳本

分鏡腳本（storyboarding）在企業活動管理中是個促進創意，以及向利害關係人簡報活動企畫的尋常方法。分鏡腳本是在一張板子上畫

表6-1　型態盒

產品	出場方式	展示方式	餐飲	場地	後勤
實品	從煙霧中出現	直接展示	自助餐	飯店內	以巴士接駁客戶
模型	從地面升起	跳舞	以產品爲主題	公園	客戶自行前往
圖片	以直升機垂降	聲音旁白	自行烹調	停車場	禮車
雷射影像	廂型車載運	音樂	無	小島上	運送產品給客戶

出許多想法和疑問，以便討論屬性或想法的各種調配方式，這也是草擬一連串工作最普遍的方法。把工作項目寫在便條紙上，再用圖釘別在板子上，如此就可排出工作的最佳順序。

萃思法

萃思法（TRIZ為創意問題解決理論的俄文縮寫），是由阿胥勒（Genrich Altshuller）所發展的一種描述與分析創意和解題的整合型方法。此法源自於工程創新的細部研究，現多應用在商務分析，但由於有太多的原則，太多從歷來創新過程中的特徵與功能演繹出的歸納法則，以致過於繁複而無法在本章中詳細說明。然而，萃思法遠非一般的屬性組合所能比擬，較像一門創意學科。活動辦公室可先上網查詢萃思法進一步的說明，以便尋求一些新的想法。

制定決策

很多人都知道在活動專案生命週期初期就做了許多重要的決定，隨著專案的進展會面臨更多的抉擇。不過這些決策產生的效應，只有到活動當時才能感受到，也因為如此，必須選用經得起考驗的法則，以及思考哪些適當的工具能夠協助企業活動管理者制定決策。本節旨在說明適合活動專案經理決策分析的各種構面，決策分析不僅協助活動辦公室制定決策，更能詳實記錄決策的過程與內容，甚至能讓企業活動管理的專業受到肯定。

活動環境的特性

制定決策就是在許多方案中做選擇，這項定義是假設在一個相對穩定的環境下制定決策，並且某項抉擇與其產生的結果具有直接的關聯，但這只存在於一些制式的企業活動之中；這項定義也假設某項抉擇與其後果能受到充分理解，但對於一個複雜系統而言，這幾乎是不可能的。決策制定的重點在於降低一連串行動的不確定性，某項決策不會與活動的其他部分完全無關，自然也會受到其他決策的影響。例如，經過審慎思考決定使用一個特殊場地的決策，有可能會被客戶、執行長或任何一位重要利害關係人所推翻。在如此變化無常環境中的任何一項決策，意味著制定決策的人必須努力不懈地貫徹這些決定。

決策種類

企業活動生命週期內會制定許多決策，這些決策都會受到利害關係人策略目標的限制。決策可區分為：

1. **專案決策**：做或不做是活動中最常見的決策類型，理想的情況下會依據可行性分析的結果而定。此類決策關心的議題包括達成目標的企業活動管理能量、可用的資源、所需的時間以及其他因子，這部分已在第5章活動可行性分析中說明。
2. **比較**：比較不同方案所做的決定是相當率直的決策方式。例如，比較不同的供應商。此類決策必須比較相同數量的因子或參數才有意義。
3. **活動價值**：此類決策乃依據某個選項對於活動目標的未來價值而定。例如，活動贊助人可能會看中新加入的某位贊助人未來的價值。

4. 型態決策：權衡成本、內容、時間三項變數的決策類型。例如，某項必行的工作超過預定的時間，活動管理者必須決定要調整哪項變數。

決策樹

決策樹有助於在不確定的情況下做出決定，以繪圖法建構不同的選項以及選項衍生的後果。決策樹對於要做一系列的決定相當有用，本法的優點在於：

1. 藉由過程的排序釐清複雜的問題。
2. 藉由繪圖方式易於理解，且便於和一群人討論。
3. 是一種記錄決策的方式。
4. 是一種可用於其他商務領域的標準程序。

圖6-3為一種簡易的決策樹，某企業要舉辦一場招待客戶的露天餐會，根據過去在當地辦活動的經驗，天氣狀況相當不穩定，以前活動的當天早上還會下雨或下冰雹，此時活動管理者面臨的選項計有：

1. 取消活動。
2. 續辦活動，無論室外或室內。

必須考量的因素為：

1. 活動場地已經布置完成。
2. 計畫的變更內容必須即時通知所有人員。
3. 天氣可能轉晴。
4. 某些賓客已經啟程赴會。
5. 選擇在室內舉辦活動可能需要勞師動眾才能準時完成各項準備工作。

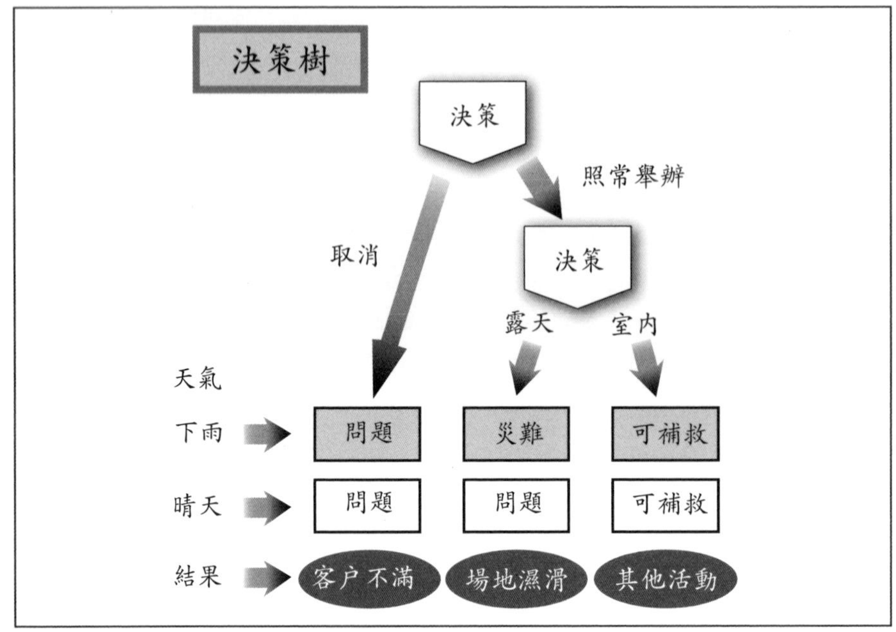

圖6-3　決策樹狀圖

活動的目標在於滿足利害關係人的需求，因此活動管理者徵詢他們的意見，有些人認為雨可能會停，但考量每一種後果的可能性與影響之後，一致決定改在室內舉行。這項決定能使活動管理者專注手邊的工作，並且立刻集中人力辦好活動——一項與戶外稍有不同的室內餐會。

決策樹用在以專案為中心的產業則會相當複雜，想要估計每一選項衍生結果的機率值就不是簡單的工作。活動產業中有些較為頑強的部分，諸如研討會或展覽，就非常適合使用統計分析的數學運算。然而，活動的許多構面都和研發計畫的專案管理息息相關，以致於變化過快而無法以數值精準地反映出來。

不做決策

許多決策制定的文章都在闡明溝通與文件的重要性，但某些活動管理者仍然執意讓決策變得模糊不清，溝通方式也變得僵持不下，如此情況下，只有活動管理者一個人知道目前的狀況，當活動沒有他就推展不下去的時候，他就會處於相當有權勢的地位，整個氣氛就會變得神秘兮兮，任何公司僱用這種人就會面臨失敗的高風險。

模糊不清的決策，不能和不做決策的真正決策策略互相混淆。不做決策有時也真能解決危機，因為依據不當資訊制定決策並採取行動的結果，往往比不做決策還要糟糕。

特別是能信任同仁可以在逼近重要臨界點之前解決問題，這對專案管理而言是不可或缺的部分。一個穩健的管理團隊能讓所屬成員制定決策並為決策負責，無論選擇的結果如何，都要讓成員感受到正確的決策制定過程，而且得到活動管理團隊的全力支持。重要的是，不要與深思熟慮選用的方法所得到的幸運結果相混淆。

權衡分析

權衡分析關切的是成本、內容、時間三項變數的型態。在一個沒有外界輸入的封閉系統內，任何決策都會改變三項變數的型態，實務上這對活動管理者是再也熟悉不過的事。專案管理法則倒是給了活動管理者一種表達的方式，請參見**圖6-4**專案管理三角形。

以三角形面積必須維持不變做個比喻，基本上三角形任何一邊發生變化，就需要修正其他兩邊的長度。若將這種關係解釋成客戶和其他利害關係人的話，此時決策就成為一個不涉及個人情感因素的明確選項。當此類問題無可避免地發生時，專業的活動管理者應當使用一套有系統的方法來解決問題，**圖6-5**就在舉例說明此種方法。

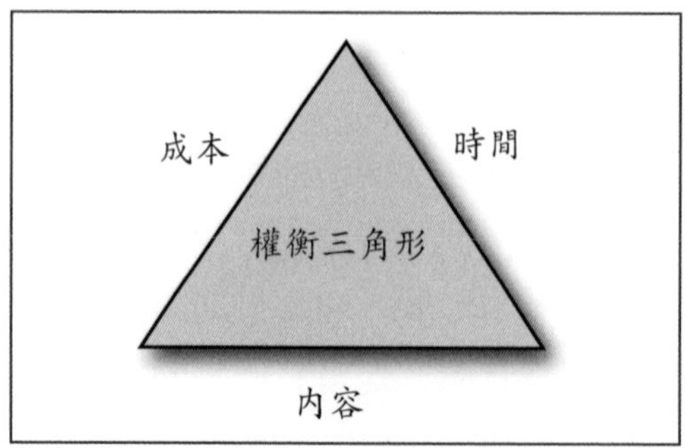

圖6-4　企業活動專案管理三角形

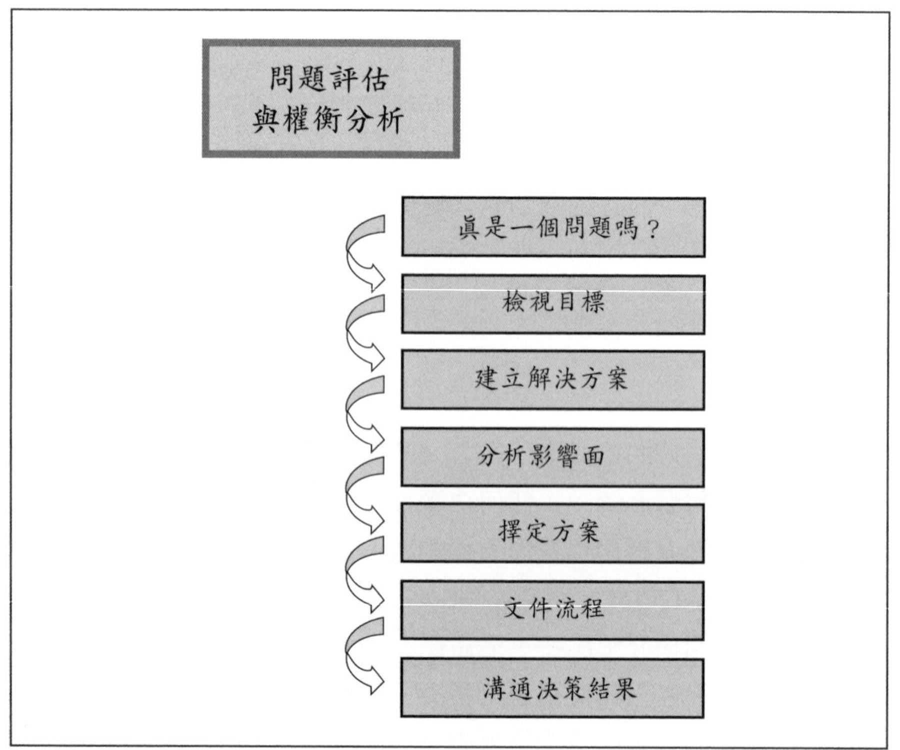

圖6-5　權衡過程

當發生問題時，企業活動管理團隊要先評估是否真是一個問題。某些人可能對某些意識到的問題感到非常重要，但對活動只有些微影響，但有時又會演變為真正的問題。例如，不當的宣傳方式會讓參與活動的人感到沮喪，但是否會衝擊活動本身？這些狀況發生時，活動辦公室必須決定解決問題所需的時間，以及可以犧牲哪些事物。釐清問題是最基本的工作：會影響哪些地方？是否會產生間接性的問題？問題能否定義的更好？星星之火可以燎原，小狀況也會變成大麻煩，特別是明天就要舉行的活動。

如果問題能以這種方式過濾出來，下一步就要重新審視活動目標，這些目標糾結著利害關係人的目標，以致對活動產生許多限制條件，諸如成本和最後期限。審視的結果會讓企業活動管理團隊瞭解目前決策的處境，如此就能找出許多解決方案，也意味著得到三個變數之間的權衡方式。

有鑑於最後期限就是最大的限制條件，而活動內容的改變（例如節目內容）意味著要增加成本和資源，因此必須經常權衡各種變數才能讓活動事務進行的有條有理。某項工作若是花了太多時間，表示其他工作需要額外的人力才能如期完成。列出解決方案與其效果後，活動辦公室就可選出最佳的一項。這些流程看起來非常正式，然而事實上，企業活動管理上卻可能以非正式的方式去進行，但如果活動管理者被召去解釋為何如此決定的話，會有什麼後果？白紙黑字記錄此一過程對企業活動管理的最佳實務而言是重要的。一旦決策已定，當然必須通知所有相關單位與人員，也惟有在一個系統依據基本計畫井然有序地處理變動的情況下才能有效地執行。一項活動的溝通計畫要能顧慮到各種類型的變化，以及如何及時通知所有應當獲悉的單位或人員，以便他們能及早因應。

消除鏈結與目標導向的原理

近來軟體系統的發展，對於協助推展專案管理法則提供一個很實用的比喻。電腦軟體日益複雜，程式開發人員意識到問題也越來越多，以往程式設計的樣式就像一個大型系統或單一結構，一旦加入新的特殊功能，必須重新改寫原有的軟體。若依軟體發展的步調來看，這種改寫的作法是越來越不可能，因此需要一種新的方法，以便適應軟體變更的速率，也就是把軟體要做的工作拆成許多物件（objects）——保有各自特性的獨立單元，主程式唯一的資訊就是只要知道這些物件的輸入與輸出。主程式提供軟體單元哪些輸入，以及獲得哪些輸出，但軟體單元如何完成一項特定的工作則是隱藏在主程式之外，類似第8章討論的「黑盒子」管理觀點。

這種隱藏的概念稱為封裝（encapsulation），封裝的眾多好處之一，就是可以從其他程式直接引用物件，若要加入新的特殊功能，可能只需要物件的一些不同的型態或式樣而已。

物件的概念和企業活動專案管理的法則完全一致，活動專案的物件就是供應商、團隊和個人，活動管理者只要知道輸入，例如規格以及輸出，也就是工作的成果。而活動管理者就在負責這些工作單元之間的式樣、型態與協調的工作。理想情況下，只有在工作單元的問題無法解決時，也就是當問題瀕臨某一設定的重要臨界點，以致於活動團隊、供應商的技術和資源都無法解決的時候，活動管理者才需要花時間討論。此種方法常稱為例外管理。

直覺法

直覺（heuristics）是種忠告、諺語，或是從經驗學到的非正式法則。開場白通常是這樣：「在這裡做這些事最好的方式是……」或是「這就是我們的作法」。直覺通常緊密結合企業文化，並且反映出辦理活動的公司或是企業活動管理者的工作風格，活動管理者常用直覺法教導同仁。實際籌備一項活動，面對改變優先順序的複雜情況，若想傳達一些無法以準則表達極其重要的基本含意時，直覺法就是一種強而有力的工具。例如活動管理者告訴同仁：「有問題儘管跟我說，我可以諒解過錯，但不能容忍被蒙在鼓裡。」另一位企業活動管理者則是對一大群同事說：「活動籌備會議簡報儘量說重點，只要告訴他們重大資訊，否則他們會很快地失去注意力並且忘個精光。」

一位專業的企業活動管理者若把整個活動運作得非常順暢，就能累積許多直覺法。專案管理系統無論執行的多徹底，通常具有濃厚人情味或是淺顯易懂的比喻，才會讓活動順利地完成。下面的故事就是一個很好的例子：一位活動管理者透過紮實的活動管理過程和應變計畫，不斷地滿足客戶需求。

莫娜．明瑞斯基（Mona Meretsky），一位專業認證的特殊活動管理師（CSEP），她在佛羅里達州羅德岱堡開了家COMCOR活動與會議服務公司，工作要求紀律嚴明。數年前，明瑞斯基聘用一位已在會展產業有多年經驗的親戚擔任活動協調員，而且要第一次獨當一面管理活動，她要求這位活動協調員的辦事方針是在活動前一或二日，打電話給所有的供應商確認到達的時間，同時要詢問對方有無問題或是有何想要知道的事情。活動協調員於是在一項活動前兩天打電話給樂

團，打到連答錄機的留言都塞滿了也都沒回應。活動前一天倒是接線生接聽電話，卻說這支號碼已經暫時停話，於是活動協調員致電身在另一城市籌備其他活動的明瑞斯基，徵詢她的意見。明瑞斯基警覺到絕不能讓新客戶失望，她心中總有份應變計畫，因此告訴活動協調員趕緊找另外一個樂團，故事的結局是：活動當天兩支樂團都出現了，活動協調員也都付了錢，但只有第一個樂團上台表演。

事情的經過是這樣的：活動當晚所有工作準備妥當，燈光美氣氛佳，美酒佳餚垂涎欲滴，但樂團咧？活動協調員訂了兩個團，卻一個也沒看到！賓客一個小時內就要到齊了，這該怎麼辦？活動協調員急電明瑞斯基，她一如往常的冷靜，建議活動協調員趕緊衝到附近唱片行，買一疊和樂團演奏風格相同的CD／VCD，牢牢地塞進會場的試聽系統播放出來。

活動協調員照辦後沒多久，電話響了，是第二個樂團團長，他說他們坐的火車在鐵軌上不知撞倒什麼人，警察正在現場詢問路人、乘客與駕駛，看看有誰目睹事件的經過，因此會晚到二小時，但絕不會不來。又過了幾分鐘，第一個樂團竟然出現了！活動協調員問他們為何不來電聯絡確認是否前來演出，電話又為何停用？團長解釋道：「我們已經在牙買加登台好幾個月，想說明瑞斯基知道我們的信用良好，所以才會覺得沒有打電話的必要。」活動協調員如釋重負地嘆了口歡迎之氣，樂團也立刻上台表演以饗賓客。第二個樂團後來也到了，活動協調員也都付了錢，加上CD／VCD的費用，皆從利潤中支付。明瑞斯基和她的同仁確信公司的聲譽絲毫未墜。

明瑞斯基建議企業活動管理者要儘量做到能滿足客戶期望的事，為每個可能出差錯的地方準備一到二個應變計畫，才能在壓力來臨時保持冷靜。她覺得只要為客戶做出正確的決定，即使當時會多花一點錢，但最後都會賺回來。明瑞斯基持續接到那家客戶的生意，正因為她能夠厲行專業，以客為尊。

活動的問題及其徵兆

活動管理者總會找些早期預警機制，以便指明問題所在。當時間主宰一切時，想要找出問題的解決方案就不是件容易的事，而且會占用其他工作的時間。許多活動管理者會說隱隱覺得問題即將發生，然而進一步追問後，這種感覺就像某種能激起一連串反應的觸發狀態，這種觸發的感受相當微妙，無法言喻，但卻能顯示即將發生的問題。以下各項就是一些觸發感受的例子：

1. **同仁或供應商不明瞭工作內容或相關責任**：顯示出溝通計畫不夠充分，或是職掌表不夠完整。
2. **不回電話或電子郵件**：通常是同仁或供應商想在不得不告訴活動管理者前把問題解決掉。
3. **沒有進度報告**：必須要讓活動團隊知道，無論賦予的工作完成與否，都要回報，然而大多數的員工都不會報告事情搞砸了。
4. **普遍缺乏熱情**：籌備活動的工作應當是有趣的，活動本身也不是普普通通的尋常事件，缺乏熱情表示管理有問題。
5. **員工離職率高**：籌備活動的同仁是最有價值的資產，任何的離退進用或調任轉職等人事異動都確是個問題，而且也顯示出有更深層的問題。
6. **對於決定的事缺乏責任感**：必須要讓活動團隊成員感受到自己能做決定，並且能得到活動辦公室的奧援。如果一個團隊獲得授權而能獨當一面完成工作，必定會為參與活動事務感到自豪。
7. **部門間缺乏合作**：與公司內其他部門共事的能力稱得上是一門藝術，即使有高層人士撐腰，部門間的任何阻礙行為都可能導致活動的失敗。

8. **好辯的供應商**：供應商如果知道自己無法準時交貨或完成特定的工作，通常會提出其他的小問題以掩飾主要問題。
9. **同仁太過專注活動管理事務而非活動本身**：當團隊成員無百分之百投入工作時，處理實際問題的心思就會變得非常官僚，結果就像是畫出又大又美的甘特圖，而不是把圖內的工作項目安排得有條有理。

所謂活動，無論是招待客戶的晚宴、展覽、受到資助的節慶表演或產品發表會，都是一個系統。活動辦公室在這個系統內，必須制定能夠將利害關係人利益最佳化的決策。運用系統分析可以分辨目前的系統特性，並且建立專案管理的法則；而決策分析可以管控如此的動態系統，以及制定最佳的決策。整個決策的過程可以讓企業活動管理團隊自由自在地創新思考、釐清問題，並想出創意的解決方案。凡此種種對於活動產業的專業化，都是不可或缺的方法。

重點摘要

1. 系統性思考能夠明瞭活動所有要素的相互依存關係，以及反饋迴路的基本觀念與顯露的本質。
2. 要把企業的核心從仰賴某個人轉變爲提倡專業、重視責任、風險管理，系統分析法則就是關鍵所在。
3. 一套周延的法則能使團隊成員通用於公司內部甚或世界各地，並可建立公司的知識庫。
4. 分析型思考有助於創造力。創意思考只能在條理有序與冷靜沈著的環境中進行。
5. 正規與非正規工具皆可輔助創意思考，包括綜合思考、運用不同觀點、腦力激盪、分解與重組、分鏡腳本與萃思法等。
6. 決策分析可協助制定決策，與詳實記錄決策過程和內容，且是企業活動管理的專業受到肯定的重要一步。
7. 制定決策是降低一連串行動不確定性的重要工作。
8. 企業活動生命週期內必須制定各式各樣的決策，例如專案事務決策、比較型決策、活動價值型決策與型態決策。
9. 決策樹可以協助在不確定的情況下制定決策。
10. 權衡分析包含成本、價值與時間。
11. 理想情況下，活動管理者應當在各單位無法自行解決問題時制定決策，這就是例外管理。
12. 企業活動管理者必須留意可能發生問題的早期預警訊號。

延伸閱讀

1. Ash, D., and V. Dabija. *Planning for Real Time Event Response Management*. Upper Saddle River, N.J.: Prentice Hall, 2000.
2. Kerzner, H. *Project Management: A System Approach to Planning, Scheduling, and Controlling*, 6th ed. New York: Van Nostrand Reinhold, 1998.
3. Kirkwood, C. *Strategic Decision Making: Multiobjective Decision Analusis with Spreadsheets*. Belmont: Duxbury Press, 1997.
4. Kleindorfer, P., H. Kunreuther, and P. Schoemaker. *Decision Sciences: An Integrative Perspective*. Cambridge, Uk: Cambridge University Press, 1993.
5. Mintzberg, H. *The Rise and Fall of Strategic Planning*. New York: Free Press, 1994.
6. Modell, M. *A Professional's Guide to Systems Analysis*, 2nd ed. New York: McGraw-Hill, 1996.
7. Perlman, W. *No Bull: Object Technology for Executives. Cambridge*, UK: Cambridge University Press, 1999.
8. Satzinger, J., and T. Ørvik. *The Object-Oriented Approach: Concepts, Modeling, and System Development*. Danvers: Boyd & Fraser Pub. Co., 1996.
9. Schuyler, J. *Decision Analysis in Projects*. Upper Darby, Pa.: Project Management Institute, 1996.
10. Tiwana, A. *The Knowledge Management Toolkit: Practical Techniques for Building a Knowledge Management System*. Upper Saddle River, N.J.: Prntice Hall, 2000.

討論與練習

1. 建構一項產品發表會的決策樹。
2. 建立一份公司郊遊的屬性表。
3. 建立一份某活動權衡三角形的要素（變數），例如董事會晚宴。
4. 探討一項活動案例，研究如何制定決策。
5. 建立一份在試映會或展覽會中招待活動的型態盒。

第 7 章
活動風險管理

本章將協助你：

- 闡明企業活動風險管理的價值。
- 針對某項企業活動擬定一份風險管理計畫，並用來與活動小組成員溝通。
- 應用企業活動風險管理的標準工具。
- 闡明企業活動風險管理相關文件的重要性。
- 運用企業活動風險管理流程，爲危機處理預作準備。

本章將敘明企業活動管理者管控風險必須具備的基本知識。風險在管理流程中是無所不在的，必須不斷地予以檢視，而生命周期法則是一項不錯的選擇。本章將討論兩種型態的風險：第一種是由於風險產生某種變化導致活動無法完成；第二種是會迫使活動的規劃人員或企業本身面對法律訴訟的實質風險。今日社會頗好興訟，大型企業更是動輒被告，因此簡略介紹風險適應型組織的概念。本章亦將說明有助於風險辨識與溝通風險計畫的一些工具。此外無論多麼努力辨識與管控風險，危機仍舊會發生，因此有必要闡明危機管理的方法。

風險已融入特殊活動之中

何謂風險？風險就是評估無法達成活動或專案既定目標的可能性與後果之程度。理想情況下，可用數值精準地表示，實務上則是多半關心風險本身的可能性。

世事多變，唯有風險不變，只要想想許多電腦公司的處境就知道風險已深植在現代企業之中。活動產業最大的優點就是風險已成為不可或缺的一部分，某種產業若是習慣於如雲霄飛車般在短期內經歷很多突然或極端的變化，這就是活動產業。售票型的活動，例如音樂會，門票收入會與宣傳活動的財務型風險息息相關，這種風險會使得該項產業裡的競爭對手遞減到最少。又如極限運動等企業贊助的體育活動，魅力多寡取決於危險刺激的成分，這些成分若是變成風險，企業的確就要切切實實地小心應對。如果企業活動管理者想辦個成功的展覽而甘冒投入鉅資的風險，進而深入到活動的每一個領域裡，如此整體失敗的風險絕對會降到最小。公司裡的活動辦公室與行銷或公關部門協調合作，負責督辦大型活動或大型工作，就是因為活動辦公室

具備增強機會與降低風險的知識與技能，若是將此重任完全移交某部門兼辦，對公司而言反而是項風險。

只舉辦一次的活動在本質上就具備高風險。一般人比較習慣處理常態性的工作，如果事事都很特別，就會變得非比尋常。於是當常態的工作環境發生變化時，例如法規鬆綁、全球化、資訊技術的遍布與成長，某種特殊活動的細部計畫在活動還沒開始之前，可能就已經過時而不堪使用了，而經細心思量得出的重要目標很快變成限制條件，反而會扼殺因應快速變化環境所需的創意。比方說，某位演說家答應出席某項會議，若是該員在會前出現負面媒體報導，即便不適合再出席會議，這位演說家仍會成為活動的限制條件。

在此以一個財星500大企業的例子來說明，如何在一個多元化的大型活動中，有能力因應可能會帶來災難性後果的重要變動，以闡述具有明確目標的專案管理流程之價值所在。該公司想為超高業績的同仁舉辦一個兼具訓練與慶祝的活動，承辦活動的幕僚早在六個半月前開始規劃，以便及早預定美國西南部一間足夠容納與會人員住宿與開會的知名飯店。

慶祝活動的重頭戲之一就是絢麗的開幕酒會，以感謝業務部門的資深副總。活動辦公室花了不少錢剪輯一段副總的影片，介紹他在全球各地的戰績並感謝他在各方面的貢獻，當副總通過會場入口時，還有歡迎煙火與大型分割螢幕的聲光特效。承辦活動的同仁在開幕三天前就已完成所有的準備工作，此時總公司卻宣布組織重整的人事案，該位副總調任其他部門主管，業務部則由另外一名資深副總掌理。

儘管整個活動的目標仍然不變，但開幕酒會感謝的對象卻因為情勢的發展必須有所調整。承辦活動的幕僚花了幾個小時的討論，巧妙地修訂酒會執行方針與計畫，整個團隊能夠持續對各單元的配置做出更佳的決定。影片改為公司的發展歷程與豐功偉業，迎賓儀式改用火炬迎接新的資深副總進入會場，接著陳述在她領導之下的未來發展方

向。酒會成果令人欣慰，整個活動更是非常成功。由此可見，會議結構與管理流程均能幫助企業活動辦公室管理風險與意料之外的變化。

生命周期法

一種遞迴的過程

風險管理是一種反覆遞迴（iterative）的過程，並貫穿整個活動的生命周期。有些風險只有在規劃階段進入執行階段時才會冒出，有些小風險會在活動的進行當中快速升高而變得非常嚴重，也就是說，風險管理是種不能間斷的過程，重點是要能接收與理解這些變化與其後續發展，因此可運用專案管理方法建立一套基礎計畫。

風險評估會議

活動規劃之初即須召開風險評估會議與擬定基礎計畫。風險評估會議要想步上正軌，就必須制訂與遵從諸如議程時限與出席人員等準則，而許多公司會採用全面品質管理流程，或是建立開會模式的指導方針。

初期會議可以先讓小組成員分享自己在其他活動中學到的經驗，以便認識各式各樣的風險情境，並藉由本章提到的各種工具，辨識出該項活動的風險。風險評估會議有賴與會人員的腦力激盪，活動中各部門的交互組合可以激發建設性的思考，有助於風險辨識的工作。

初期會議即須擬定風險分析表，這將有助於明瞭風險策略（請參閱附錄2博閎公司提供的風險分析表範例），該階段的分析文件需要註

明在特定的時段裡誰「擁有」風險，亦即由誰管控該項風險。本書一直強調文件在活動管理中的重要性，風險管理亦是如此。一旦出現變化或發生危機，立即查閱文件比較容易處理面對的問題。

會議結構

風險評估會議可以按照職務類別，或是工作分解結構中的主要項目分成小組討論。例如國際性會議，可將風險評估會議區分成宣傳行銷、報名登錄、會場布置、影音特效、後勤、財務、通訊協定與行政事務等。每個小組都由來自不同部門的人組成，此時傳統的指揮鏈或許會阻礙團隊發掘真實的問題，個人也會只專注自己的工作而不自主地忽略風險。因此風險評估會議必須藉助每一個人的經驗，而不只是單純地編組而已。接著將每個小組在其專業領域討論出的風險彙整成一份風險分析表，再據此擬定出風險基礎計畫。本項工作也有助於訓練同仁瞭解風險管理的術語。風險分析流程請參閱圖7-1。

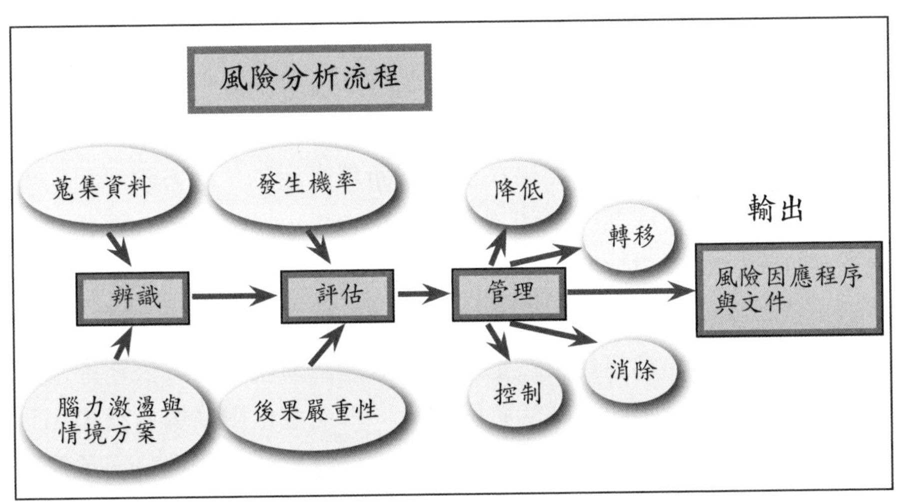

圖7-1 活動風險分析的輸入、流程與輸出

風險適應力

企業活動辦公室的重責之一是要能建立一個能承受風險衝擊的組織。所謂風險適應力（risk resilience，又稱風險復原力），係指能抵抗不良變異並確保工作朝著既定的方向前進。這類的組織具有下列幾種特性：

1. 明瞭要讓所有活動成員參與風險管控的工作。
2. 建立適切的風險辨識與處置的作業程序。
3. 能辨識風險並引起企業高層注意的非正式機制（美國陸軍稱作「建設性的不服從」）。
4. 將風險管理流程全面整合到企業活動管理之中。
5. 將風險管理術語融入企業文化之中。
6. 對於上述事務做好周全的文件管理工作。

風險管理專業

企業活動管理者若想借重風險管理專家，必須先瞭解他們的觀點以及工作經歷。比方說，如果在公共場所舉辦活動，地方政府可能會要求官方的風險管理部門，如消防隊長負責提出風險分析，鄉鎮代表會或其他地方政府單位關切的則是火災或公共安全的責任歸屬問題，但這也只是全部風險分析的一小部分。活動管理者也不必然要面對所有的風險，例如知名演員突然生病或因故無法演出，保險公司通常會指派一位風險專員協助企業活動管理者，即使這位風險專員獲知和政府單位相同的警訊時，基於工作文化，也只會專注在保險公司承保範圍有關的風險，而非評估所有的風險。企業活動承辦幕僚或是專門以

承辦活動為主的公司，認為只不過是向大型公共機構租借場地，而僅需自家風險專員即可，這對風險管理而言也是不足的。如此狹隘的風險分析，會產生不真實的防護期望或安全感。因此企業活動管理者必須明瞭風險管理專家所具備的專業範疇，唯有集合不同領域的專家才能顧及到活動所有面相的風險。

活動的特殊情況

對於許多以專案管理為導向的產業而言，辨識與管控風險是管理階層的首要工作。活動中的某些特殊情況更能凸顯風險管理的重要性。例如：

1. 參與活動人員眾多。
2. 使用志工或訓練不足的員工。
3. 以前未曾用過的會場或設施。
4. 複雜又專業的活動。
5. 決策倉促，特別是活動快要結束時。
6. 驚嚇到嘔吐（活動本身就是個風險）。
7. 需要良好的社群關係。
8. 未曾使用的溝通方式。
9. 新成立的獨立活動組織，或新成立的企業活動辦公室。
10. 高風險期間是在活動即將開始前，因缺乏時間無法做出審慎的決定，或是經費拙於支應任何的變更。
11. 分包商或供應商無法承諾履行一些未來可能的工作。

上述最後一項中，即使對分包商而言該項活動不是長期的工作，以致缺乏把未來工作做好的誘因，活動管理者都不能用「我們不會再

和你合作」的口吻對待分包商。假設A公司一年有3項主要活動，而供應商每年可能要接辦300項活動，換言之，如果供應商無法適切地完成工作，那麼風險會落在A公司而不是供應商。公司在活動管理上對待合約商的態度，應該要與對待自家員工有所區別。承諾未來的工作、晉升、職涯發展等等，都是目前任何組織會提供的激勵誘因。這並非說供應商不在意是否能提供好的產品，而是說公司承受的風險永遠比供應商來得大。

以上各點的說明，為儘可能辨識與管控風險提供非常好的理由。

風險管理

風險管理不只是辨識與管控風險而已，還包括風險評估、明瞭風險的周遭環境與風險溝通等。換言之，風險管理包含辨識、分析、管控與報告等流程。而其目標在於將損失降到最小，把機會增到最大。風險管理絕非只面對負面的事情，也可尋求潛在的好處，以激發出創意性的工作內容。比方說最近有家公司一直不確定是否能使用某一特定的場地來發表新產品，直到最後一刻才決定移到當地的體育館。該公司在規劃的同時，就擬定了完整的風險管理計畫，而活動管理者由於明瞭其他的可行方案，因此能留意任何可能的機會。於是他邀集在地的藝術家一整天辛勤裝飾完成原本平淡無奇的牆壁。活動管理者明白情勢會不斷地變化，他又想到可藉機幫地方慈善團體募款，果真這些裝飾品在活動中拍出可觀的成交價。這個實例證明危機是可以變成轉機的。

風險辨識

參考他人經驗所得到的某些知識也有助於風險的辨識，請教經驗豐富的專家也較能獲得活動生命周期中的潛在風險。許多案例中有經驗的多半是分包商或供應商。即便公司活動必須籌畫一整年而只舉行一天，供應商仍然要持續承攬其他不同的活動，因此他們的知識對於企業與活動管理者而言都是無價的。在各產業中具有豐富經驗的人往往在發想階段就能看出潛在的風險，可以協助活動管理團隊避免與成本相關的問題。

其他辨識風險的方法包括：

1. 會晤活動的利害關係人。
2. 聘請風險管理專家。
3. 在幕僚與志工會議中凸顯議題。
4. 請教地方政府單位，例如消防隊或警察局。
5. 請教能提供緊急服務的廠商。
6. 運用腦力激盪思考活動全程或某特殊部分的風險。

風險辨識的其他方法包括試辦、建立活動的模型、「孕育活動」等。奧林匹克委員會就曾鉅細靡遺地試辦小規模的活動，以驗證整體規劃的各個構面。另外可運用電腦編寫一些小型的活動模擬程式協助風險管理，例如簡易的財務試算表或是專案管理軟體，都可用來辨識風險。若是針對某大型或具有科學性質的活動，可先設計一個可控制或縮小尺度的環境，觀察其中的發展進程，依其結果修訂出的計畫，以作為大型活動甚或其他領域的規劃依據。而商務會議、學術研討會、展覽前一晚的開幕酒會，通常可視為一種測試性活動，藉以辨識或處理任何最後一刻才出現的議題。

風險辨識工具

工作分解結構（WBS）是風險辨識與分析最基本的工具，建立WBS的方法請參閱第2章。活動中必須執行與管理的工作，原則上要向下分割為易於管理的單元，每一單元皆有獨自的設備與技術等資源需求。WBS圖也可看出風險在單元之間的關係，比方說，某活動需要產品發表的特殊技巧與資源，自然就會聯想到與產品發表有關的特定風險。而產品發表所用的素材，為了要獲得媒體的青睞，易於誇大活動的正面觀感，這有可能偏離活動的主旨，而遭到與會來賓不滿的結果，在此光怪陸離的今日，可能會因為缺乏娛樂效果而對簿公堂。WBS也可用來察看誰擁有該項風險，換言之，是哪位人員或哪個部門負責管理也是一項風險。

企業活動管理者必須和WBS每一單元的負責人共同合作，找出與每項事務或決策有關的潛在問題或負面影響，並且討論出此類問題的肇因。完成某項工作或做出某些決定後，必須關注結果是否符合預期，也需要瞭解哪些行為或決策會產生負面效果。換言之：

由因到果：這些可能採取的行為或決策的「因」，會造成什麼樣的後果？比方說，如果邀請函未能在一定的時間內送達到來賓手中會有什麼後果？答案是有可能沒人出席活動。

由果到因：什麼是最糟的結局？原因為何？比方說，最擔心的是出席來賓或企業夥伴不滿意活動的成效，活動管理者就應該查明原因何在。

失效樹

失效樹（fault tree）分析是種由果到因的推理方法。先設想一種不好的結果，例如預算超支，再審視活動的每一部分，以找出可能的原因。**表7-1**說明了工商展覽門可羅雀的可能原因，甚至點出了更深層的理由。表中所列的原因表面上看來，可能是不良的組織架構或雙頭馬車造成的。

失效樹分析可擴展到活動的其他地方，例如行政工作。而失效樹的每一分枝（欄位）也可再向下細分，例如「很難找到入口」的原因可以歸咎為：

表7-1　失效樹

產品發表	主題／內容	作業情形／籌劃	環境
無效的宣傳	不合適的供應商	無停車場或運輸工具	天候不佳
不適當的主打商品	供應商的組成方式不當	場地／會場位置不明顯	經濟衰退
不適任的公關公司	入口處不具有吸引力	在該場所地辦過的活動有令人不快的結果	對觀眾而言同時段有其他活動
新聞發布時機不對	展場位置不具有吸引力	很難拿到入場券或邀請函回覆量低	地方政府機構在最後一刻提出限制條件
被其他產業活動搶走風采	娛樂效果無法吸引主要客群	門票太貴或太便宜	交通壅塞
幕僚或志工對媒體發言不當	活動規劃人員無法勝任	隊伍排得太長	爆發疫情
與媒體互動不佳	同家公司未辦好上次的活動	很難找到入口	適逢國定或民俗／宗教節日、參加者不在城內

1. 缺乏標示牌。
2. 標示不清難以辨認。
3. 入口通道遭到異物阻擋。
4. 書寫或繪圖潦草。

畫出失效樹的過程中，可以幫助活動管理者與幕僚明瞭活動的「觸發因子」，過與不及的行動都會顯示未來的問題。

文件

和利害關係人開了各式各樣的會之後，重要的是記錄所有和風險有關的事項，請參考運用**表7-3**風險分析表。記錄的過程中也要評估風險發生的可能性，可利用**表7-2**評估每一項風險可能出現的等級，再將發生的可能性與影響程度以座標方式標示在**圖7-2**風險衝擊圖中。活動管理者必須認知到，對某項特定風險發生的可能性訂出一個數值，會使人對於數值的精確度造成不當的印象，因為風險本身就是種定性的預測。

表7-2　可能性等級區分

等級	可能性	說明
A	幾乎確定發生	多數情況下預期會發生
B	很有可能會發生	多數情況下可能會發生
C	有可能發生	遲早應該會發生
D	不太可能發生	遲早可能會發生
E	稀有罕見的	只發生在特殊的情況

資料來源：AS / NZS 4360風險管理標準。

表7-3 企業活動風險分析表

活動名稱：　　　　　　　　　　　　日期：
承辦人：　　　　　　　　　　　　　版本：

	風險辨識	可能性等級	後果等級	應變計畫	負責人	行動／回應	何時	編號
外部風險								
地點								
經濟								
環境								
天氣								
競爭對手								
行政								
財務								
行銷與公關								
資訊流								
健康與安全								
維安								
群眾管理								
到達／離開								
場地／會場								

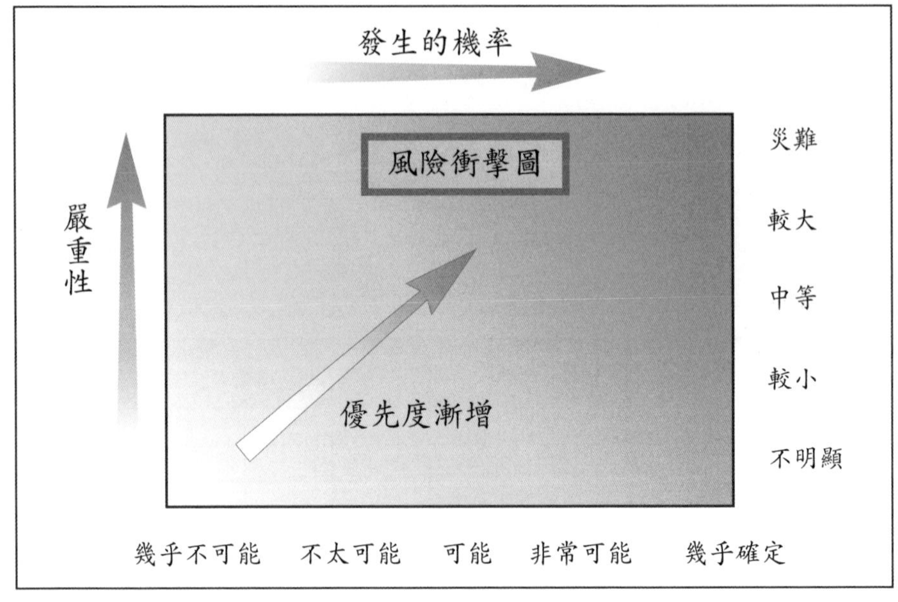

圖7-2　企業活動風險衝擊圖

舉例而言，想像某個活動中有人猝死的風險，若真的發生不幸，活動管理者必須立刻放下手邊的工作來處理突發事件。而猝死的可能性端視活動的類別而定，像是有很多銀髮族參加的活動，或是退休人員的重逢餐會，發生猝死的可能性遠比年輕人參加的活動大得多。對大多數的活動而言，這類風險會落在風險衝擊圖的左上方（機率小但嚴重）。

本章最後會介紹博閃公司（Explosion Lighting）實際運用風險分析表的例子。董事長麥克．史瑞里（Mike Cerelli）指出：該公司一向要在遞出建議書之前完成風險分析，是基於兩個理由，第一：風險分析可以看出其他領域的影響程度。第二：風險分析會直接影響成本和活動中每項工作的可行性。

影響圖

活動的整個過程會受到每一項風險或多或少的影響，活動管理者可以運用影響圖來瞭解這些效應互動的方式，基本上影響圖是從系統分析學推展而來的（詳見第6章）。**圖7-3**顯示的是快要完成規劃階段時，某位重要人物受邀出席某項活動的維安措施簡易影響圖，本例中的重要人物是位政界領袖，當然實務上可能是演藝界名人、體育明星或知名演說家。一旦決定要保護的對象是誰後，其衍生的效應就會貫穿整個活動。

影響圖看起來雖然很簡略，但有助於清楚地思考任何一項風險帶來的漣漪效應。**圖7-3**的路徑表示影響的關係，實務上整個網絡可能

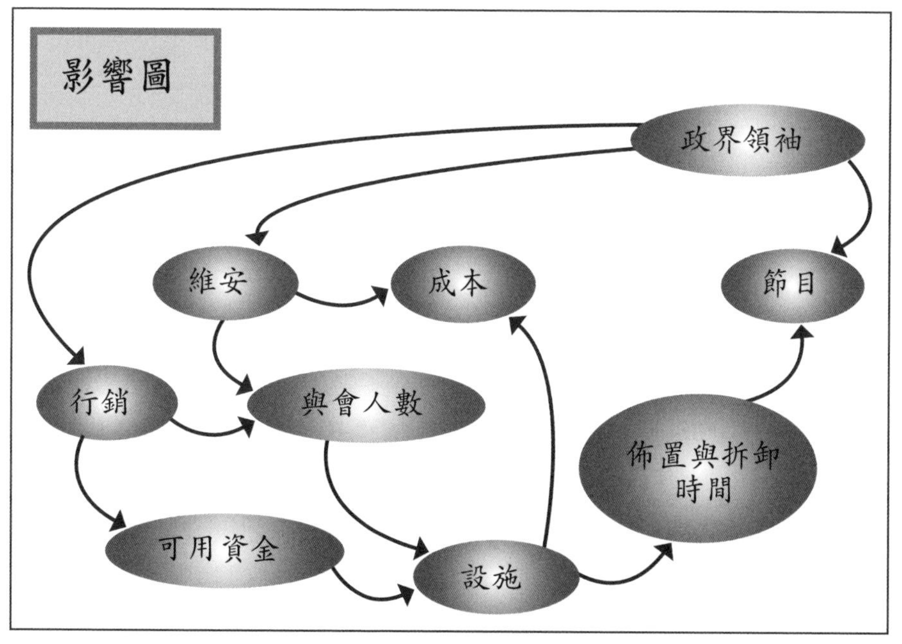

圖7-5　簡化的影響圖

相當複雜。沿著圖中的路徑可以看出，一旦某位政界領袖決定出席，宣傳的內容會有所調整，之後會影響出席人數或回復邀請函的多寡。如果預期觀眾增加，表示需要準備更大的場地、更多的視聽設備與餐飲。這些變更也會影響到重要人士的維安措施的規劃，增加這些工作等同增加活動的成本，以致於超出預算範圍。同樣地，變更場地與設施意味著要重新調整時程，如此則會影響活動的進展。行銷部門成功地按計畫提高活動的知名度後，是有可能說服老闆樂意從其他地方撥款來支應額外費用，倘若各部門的預算都很緊絀，這些部門主管或財務主管也會表達嚴重關切而礙難同意，最後也只得縮減活動的其他經費來支付維安費用。

限制理論

專案管理中的限制理論是很好的思考方式，有助於風險管理。簡單的說：成功管好專案的首要之務在於找出所有的限制條件，再集中精力消除或至少掌握這些限制條件。比方說，一根口徑不一的水管，水量大小取決於最窄的地方，如果能擴大該處口徑，流量自然增加。因此活動管理者若想兼具效益和效率來推展管理工作，須能分辨與管控這些約束或限制條件。

活動的限制條件相當多，例如利害關係人的目標、場地、截止日期或預算等等。儘管看起來像是外在部施加在管理流程的限制，實際上這些限制條件都是在管理流程的內部產生的，第9章介紹網路應用時會詳加討論。舉例而言，和每位專案成員溝通的限制條件是使用電腦的能力，如果99%的人都會使用網路聊天功能，那麼不會使用的1%就是活動管理的限制條件。若能在規劃階段及早發現工作環境中最弱的環節，才能及早補強，尤其是在可能影響專案成敗的要徑上，活動管理者對此不可不慎。

風險組合

活動管理者辨識風險後，應審視這些風險是否會一起作用。每一項風險雖然可個別管控，但一旦混合就需要不同的因應策略。比方說，票務政策的重大變更是可以管控的，但這項變更導致主要贊助人的撤資，就會造成災難性的後果。2000年澳洲雪梨奧運會的「門票分配慘況」，就起因於同時改變多項決策。

應變計畫

風險分析也須擬定一份能因應重要問題的整合性計畫。此應變計畫有別於現行計畫的切實可行方案，而要能平時備妥，急時應用，以避免突然發生問題時的驚慌失措。適切的應變計畫也有助推展專案計畫，其內容應註明權責、指揮鏈、儘量降低或限縮衝擊的作業程序，以及何時啟動的決策機制。

近期的世貿會議可作為應變計畫的良好案例；某些跨國公司備妥了各項因應措施的整合性計畫，包括額外的安全防護、通訊管道、疏散或轉移程序，以防範安全漏洞或是衝著公司而來的示威群眾。

危機管理

危機終究會發生

每個人一生的職涯中，多少總會遇到一次危機。「危機」一詞一

般實務上的定義是：若讓某種狀態任其隨意發展，很快就會干擾活動的進行，甚至提早結束。遭遇危機時，所有的通訊與溝通計劃都會受到嚴苛的考驗，因此資訊的品質就顯得非常重要，而時間則是危機處理的核心要素。基於上述理由，及時獲得正確又適切的訊息顯得異常重要。處理危機的過程當中，都會逐一檢視之前預備的各種文件與手冊、場地規劃、地圖、清楚的標示牌、聯絡名冊等等，這些都是非常重要的素材。曾經有位工作人員一時疏忽，忘了在場地平面圖上標出北方，竟然導致重大的不幸事件。

賦權

處理危機時，指揮鏈常會快速變更，活動管理者必須意識到誰會派來負責這個案子，以前鮮少參與活動的利害關係人可能突然加入。比方說活動管理者之前跟著行銷副總做事，危機發生時卻須聽從執行長的指揮。當公司外的緊急處理小組加入時，活動管理者又會變成一位備詢的角色。

媒體

某項危機若具新聞價值，就會引來媒體的採訪。此時，企業的公關部門或委託的公關公司代表必須面對媒體。而媒體報導內容無論為何，都會對利害關係人、企業、活動本身帶來深遠的影響。媒體會找活動的工作人員打聽任何人情趣事或悲慘故事，記者會非常誇大的描述挖來的消息，因此活動管理者，特別是獨立自主的活動管理者，必須婉拒任何媒體的受邀發言，而將心力專注在冷靜思考如何處理危機的工作之上。

處理危機時，公關人員或資深幕僚會仰賴活動管理者提供與活動有關的正確資訊或文件，因此所有的資訊來源必須儘快地集中處理，而第3章討論的文件與第10章討論的活動手冊，此時就顯得相當重要。

活動後的風險管理報告

活動結束後需要進行許多工作，包括向所有同仁簡報說明、蒐集任何意外事件報告、綜合整理所有對未來法律責任歸屬有幫助的資訊，像是照片、影片、目擊證人姓名與聯絡電話。然而，蒐整風險管理報告所需素材只是活動結束後的部分工作，運用報告內容評量風險管理的成效也是重要工作之一。

建立能妥存與處理相關資訊的知識管理系統可讓企業活動辦公室汲取其他活動的經驗，可運用此系統發展能處理或避免未來危機的指導方針與作業程序，或是凸顯出何種專業意見具有實質助益。設想這樣的情境：一位職員的經理請她外出買午餐時，順便到郵局辦件公事，她在回程的路上出了車禍，不僅她被起訴，公司也因為她開自己的車處理公事而連帶被告。官司帶來的後果是公司必須建立一套制度，由人資部門向所有員工宣導個人行為的法律意涵。

風險管理案例

本節試舉一個案例說明某家參與特殊活動的廠商如何進行風險管理。位在費城的博閃公司（Explosion Lighting Company）是一家製造聲光效果與施放煙火的專業廠商，董事長麥克．史瑞里（ Mike

Cerelli）對於企業活動的風險控管相當有經驗，他表示：「跟風險打交道可以讓人變得和偵探一樣。」以下就是麥克評估某特殊活動風險的經過。

麥克的客戶當時正在規劃一個要在賓州費城舉行的大型活動，開幕典禮先從250英尺長的駁船上的燈光秀開始，接著是遊行的船隊，最後施放五彩繽紛的煙火作為結束。客戶想在駁船上安裝好幾張白色風帆，搭些表演的舞台，而駁船需要錨鏈在德拉瓦河（Delaware River）的防波堤上。另一艘駁船需要安裝燈光道具，投射出來的光影可以在白色風帆上舞動，並搭配播放預先錄好的音樂。大型風帆最高可達60英尺，最寬可達250英尺。麥克估計需要兩台120英尺高、重量約80,000磅的起重機才能撐起這些布帆。

這項專案的某些風險隱藏在細節中而需要特別留意。駁船能否承受起重機、發電機、2,000磅重的風帆加上20來人，總共195,200磅的重量？各種物品能否抵擋風壓？起重機吊臂能否經得起每小時10到50英里的風速？

麥克表示他所參與的專案在規劃與設計階段就能辨識出許許多多的風險。他的主要幹部，包括設計師、各部門經理與技師，必須與主辦單位經理開會，先確認目標與需求，再辨識與需求相關的風險。辨識風險的過程中，不僅要和客戶開會，更要到現場勘察、拍照，並且和當地工作人員討論，最後則是一連串的技術與設計會議。

麥克不希望建議書一旦通過，卻發現自己可能因為無法履約而引來法律糾紛。他認為每項活動的性質雖然有所差異，但都需要特別關注風險分析工作，必須考量與確認每一項風險。麥克在本案中最具挑戰的工作，就是向駁船公司索取能證明駁船載重的文件。對於一個災難性的事件，所有參與救援的單位都必須獲得適切與正確的文件。

麥克提醒大家不僅要評估有形的風險，也要評估隱藏在計畫修正時的風險。若是客戶改變日期或是更換製作舞台的廠商時，公司需要

哪些應變計畫？這些變更與公司負責的部分有何連帶關係？麥克強調每位參與人員對活動內容必須要有完整的瞭解，要有整體觀念，要能知悉彼此的關係，而不侷限在個人負責的部分。麥克表示：「無論討論過多少次專案事務，仍然會出現新的風險。我認為我們必須不斷地關注風險管控，從第一通電話到最後一盞燈具放回倉庫為止。」

如果活動管理的發展方式類似工程或醫學等其他專業領域的發展歷程的話，風險管理在某些階段會成為一種核心工具，而專業的活動管理，特別是企業活動管理，目前正邁入這個階段。企業活動管理者如果沒有風險管理的流程與工具等知識，是無法推展相關工作的，因此這方面的知識相當重要，不僅涉及安全議題或未來可能的法律問題，也跟品質管理和保持競爭優勢有關。本章點出風險管理的主要原則，每項主題都可以更深入的探究，這對企業活動辦公室而言是極其重要的工作。

重點摘要

1. 企業活動容易受到下列兩種風險的影響：一是會讓企業或活動規劃人員陷入法律問題的有形風險，二是會讓活動失敗或瀕臨失敗的風險。
2. 企業活動管理者必須將機會最大化，風險最小化。
3. 任何活動生命周期裡的任何時間點都會產生風險。
4. 可以聘請風險管理專家協助辨識、評估、解說與控制風險。
5. 有助於管控風險的風險辨識工具包括工作分解結構、失效樹分析、文件、影響圖。
6. 儘可能管控每一項風險，面對組合型風險時必須要有不同的因應策略與更多的處理技巧。
7. 應變計畫可在問題發生時不致驚慌失措。
8. 活動後的風險管理工作包括蒐整意外事件報告和其他與風險有重大關係的資訊，據以建立知識管理系統，並發展指導方針與作業程序，期在未來能有效防止或處理風險。

延伸閱讀

1. Berlonghi, A. *Special Event Risk Management Manual*. Dana Point, Calif.: Alefondus Berlonghi, 1990.
2. Chapman, C., and S. Ward. *Project Risk Management: Processes, Techniques, and Insights*. New York: Wiley, 1997.
3. Collins, T. Crash. *Learning from the World's Worst Computer Disasters*. London: Simon and Schuster, 1998.
4. Goldratt, E. *Critical Chain*. Great Barrington, Mass.: North River Press, 1997.
5. Kharbanda, O. P., and E. A. Stallworthy. *How to Learn from Project Project Disasters*. Aldershot, UK: Gower, 1983.

6. Kliem, R., and I. Ludin. *Reducing Project Risk*. Brookfield, Vt.: Gower, 1997.
7. Leach, L. *Critical Chain Project Management*. Boston, Mass.: Artech House, 2000.
8. Tarlow, Peter., *Event Risk Management*. New York: Wiley, 2002.

討論與練習

1. 選定一項最近發生的事件，摹寫一份風險分析表。
2. 針對某項活動召開風險辨識會議，運用腦力激盪方式辨識風險，並將想法寫在白板上。
3. 列出某項活動所有可能出錯的地方，再將相關的部分畫出失效樹。
4. 假想某項活動出現一項重大變化，例如增加一個熱鬧的晚宴，請畫出一頁的影響圖。
5. 請用網路搜尋最近發生的不幸事件，例如：
   (1) 煙火施放事件。
   (2) 群眾失控事件。
   (3) 金融風暴事件。
   (4) 食品與飲品事件。
   (5) 酒醉事件。
6. 請說明危機與風險的差異。

第 8 章

合約管理

本章將協助你：

- 闡明合約管理在企業活動管理中所扮演的角色。
- 分辨各特定企業活動所慣用的合約形式。
- 訂立企業活動合約管理流程。
- 制定企業活動供應商的規格文件。
- 辨識企業活動的合約問題並加以解決。

在活動規劃這個新興產業中，相關的合約文獻並不多，即使是企業活動方面的資料也是少之又少。對這樣的現象感到驚訝嗎？那可不。過去，協商和交易多半發生在非正式的場合，有轉圜空間。在現今講求商業法則的時空背景下，這種私下撮合調解的方法不再行得通。企業活動辦公室可能須全權負責簽約事宜，這意謂著對於合約中所意含的法律責任勢將無法置身事外。就算企業活動辦公室不是合約的發起單位，但還是免不了要與承包商或法務部門磋商協議，並且評估總公司法務部門送來的合約。身為履約流程的一環，公司有可能因您經手的合約而捲入法律訴訟。無可避免的，企業活動管理者勢必需要對合約的來龍去脈了然於胸。本章將從一個基礎觀點出發，探討現今企業活動辦公室應有的重要職責。因應活動產業多變的特性，亦涵蓋變更與求償的觀念介紹，並列舉出企業活動合約中常見的問題。

報價一經雙方確認同意，合約也就隨之成立。合約可以是一份書面文件、電子文檔（透過電子郵件或光碟片或硬碟機）、傳真或是一個口頭約定，形式不一。有些企業會要求所有的合約必須經過法務部門的審核；或由法務部門制定標準合約，廠商僅需依指示填寫空白處即可。若合約內容有所變更，需取得法務部門的核可。愈大型的企業，愈會設立一套流程，將整個計畫協商的過程及管理控制的細節都記錄下來。

專案的本質

合約是整個企業活動管理相關文件的基礎。合約載明了活動於限定時間內應達成的目的和目標，也陳述了企業活動管理者應盡的職責。合約中明確記載誰來做、做什麼、完工時間、為誰做以及在某些

狀況下如何做。合約內容的詳盡度並無限定，可以像表演合約那麼詳實，也可以只是一紙簡單的協議書或訂單。然而，任何企業活動管理者都應要求「記下來」。沒有合約，整個活動將只能依據各自的記憶當作協定內容來執行，這或許適用於非正式的小型活動，但一旦活動牽涉到供應商、公眾，或任何政府單位時，書面合約就有其存在的必要性。企業相關活動專案更是如此。

合約的約束力是雙邊的，可送交法庭裁決。多半人以為企業的財力雄厚，若向企業提出告訴求償數百萬，可一夕致富。翻閱報章雜誌，這種案例俯拾皆是。在 2000 年出版，由詹姆士・佩爾塞雷（James Percelay）所著的《美國最可笑的訴訟案》（*Whiplash! America's Most Frivolous Lawsuits*），不只是單純地戲謔看待這些法律訴訟案件，同時也點出了訴訟對於企業來說，是所費不貲的。單就這個理由，我們就不可草率處理協議書，反而需將其納入企業活動管理範疇給予全副的關注。

在企業活動產業，少有人對合約這個領域感到興趣，相關文獻也寥寥無幾。然而，在專案管理領域，合約被視為是專案計畫與實行的核心準則。針對合約管理，工程業與軟體業早已提出為數不少的觀念以及評估與檢驗的法則。企業活動管理者可以向這兩大產業取經，從其成功與失敗的案例中吸取經驗。

在專案導向的產業中，合約是很常見的，從而衍生出多個名詞用以指稱合約中的相關人、事、物。在本章，使用「供應商」或「廠商」來表示資源的供應者。而「資源」指的是一項服務，如會計，或者是商品，如燈具、氣球。通常，資源同時結合了服務與商品，如筵席承辦。資源也可稱為「交付標的物」，指的是一個流程的產出物。「主辦單位」表示收受商品與服務的一方；「委託人」可能是企業活動的贊助者或業主，也可能是活動管理公司。而承包商就是服務與商品的供應者。

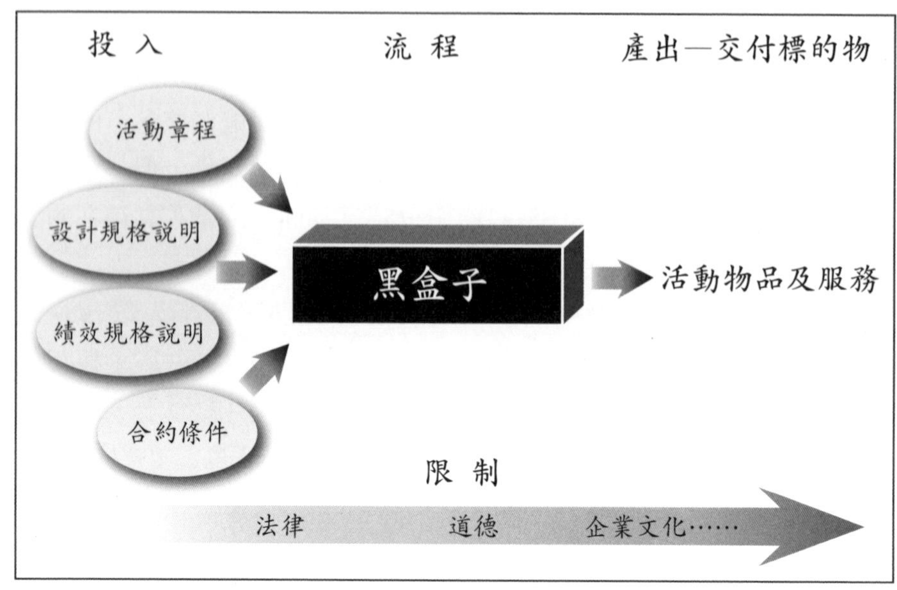

圖8-1　企業活動專案管理的黑盒子理論

圖8-1所舉的圖例可說是企業活動專案管理的理想案例。借用工程學的觀點來說明，專案經理將廠商視為一個黑盒子，對於廠商如何生產交付標的物不會過問，只在意產出的成果。如同我們在第6章所提到的，這種管理策略稱為目標導向途徑，只有在與供應商合作多年後，才有可能達到這樣的理想境界。採用黑盒子運作模式是有限制的，只適用於簡單的機械式連結。一開始便訂定規格說明，再經由流程產出可直接交付的成品。具有獨特性及變化性的活動，應避免採用此種簡單模式。

儘管以黑盒子比喻對於探討廠商如何達成任務很有效，但要探究客戶想要的是什麼，那可是另外一回事了。專業活動規劃師與企業客戶在簽訂活動合約時，或許會載明：於5月1日舉辦一場可容納400人的大型搖擺爵士舞會，但不會明確記載活動策劃人應該如何完成這項任務。反之，在與供應商之間的合約就會明確指示如何辦理。

馬克・桑德（Mark Sonder）是一位擁有專業認證的特殊活動管理師，也是桑德全球音樂訂位及出版品公司以及觀點（ViewPoint）國際目的地管理服務公司的總裁，其辦公室遍及紐約、洛杉磯、拉斯維加斯以及華盛頓特區。他曾為了一個企業活動與某個樂團簽約，合約明文記載詳實，包括確切的活動地點、日期、時間、設置時間、休息時間、可提供的特定支援、旅程的安排（如航空機位艙級，並註記飯店住宿的特殊要求）、活動場地或委託人的特殊要求。

儘管桑德有一套精良的專案管理流程，細節周到，仍難免遇到合約上的麻煩。下面這則事件就是最近發生在桑德身上的一個案例。那是預訂在佛羅里達州奧蘭多的「藍調之家」（House of Blues）舉辦的一個活動。桑德為他的活動委託人和一個樂團協議擬出一份內容詳實的合約，也包括了上面提到的全部項目。就在他抵達奧蘭多準備佈署活動時，藍調之家的當地代表告訴桑德，藍調之家總部基於保護表演場地和後台陳列的標幟及藝品的權利，將限制他們使用任何照相及錄影器材，即使出具藝人所簽署的同意書也不允許使用。這項剛獲知的場地限制，勢將影響節目演出的各項環節，包括「迎賓儀式」的拍照時間。身為一個有才幹的活動代表，桑德必須確認演出樂團對這個場地的要求是否有意見，同時也須確保活動的目標在不侵犯他人權利的情況下仍可達成。他很快地安排藍調之家的代表與活動委託人及其律師代表碰面，開會討論這項限制以及有哪些替代方案。演出樂團決定於合約附加一條免責條款，在仔細檢查合約行文措詞之後，邀集各合約當事人完成簽署。賓客的「迎賓儀式」仍然保留，但進行地點改在沒有藝品或標幟陳設的地方，拍照時不需擔心入鏡問題。活動再幾個小時就要揭幕了，在這個時刻才知道有這樣的場地限制，當時的壓力可想而知。假使活動策劃人或活動委託人能事先知道這個限制，就可以將其載入合約。桑德在這件事的處理上是值得讚揚的，因為他運用適切的專案管理流程以及便利又正確的當事人連絡資料，讓他在這樣的高壓情況下，仍能清晰思考，並提出可行的解決方案。

活動專用合約

商業合約的種類繁多。相較於其他類型的合約，企業活動合約在時間上的要求最關緊要。例如，與供應商的合約普遍不會是一個延續性合約，而是一次性的合約，不容許任何無法履約的情況發生。若交付商品的品質不符合約定，在活動開始前，企業活動管理者很難有時間找到其他的供應商接手。因此，合約及履約管理必須規劃每個細節，這不是說就要把合約寫成厚厚一本，載明任何可能的偶發事件。要將所有可能性都寫入合約，實際上有困難。合約不是合約本身的最終目標，合約是用來確保委託人的目標能夠圓滿達成的一種方式。也就是說，一旦達成協議，管理流程也就隨之開始。好的專案管理通常會將合約審查納入管理，以避免花過多的時間在合約審查上。

飯店合約是最常引起糾紛的部分。飯店展覽場地與相關住房天數的銷售是由飯店業務部門承辦，然而合約的執行是由飯店筵席與營運人員擔保。這是發生在一家名列美國財星500大企業的案例，活動承辦公司是一家過去曾與行銷部門合作過的製作公司，不幸地犯了一個令人懊悔的疏失，忘了在合約上載明活動舉行的會議廳名稱以及確切的佈展與撤展時間。飯店業務代表為了要將另一個活動排入，知會這家企業，他們打算挪用幾個會議室，並延後佈展與提前撤展的時間，試圖壓縮原訂排程，這引發了這家企業與飯店業務代表及飯店經理間長達數小時不愉快的討論。歸根究柢，都是起因於這個疏失，致使既定的活動屈就於不恰當的會議室，展覽的陳列無法在展覽開幕前及時設置妥當。雖然整個結局對該企業來說還算正面，但壓力著實不少，企業活動管理者與飯店簽下合約後，必須提出有創見的解決方案。

有些機構會以「做了再說」的心態做事，結果，事事求快的行銷經理為了確保訂到一個有吸引力的場地，而可能在匆忙之下忽略了細節，因而無法預先察覺隱藏的問題。企業活動策劃人的角色就是要能指出專案管理流程中，有哪些是必須但又有可能被忽略的步驟。

強納生・豪（Jonathan Howe），是會展領域極負盛名的一位律師。他建議企業活動管理者凡事儘量具體化。他說，寧可用12A.M.也不要用午夜十二點；日期指示要確切，避免使用「二天前」或「三十天以前」。具體化可以免去錯誤解讀的風險。

企業活動管理者必須謹慎遵循下列幾個要點：

1. 確認所有的合約皆合乎地方、州與聯邦政府的規定。
2. 確認合約確切的執行期間。
3. 每一個合約當事人都應備有一份正本合約，有簽署的正本合約才可視為正式文件，傳真本並不等同正式文件。
4. 任何書面協議書都必須備有獨立的檢核表，以便核准流程的追蹤。
5. 找出解決仲裁與爭議的方法。

合約類型

活動規劃產業所適用的合約類型與其他以專案模式運作的產業沒有什麼不同。活動專案中最重要的兩個合約關係分別是建立在供應商與獨立活動策劃人或管理公司之間，以及委託人或贊助人與企業活動管理團隊之間。依據付款結構，合約可以區分成幾種不同的形式。活動規劃產業所使用的合約類型有三種：成本加成（cost-plus）、固定價格（fixed-price）以及獎勵（incentive）合約。

成本加成合約

成本加成合約的選擇有兩種，成本加成本比例合約（cost-plus-percentage contract）與成本加固定費用合約（cost-plus-fixed-fee contract）。在這種合約形式下，承包商可將所有的成本直接轉嫁給委託人。活動承辦公司與委託人或贊助人之間多半採用此類型合約，且在短時間內即可完成合約的簽立。活動承辦公司要求委託人支付總額（活動總成本或加成）一定的百分比──每一活動要項費用的一定百分比或實際支出一或另開立帳單要求委託人支付其他費用。活動公司可將管銷費用（overhead）計入固定費用，或列計於一個獨立的成本項目向委託人收取；也可將此費用結構化，並將辦公室成本計入，以小時為單位收取費用。成本加成合約意謂著大多數的風險將由委託人承擔，委託人相信承包商在採購商品和服務時會盡力爭取最好的價格成交。此類合約在發生履約爭議時，通常會針對活動成本啟動地毯式的稽查作業。

布萊恩·阿契生（Brian Acheson）是一位領有專業認證的特殊活動管理師，他同時也是獨立的企業活動策劃人，於美國德州達拉斯開設了一家名為VIP Events的活動公司。他曾經促成一份極具獨特性的成本加費用合約（cost-plus-fee contract）。阿契生經手的大部分案子，是由其公司負責擬定合約，然後與企業委託人簽約，但合約中不會包含委託人的代理授權。因此，委託人必須參與所有與活動有關的合約簽署。這些案子的委託人支付給阿契生的費用除活動總成本的一定百分比之外，另外還需支付任何可能由他所衍生出來的額外費用。而那份獨特案例的情況是，阿契生與一家規模相當大的企業簽約，擔任該企業的授權代表。阿契生的律師和該企業的律師研議合約措辭，確保合約的目的能夠充分落實。由於這家企業委任阿契生為授權代表，表

示阿契生可使用他的簽名代表該企業與其他人建立具約束力的合約關係。舉例來說，阿契生以該企業為名購入商品，若VIP Events公司未支付該筆帳款，那麼該企業就得依義務支付該筆款項。阿契生的活動財務簽名授權並不是無限上綱，所以他不會無端買下一家飯店或一款新跑車，因為這些都不在他的授權範圍內。這個履約流程的設計，讓每個人在執行事務時方便許多，因為不必事事等待企業主的法律決定，或甚至要等企業委託人在合約簽署後才能授權廠商動工。合約是以委託人甲為名，但由阿契生來簽署。這讓各方面得以保留便宜行事的彈性，即便這家企業倒閉了或決定停止支付款項給阿契生，也不致於由阿契生承擔財務責任。此外，這個方法也可加速供應商合約的履行，提升整體流程的效率。阿契生就可自行決定錢應花在哪個預算項目，以及何時支付工酬。在這個情況下，企業主須支付的費用包括，給廠商的商品成本，以及給阿契生的活動規劃服務費用和阿契生因執行業務而衍生的額外費用。所以，此案仍可歸屬為成本加費用合約。這個合約的特點在於阿契生被授予企業代理人的權利。他的聲譽及傑出的計畫管理能力讓他能夠獲得這種層次的信賴。

固定價格合約

固定價格合約或總價合約（lump-sum contract），一如其名，一個價格統包了整個活動所需的資源。這種合約讓供應商或承包商能自由地將合約分包給下游包商生產合約交付標的物，而所有成本統由談妥的固定總額撥款支出，其間的差額風險則由供應商自行承擔。最常見的固定價格合約就是投標式合約（bidding contract）。商品或服務必須於合約中詳實描述，而且企業活動管理者對於商品與服務的市場價格必須夠瞭解。所以，要想標到案子，時間和資金的投入是必須的。而任何需求上的調整，像活動場地的變更，對企業而言可都不是小數目。

固定價格合約兼具正反兩層含意。一個做足準備工作的獨立活動策劃人，為了一個專題式贈品標案精心策劃，這個標案不但可為他帶來好的獲利，同時也能讓他的企業委託人感到稱心滿意。依他的能力，要賺錢並不難。一個活動策劃人若不能因應可能的國際政治局勢，預作漲價的準備，要想獲得令人滿意的結局，恐怕不容易。活動策劃人或許會因為低價而贏得生意，但幾乎沒什麼利潤可言。若遇政治局勢丕變，他有可能會因為沒辦法以原訂的成本取得特定品項，而面臨可觀的財務損失。屆時，企業委託人勢必拿出已簽署的合約正本及相關訂單要求他履約。

獎勵合約

獎勵合約或利潤分享比例（percentage share of profit）是中間商的活動或企業贊助活動中常見的合約類型。舉例來說，娛樂供應商以約定的「門票收入比例」作為款項收入。在成本加成或固定價格類型的合約也可加入獎勵條款，當達到某項成本目標或時程目標時，承包商或供應商就可獲得一筆額外酬金。對於具特殊性的企業活動，或是資源實際供應時間無法配合計畫要求的時間提早到位時，應變周轉金將是一個重要的獎勵誘因。

混合合約

大多數的合約是由上述三種合約混合而成。場地合約就很適合採用固定費用加上利潤比例的方式計費。讓廠商分享活動收益，相對意謂著固定費用的扣減。要談成此類混合合約並讓所有合約當事人都滿意，這可是一門藝術。若沒有一定的能力，不但協商耗時，還可能賠

了商譽。如同我們之前提到的，找到企業活動方面的專業律師參與才是明智之舉，特別是面對一份有獨特性的合約時。

合約管理流程

從圖8-2的管理流程圖例，我們可以瞭解合約的協商，除了合約條款外，還包括交付標的物所有重要的規格說明。當合約當事人同意合約條款並完成簽署時，合約的管理也就隨即展開。

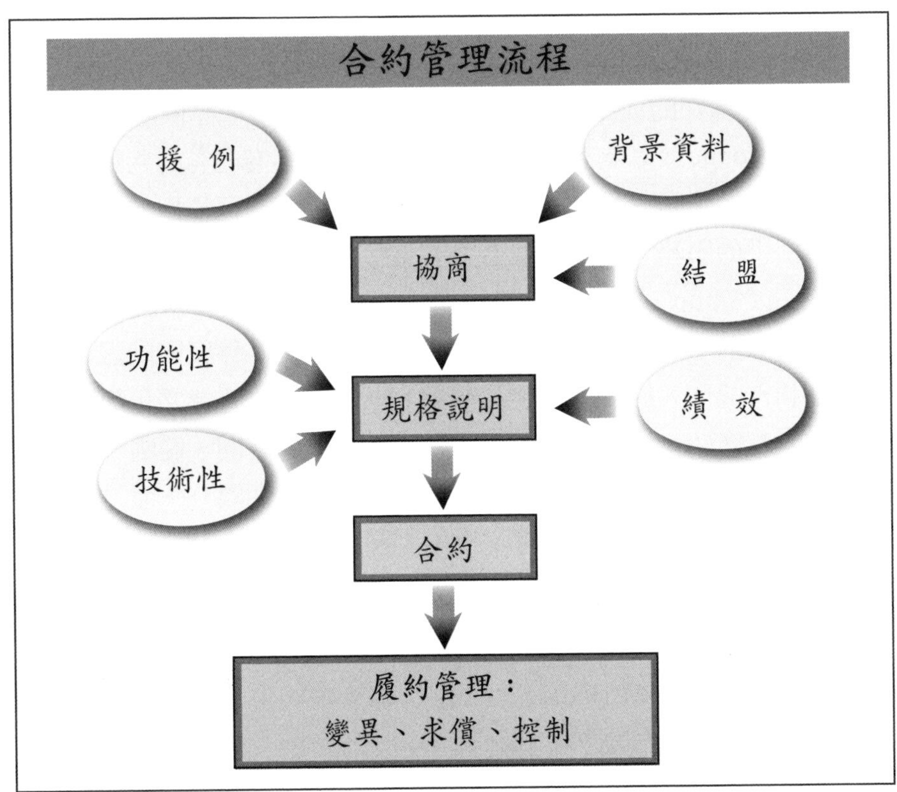

圖8-2 合約管理流程的輸入、處理與輸出

協商

企業活動協商的基本原則在於尋求各當事人對活動目標，又稱為活動宗旨或企業活動章程（corporate event charter）的共識。一般協商的進行在於說服與激勵，而不是堅持意見。比方說，企業活動管理者要能勸導供應商提早到場，或要求工作人員要更有禮貌，合約協商是這項技能更正式的版本。任何合約上的錯誤都可能帶來嚴重的後果。

背景資料

協商要有好的成果，事前準備是不能少的。掌握供應商背景資料（background）以及他們做生意的模式對於協商內容的判斷及彼此想法差距的評斷是有幫助的。每一個供應商都有自己慣用的術語描述他們所提供的服務，活動管理者對於這些術語要瞭如指掌。比方說，「設置」（setup）一詞在資訊技術供應商與演出團體來說就有很大的差異。事前準備的範圍應能考慮到活動的限制條件與變動因素。舉凡活動利害關係人的目的、完工期限，以及無形的企業文化觀點都屬於活動限制條件。而專案管理中所說的金三角：時間、範疇、成本，則為變動因素。時間變數——指的當然不是完工期限——而是交付與領取；成本變數則有付款排程、折扣、罰款、議價；而範疇變數則包括交付標的物的品質與數量。協調這三個變數以利企業活動目標的達成，對企業活動管理是非常重要的一環，這方面需要有優秀的權衡分析知識。

援例

引證前例是一個強而有力的論述方式，協商過程中可善用類似的成功案例。正因為如此，可以確信現在援用的前例不會讓我們在日後感到懊悔。一旦援例（precedent），要想再調降或調升費用就不容易了。對於特殊效果或其他不常見的活動要項，援例對於規格說明與術語的擬定也是有幫助的。

結盟

協商的關鍵要素，就是合約當事人的態度。一個成功的企業活動必須朝向雙贏或是各方共同受惠的情況去設想。因此，與廠商或供應商結盟（partnering）的觀念相當重要，不只是單純協商而已。若你是帶著要求與支配的心態參與協商，尤其在與行家商討時，這只會阻礙流程的進行。對於供應商，如筵席承辦商、音響工程師、設計師以及保全等，在商談時，要能認知他們也是在造就一個成功的活動，保持這樣的心態並且專注或主動聆聽其他當事人的意見，也是一個重要的能力。確認其他當事人的期望與需求，聽出話語中微妙的意旨，就要靠在這個領域的經驗累積。協商有其明確的目的，也有其背後隱藏的目的。磋商時，要能解讀對方是為了什麼微妙事由而堅持某個立場，不要盡想占便宜，應多推敲。謹記協商的目的不在於拿到最低價格，服務的宗旨在於提供一個令人懷念的企業活動，這可比省下幾塊錢來得意義深長。若廠商覺得「上當」了，為了維護既定的目標，有可能採取削減服務內容或提供較劣質的商品來應付，到頭來大家都是輸家。舉個例子來說，這是發生在一個企業活動策劃新手身上的案例。

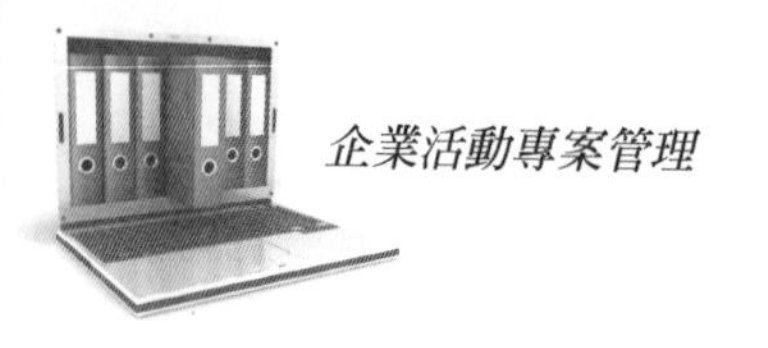

他為了要讓他的老闆激賞他的協商能力，他想盡辦法要筵席承辦商降價，最後的數字也確實讓他很滿意——直到賓客們抱怨份量太少，在回家路上得去一趟速食店，不用說，不會有人懷念這個活動的。活動規劃產業相較於其他產業至少有一個優勢，那就是大多時候是令人興奮的。大多數的供應商和他們的職員喜歡參與此類專案，並藉以展現他們的能力和產品。

規格說明與評估

規格說明是必要產品或服務內容的書面說明書，也是合約參考的附件，是供應商作為估價的依據以競標承案。假使標案是一個具獨特性的企業活動，所需產品的要求特殊，規格說明文件就是製造這些產品的指南。合約糾紛的發生多半起因於規格說明文件的寫法，這些規格說明常是以企業活動管理者理解的用語來描述，而不是使用供應商的語言，使其明瞭易懂。

產品或服務可從下列三個面向來描述：

1. 功能（function）：活動的成功與否要看資源所提供的功能。例如，「燈光的設計必須有足夠的照明讓負責筵席與舞台的人員能夠執行他們的工作，而在舞會時又能營造出迪斯可式熱鬧的氣氛。」
2. 技術說明（technical description）：產品或服務的技術說明。例如，「承包商將負責提供並安裝十五座舞台燈、三支燈架、一個混音台、纜線佈設以及人員安排。」
3. 績效（performance）：商品或服務在活動中所展現的績效。例如，「在活動前兩個小時，整個活動場地的燈光需通明但柔和；而之後的兩個小時，照明變換，改營造出迪斯可氣氛。」

技術與績效規格說明的描述可能要非常詳實。為了避免任何誤解，規格說明說明務必涵蓋上述三個面向的描述，而且要盡可能的簡潔清楚。圖表是一個很好的溝通工具，樓層平面圖或現場圖也許就是最重要的圖表。然而，太多的細節也可能是一種風險，供應商或許就會迷失在這些細節資料迷霧中而忽略掉活動真正重要的部分。

當合約有多家廠商競標時，企業活動管理者需針對全部標價進行評估。專案管理提供了多種制式標準協助評估的進行，其中最常用的應屬評價表或評量矩陣。在評價表的最上端橫列出各項關鍵規格說明，再於表格左側或右側向下列出各家供應商，然後依照各供應商所提供的資料填充於表上。另一個使用的方法是加權法，衡量各指標對活動的重要性後一一設定加權數。成本不是唯一指標，通常也不是最重要的指標。沒錯，成本的權重是高的，但是能否準時交付品質優良的產品、廠商聲譽、廠商對委託人的瞭解，或是對活動場地與城市的熟悉度，都應該比成本的權重來得更高。

在決定合約給哪家供應商時，供應商交付商品或提供服務的能力是個重要的考量依據。一個在多項指標都領先的供應商，也許他們只是妥善運用競標方式想進入這個新領域，這種情況稱為「買標」（buying the bid）——也就是說，以低價競標、削價競爭的方法進入一個產業。活動管理者要有辦法驗證供應商確實的財務可行性，以及供應商生產必要產品與服務的能力，徵信機構、銀行或產業協會都有提供財務審查的服務。有些企業活動管理者認為，訪談供應商員工也是研判廠商財務可行性現況的一種方法。

履約管理：審查與管制

企業活動策劃人通常會以為只要達成協議、完成簽約，接下來就容易多了。可是會讓人好做事的供應商並不多。活動策劃人可別天真地以為合約白紙黑字，有法律約束，就可讓所有的供應商依照合約條款或「合約精神」辦事。再說，活動計畫多少都會有所變動。供應商如何運用資源行使合約，活動策劃人在過問與放手之間必須拿捏得宜。

以下為履約管理的工作要點：

1. **對承包商簡報合約內容**：活動管理公司或企業活動管理者通常會藉由活動行前會議的舉行釐清異動、讓供應商清楚合約內容、解釋活動環境的特殊之處與企業的特別需求，若有必要，則安排更進一步的簡報或會議。會議是保持溝通管道暢通的一種方法。大型企業活動在活動專案開始之初通常一週召開一次會議，隨著活動舉行日期越來越接近，開會次數就變得更頻繁。核心成員通常須依既定的企業專案管理格式提交進度報告。
2. **訂定合約審查程序的任務與職責**：當有任何活動計畫變更時，不論是委託人合約抑或是供應商合約，都須重新審查。若為成本加成合約，必須建立控制措施以確保費用的核銷正確無誤。在有些案例中，會成立一個獨立的企業辦公室，專門從事合約履行的審驗工作。
3. **設立觸發事件或里程碑作為成功與否或供應商是否如期完工的指示燈**：通常，當資源供應方面發生問題時，企業活動管理者總是在最後一分鐘才知道。因此，在專案里程碑的時間點上，必須要有一套適當的檢驗流程，來確認已預知的危機是否發生。

4. 合約的履行普遍要保持「確實清楚」的態度：活動管理公司或企業活動管理者和供應商應該知道凡事皆以合約為執行圭臬，若有任何變更都需經過核准程序的批核。
5. 成立履約管理小組：大型企業活動，可專設一個小組負責履約管理計畫、品質保證與檢驗規範的擬定。

合約可依下列要素區分出不同的管理等級：

1. 活動的獨特性：對於產品或服務組合上有獨特需求的一次性特別活動來說，緊密的監督是必要的。越是獨特性高的企業活動，在合約條件的要求上也就越特殊。
2. 承包商的經驗與技術：大多數活動管理公司期望合作的供應商是自主性高、不太需要監督，且能遵照成本、時間、品質的要求產出交付標的物。
3. 委託人或贊助人對活動管理的信賴：這股無形的情感特質，在整體企業活動管理上扮演著舉足輕重的角色。
4. 活動的重要性及能見度：有些企業活動，如大型的產業展覽，左右著公司未來的發展成就，關係著公司未來幾年的榮衰，因此，對於此類活動的進度需予以極高度的關切。

合約變更

變更是無法避免的，但要在協商及合約裁定的階段，就能預測所有可能發生的變動是有困難的。變動的成因可能來自活動外部的條件，這是無法控制的；或是來自活動內部的組織，若是已知，那就可以控制。合約變更依其由來可區分成下列種類：

外部與未知：天然災害、匯率、新立法頒布、委託人反覆無常。

外部與已知：通貨膨脹、建築工程。

內部與未知：疾病、工作人員衝突。

內部與已知：即將到任的新供應商，人員增募。

有好的專案管理架構與程序，管理小組或成員將更清楚哪些活動要項是屬於自己的管轄範圍，大多數較不重要的變更就能在這個層級直接受理解決。例如，活動場地設計的微調或許就可由場地負責人員自行決定。這是一種授權管理風格，人員對活動職司要能負起全責。只有當變動對於活動的其他領域產生重大影響，尤其會影響到活動目標的達成時，企業活動管理者才予以關切。

變更／求償

合約的修改必須有妥善的控管程序。變更要求若是關乎合約原本的需求，那麼整個評估與核准的流程必須確實地記錄下來。大型企業活動應具備變更申請（change request）或變動聲明（variance claim）以及核准機制的設置；合約變更對於整體活動或活動要項所造成的影響須予以估量；同時也要與相關單位溝通有關變更的決定及變更對活動所造成的影響。變更流程所使用的文件樣式或格式應包括下列資訊：

1. 承包商名稱。
2. 異動說明。
3. 費用調整。
4. 對活動的影響。
5. 核准簽署。
6. 任何必要的代碼或檔案編號。

在合約發生重大變更時，有些企業會要求簽訂新約，整個流程包含合約審查都需重新來過。

在企業委託人提出變更時，活動策劃人除了考慮變更的核准流程，以及變更對整體活動的影響之外，還需考慮變更對廠商的影響。妥當的書面合約才能讓廠商不會因為委託人需求的變更而蒙受負面的影響，而廠商也須清楚哪些事情應該在合約中聲明。美國德州達拉斯VIP Events公司的布萊恩・阿契生，針對這一點提供了下面這個參考案例。

帕蒂（Patti）是一位新進的企業活動策劃人，為了幫行銷部資深人員與幾位重要客戶規劃一個特別晚宴，花了很多時間與筵席承辦商討論。她希望這個晚宴在將來有人提起時，不是只記得簡單的雞肉佐碗豆與烤馬鈴薯。為此，筵席承辦商費了很大的心思拿到這個重要客戶家鄉的一些特殊食譜。在最後決定的菜單中，有一道是南瓜核桃湯，需花上兩天的時間準備。就在晚宴當天下午，帕蒂撥了通電話給筵席承辦商，對湯的處理提出了另一個想法。她決定把湯改成一般常見的湯品，比方說蕃茄奶油湯或是洋蔥湯。筵席承辦商對這樣的要求可以配合調整，但之前為了準備現在正在廚房燉煮的南瓜湯，所花費的食材費用還有動用的人力，帕蒂必須支付。對於筵席承辦商的回覆，帕蒂非常生氣，並且無法相信他們竟敢向身為企業客戶代表的她索取費用。但是合約是站在筵席承辦商這一邊的，其中有一條條款是這麼陳述的：在活動開始前的七天內，任何變更所引發的成本都將由委託人承擔，這是條合理又兼具保護性的條款。筵席承辦商基於合約承諾購買及準備食材，而且在那個節骨眼上也不可能將湯品轉售其他客戶。顯然地，筵席承辦商無須因為客戶的心意改變而蒙受損失。

違約

當違約（breach of contract）情事無法透過求償或協商獲得解決時，合約當事人可訴諸法律訴訟。違約情事可能肇因於活動的工作人員，所以工作人員必須認知任何作業皆有引發法律風險的可能性。若違反合約條件或是合約意圖未被履行，那麼活動管理公司或企業可以透過法律途徑爭取。此時，就會發現有效的活動文件與歸檔有多重要。

常見問題

要做好合約風險管理，有個基本要點，就是從過去最常見的錯誤中學習。大多數合約的問題常出自於活動本身的獨特性，以及合約對期限的要求所製造出來的壓力。這些常見的問題有：

1. 花在合約協商及決定簽約對象的時間比花在履約管理的時間還多。
2. 對於活動要項認識不足，無法適當的描述需要的產品或服務。
3. 缺乏合約及習慣法（common law）的知識。
4. 未能認知合約變更對整體活動所隱含的影響（亦即，未採用有系統的方法分析）。
5. 為了求快而採取成本加成合約。
6. 未能適時地要求供應商提出進度報告。
7. 未能意識到招標與履約管理所產生的費用，也是活動的成本。
8. 未能透過有效的簡報與會議充分瞭解合約當事人的意向。
9. 無法排除爭議。

10. 在爭議解決當時，未同時取得簽署的棄權書（release form）。
11. 對於合約中某個活動要項的目的和描述有疑問時，未能及時提出問題。
12. 任何變更皆無書面文件或是取得授權方的簽名。

合約當事人應確認每一位合約的簽署人都是法定授權人。有時公司中會有一些自以為是的現象，有些人會表現出一付好像有簽署權的樣子，但實際上並沒有。

布萊恩‧阿契生提供了三個案例，從中可瞭解到一個小小的疏失，或是簡單地在合約中加上一句話，就可以幫委託人或供應商帶來多大的麻煩或好處。

項目是不是要課稅，如服務費或烈酒，是由行政管轄權裁量的。比方說，當我還在寫這本書時，服務費在華盛頓特區就需要課稅，但在德州達拉斯是不需要的。然而，餐廳和筵席承辦商多半不知道在他們這一行有這麼一條規定。第一個案例發生在華盛頓特區，有個活動策劃人幫一家企業規劃表揚餐會，並負責擬約與一家餐廳簽約。這家企業委託人事先特別指出，活動有關的預算都已簽核下來，一旦訂單發出及簽約之後，將不接受任何訂單之外的費用申領。

試想，當活動策劃人恍然大悟該餐廳沒有將服務費的稅額估算在內時，會是個什麼景象？這個表揚餐會預估將有1,000人參加，每人餐點估價100元，服務費占20%，共計22,000元，課徵10%的稅，合計稅款為2,000元。這個數目足夠在活動中安插一個小樂團的演出，或支付一位DJ的費用；簡單說，這筆金額會從活動策劃人的費用中扣除一筆不算小或是說會讓人心疼的數目。因此，企業員工的卷宗裡應有相關規定的備忘錄；同時，合約中也應確實記載服務費及課稅的細節。

在這個問題曝光的時候，企業委託人認為活動策劃人有責任瞭解稅負方面的規定，並能貫徹合約的執行，再加上活動策劃人與企業委

託人之間的合約並未載明錯誤與疏失處理的條款，因而指陳活動策劃人應支付這筆服務稅。而活動策劃人則認為餐廳有責任告訴她服務費及相關稅款的事。經過數小時的談判後，結論是由該企業支付服務稅（相較於尋求訴訟途徑，服務稅的花費少多了，而且還能有利於公共關係的維護）；不過，這家企業誓言再也不與這位活動策劃人合作。第二個案例是有關一個以500元聘雇DJ主持表演的合約。合約中載明，若觀眾因為表演而出現聽力受損情況時，DJ與企業委託人將不須承擔任何責任，音量大小將由購買方做最後決定。（整晚站在音響喇叭前的人，聽力勢必遭受損害，這是為什麼DJ通常站在音箱之後的原因。一年一百七十五天處在那樣的噪音之下，沒有人可以倖免於聽力上的減損。）最後一個案例，是有關一位西部企業活動策劃人與一個出名的重搖滾樂團之間的合約。她很慶幸她在與企業、活動場地以及搖滾樂團的四方合約裡加註了一條有關音樂的免責條款（hold-harmless clause）。有觀眾在搖滾樂團前跳舞之後出現聽力受損的現象而提出求償，法院因為活動策劃人於合約加註的免責條款，而做出對該企業與活動策劃人有利的裁決。

最後要談的是有關音樂合約的問題。音樂合約中都應加註一條條款，主張音樂提供者應取得音樂所有版權的授權。在北美洲，大多數具版權保護的音樂都可向ASCAP、BMI或SESAC申請取得。在未付費給特定機構的情況下，演唱具版權保護的歌曲將有可能身陷版權訴訟。

合約結案——履約完成

在企業活動組織佈署期間，隨著時間推演，已簽訂的協議書都將一一履約完成，這是普遍活動結案的程序。但願所有的承包商都能收到尾款，而且任何求償都能獲得妥善的解決。在結案階段，企業活動策劃人必須檢視所有合約確認有無拖延未處理的合約義務；且須將所有文件，包括任何變更 核准文件、時程、人事報表等，予以編目存檔；此外，應該準備感謝信函，隨同尾款一併送出。

本章的主旨不在深入探討合約相關法令，而在於提供企業活動管理者一個指引。企業活動管理者在處理合約之前，應尋求法律上的意見，特別是專精企業活動合約的律師最有幫助，因為他們較熟悉產業特有的情況。尋求法律服務讓您省下來的成本，相較於您為此服務所支出的費用那可是大得多了，而且還能讓您高枕無憂。芝加哥的強納生・豪律師曾說：「一份書寫完備的合約，就是你的最佳夥伴。」

重點摘要

1. 爲活動與廠商選擇適當的合約類型。
2. 日期、時間、佈展與撤展的資訊、功能、技術說明以及效能等必須明確記載。
3. 凡事皆以書面記錄，包括對於原始合約的任何變更或附加項目。
4. 在活動合約的管理上，讓精通此道的律師有時間覆核合約內容。
5. 制定履約管理活動相關程序，並確實遵循。
6. 預測可能的變化，並建立相關程序執行變更。
7. 適當地安排時間與資源，以行使活動管理工作。
8. 考慮進修商業法課程，讓自己能夠掌握可能發生的風險。

延伸閱讀

1. Cleland, D., ed. *Field Guide to Project Management*. New York: Van Nostrand Reinhold, 1998.
2. Kerzner, H. *Project Management: A Systems Approach to Planning, Scheduling, and Controlling*, 6th ed. New York: Van Nostrand Reinhold, 1998.
3. Martin, M., et al. *Contract Administration for the Project Manager*. Pa.: Project Management Institute, 1990.
4. Project Management Institute. *A Guide to the Project Management Body of Knowledge*. Newtown Square, Pa.: Project Management Institute, 2000.

討論與練習

1. 設計一個合約協商的情節，讓參與者分別扮演委託人與承包商角色。在時間限定內，依預定目的，協商出一份簡單的協議書。有哪些要素可變通？又有哪些限制？
2. 列出企業活動可能用得到的合約。
3. 套用描述規格說明的三個面向，爲企業活動各承包商製作一份規格說明。
4. 針對成本加成、固定費用、獎勵及混合等四種合約類型，提供範例合約。
5. 爲變更要求設計一份樣本表格。
6. 列舉企業活動中具有獨特性，且在廠商合約中需要特別措辭說明的要項（如德州騎牛機）。
7. 分別訪談一位獨立企業活動策劃人與企業內部活動策劃人，與他們討論並列出一份他們合約中的「必備條款」。

第 9 章

網路加持的企業活動

本章將協助你：

- 瞭解網路在企業活動管理中的重要性。
- 運用網路加持的步驟。
- 建立一個企業活動網站。
- 評估活動在現階段的能見度及建議改進之處。

在網際網路及公司內部網路的使用激增之下，現代商業活動的流動性並不如表面所看到的那般。一個活動通常是一次性的事件，因此企業活動規劃人員可以經由網路的最新發展而得到優勢，進而成為新經濟世界的一員。然而，只有當我們在做整體規劃的思考及決策時，會考慮到網路的功能及限制，我們才能完全瞭解這個優勢的存在。這個方法稱為網路思考模式，它已經開始慢慢滲透活動產業了。

整合

若要網路加持（Web-enabled）一個活動，必須將網路提供的資源完全整合到活動管理的各個功能中。雖然「網路」這個字，通常是指全球資訊網（一個網際網路的子集）；然而，大部分在本章所提到的技術，也可以使用在公司內部網路或僅提供公司內部網路的特定區域，讓部分成員能在公司外部存取使用。在這些個案中，瀏覽網路的使用者介面也變成溝通的標準方法。當然，在一對一或對整個企業活動團隊的溝通上，電子郵件也被廣泛地使用，特別是在現今的全球經濟體中，很多團隊成員其實分布在不同的時區裡。

網路加持並不僅僅指的是由網站獲取資料，並將資料呈現在網路上的雙向過程。使用網路被認為不單單只是一個用於促銷、研究資訊及溝通的工具。在活動生命週期中，這些要素只是網路使用的一部分而已。一個網路加持的活動，擁有透視管理及活動生命週期的全面性網站思考能力。為了使網站更有效率，網站管理員（負責公司網站的人員）必須在開始規劃的階段就要參與。

舉例來說，網路在商標設計時，可以同時提供各種可能性及限制。因此，在商標影像製作時，網站管理員和企業活動媒體服務人

員或外包的圖像設計廠商應一起合作。設計好的商標，在電腦上能被迅速的認出並被快速的下載，它呈現的顏色及設計，與印刷出來的紙本有很大的差異。由於現在公司國際化，因此商標的呈現也進入國際化，必須在世界各個商標中具有辨識度。公司商標也必須藉由顏色及設計傳達適當的公司形象。網路所提供的限制及可能性，不能成為一種事後的思考，而必須在設計的一開始就被考量到。商標只是企業活動管理的一小部分，然而，卻能由此看出，網路加持在活動任務被執行時，能滲透、影響並環繞在整個活動的程序及功能中。

今日，每個人都參與了新一代的科技導向經濟，活動產業的成員也不例外。越來越多企業活動管理者與供應商每天都在使用科技。根據2000年5月秀夏娜・李昂（Shoshana Leon）在《活動解方》（*Event Solutions*）雜誌所寫的文章表示，近期為何有很多活動相關網站被合併？李昂認為最明顯的一個原因是活動管理者及供應商想要利用網站所提供的各種資源。她說「現在是活動專業人員利用網站上各種可能的工具及資源，讓活動計劃流程更簡單、快速及有效率的一個重要時刻」。現在有很多網站，提供的服務是免費的或僅收取少許成本費用。這些網站能提供活動計劃流程中的各種幫助，從尋找外包廠商、寄送線上邀請函、購買宴會小禮物及管理活動資料和物流。

表9-1是網路加持活動的概要，將顯示網路在各個管理領域所帶來的利益。網站管理的每個領域可以劃分為三類，表格中的每一欄將提供每一類的範例說明。

網路的發展

資訊科技文獻指出，網站的發展分為三個世代，這也反映在活動

表9-1　網際網路與管理功能

管理功能	資料輸入範例（網路資料蒐集）	使用過程與服務	資料輸出範例（透過網站，資料傳佈）
概念的可行性	1. 網站上搜尋類似的活動 2. 利害關係人的過往記錄 3. 法律限制	1. 使用入口網站搜尋 2. 專業社群 3. 網絡環	1. 提案草稿 2. 請求概念及協助
規劃	1. 供應商（攤商）資訊 2. 樣本投標文件 3. 興趣的表達	1. 網站（會議電子郵件） 2. 建立可相容的電子歸檔系統，包含網站上的歸檔	1. 以網路爲基礎的軟體 2. 方案
行銷與溝通	以競爭觀點分析市場研究的資訊	FTP（檔案傳輸協定）通信程序，虛擬社群	1. 活動參加者的網站 2. 資訊—規則及規章 3. 訓練員工熟悉網路 4. 受密碼保護的活動手冊
執行	1. 參加者，與會者報名 2. 報表	1. 製作文件時以網路爲概念——存成HTML格式及CGI格式 2. 活動設備的拍賣網站	1. 網站地圖 2. 對利害關係人報告進度 3. 票券銷售 4. 後勤資訊 5. 線上新聞稿
活動期間	與參加者、表演者、演講者會談	放錄影帶	1. 網路虛擬實境之旅 2. 最新消息及公告
活動後	1. 整理電子郵件及報告 2. 整理評估結果	1. 資料探勘 2. 歸檔	1. 向利害關係人報告 2. 與供應商結清款項

產業上。前二個世代被形容為「資訊輸出」，目的是要告訴大眾或參與者有關活動的相關資訊。由於技術的限制，第一個世代僅是資訊的提供，設計得就像一本小冊子或傳單。在一些不複雜的案例中，內文的呈現就如同我們會在紙本上看到的一般，直接掛在網站上。第二個世代，利用圖表及瀏覽器的連線能力，所提供的圖表將可被適當地呈現在電腦螢幕上，並能被快速下載。單頁的小冊子將被多頁的網站及超連結所取代。

在網站的第二代時，很多活動管理者對活動網站有著「貨物崇拜」（Cargo Cult）[1]的期待：只要網站開始運作，所有的財富就會跟著來。不幸地，他們因為一直收不到回應而感到失望。沒有多久，他們便瞭解，網站並不像電視或廣播的廣告，就算假設參與者可以找得到網站，但參與者實際上沒有理由會連結到活動網站。網路就像是一個擁有成千上萬的電視頻道。如同寇賓．波爾（Corbin Ball）在他《網站設計的三個黃金守則》（*Three Golden Rules of Web Site Design*）這本書中所提到的，網站必須要很容易地被找到。舉例來說，對於一個公開性的活動，參與者為公司成員之外的民眾，這樣的活動網站必須要能被五個主要的搜尋網站（AltaVista、Yahoo、Lycos、Google、Internet Explorer）找得到。這五大搜尋網站就占了網路流量的90%。如果是公司內部的活動，其活動網站就需要透過公司的電子郵件、公司網站中的每日最新消息或紙本印刷的公司刊物來大力宣傳。

現在這個世代的網站可以被視為「資訊輸入」。目的要讓使用者找到網站，並且讓他們停留較久的時間，以獲得使用者的資訊。第三代的網站具有下列的特徵：

---

1. 編註：「貨物崇拜」是一種宗教儀式，是許多前工業化的傳統部落社會在接觸到先進科技的文化之後出現的現象。這種崇拜儀式的重點在於希望透過魔法和宗教儀式獲得先進文化豐足的物資（貨物）。敬拜者相信這些物資是神明和祖先賜予給他們的。

1. 使用表格以獲得資訊。這些表格可能會要求使用者註冊或填寫付款資訊。
2. 為使用者挑選資訊。雖然網站包含的資訊比第一或第二代來得多，但資訊連結在資訊包中，因此使用者不會被資訊給淹沒。
3. 網站簡單化。因此可以快速地下載並容易找到資料
4. 整合其他所有活動管理的領域。對客戶來說，網站的外觀及感覺和活動的主題相似且能反應公司的特性。

第三代網路（Web 3.0）有助於公司、協會、政府單位及活動管理公司在活動處理過程中節省金錢支出，且能有效及有效率地完成。在企業活動這個行業中，很多截止期限是固定的，完成最後登記是截止期限中的一個。活動規劃者花了數晚時間，試著在截止日期前決定或辨識出登記表上書寫潦草的文字，然後將他們鍵入電腦的登記文件中，這類工作必須在截止日期前全部完成。然而，這些工作非常耗時且容易產生錯誤。現在，公司使用第三代網路（Web 3.0），可直接截取參與者自行輸入的資料。像seeUthere.com這樣的公司，將能幫那些沒有足夠人力或資金建立並管理屬於自己線上登記系統的公司節省時間。對於費用而言，這個網站能提供互動式的邀請函、回覆函追蹤、線上票務及活動推廣。不論你自行創造屬於自己的登記網站或使用前述這樣的服務，人力支出的減少及資料正確性的提高，都可以藉由參與者自行輸入資料而達到。這將減少大量的電話撥打並創造出一個快樂的活動參與經驗，更不用說，可以使企業活動規劃者減輕壓力。

第三代網路（Web 3.0）只有在必要技術及網路成長達到一定的程度時才能實現。全錄公司負責獎勵旅遊的經理丹娜．威斯汀（Donna Westin）很快地瞭解到，網路對活動登記註冊所能創造的價值。全錄公司是一個前期的先行者，在1996年針對1997年要舉行的總裁盃獎勵旅遊，採用網路系統作業。對全錄公司的員工而言，北美區總裁盃是最

大的獎勵旅遊。這個大型的專案須招待總共八梯次，約1,200位優秀業務員及貴賓。威斯汀和她的團隊負責鼓勵並連絡員工，也須承辦業務員獎勵活動。每年登記作業以及數以百計的相關問題都讓他們難以招架，尤其時間越接近活動舉辦時。

數年前，威斯汀瞭解到公司內部網路系統對於內部溝通有很大的幫助，因此她決定找出利用科技的力量，減少她與團隊成員的壓力。她知道，她必須尋求專業人員的協助，因此聯絡上全錄資訊系統（Xerox Information Systems）及明尼亞玻里市（Minneapolis）的西北獎勵活動公司（Northwest Incentives），二家公司一起努力開發一個網站。這個網站連結活動的所有元素，提供不間斷的訊息及狀態報告，並促進活動登記作業。

每年1月，每個業務員被會被給予業績目標。在每年年底，符合的員工將可以參與下年度3到5月舉辦的獎勵旅遊。當業務員參加現在的獎勵旅遊回到家後，威斯汀就會將明年度的旅遊資訊放在網路上。業務員可以無時無刻，用電腦確認關於旅遊的最新消息。持續整年，所有資訊包含旅遊地點的照片及旅遊舉行的相關細節，一直在更新及詳加描述，讓業務員產生興奮的感覺。如果業務員達到業績目標，他們的名字將被放置在首頁底部的橫幅廣告（banner）上。此舉可強化競爭並提供一個獎勵機會，促使業務員努力達成目標，以便早點讓自己的名字出現在橫幅廣告上。

以往的程序很慢且累贅，容易造成錯誤產生的機會。現在的註冊過程相較於以往，已經變得簡單又順暢。首頁有一個空格，業務員填上他們的員工號碼，如果號碼與資料庫中，達到業績目標的業務員號碼一致，此時，畫面會連結至註冊畫面，並跳出「恭喜……你是贏家」的橫幅。業務員輸入的相關資訊，每日都會被下載至公司合作的旅行社的資料庫中。隨著日期越接近活動，威斯汀及她的團隊，腳步也更加忙碌。

這個以網路為基礎的系統，大大提升資訊的正確性並提高員工的滿意度。優勝業務員在網站上所填的資料，被使用在郵寄的標籤、住宿名單及其他旅遊相關文件。這個方式可減少重新鍵入資訊的時間，並簡化相關流程。威斯汀估計，新的流程為全錄公司節省5,000美元到10,000美元的郵遞成本，更別說減輕威斯汀及團隊成員的壓力。在此同時，也改善員工的溝通及滿意度。這個網站每年仍持續改善中，目前它包含了飯店資訊、旅遊時間、規則、註冊、活動內容、相關資訊、回饋、護照、協助、常見問題及回答。威斯汀表示，網路加持的活動讓她及她的團隊成員獲得很多來自公司內部及外部的讚美。

工具

活動產業中，最熟悉網路使用的就是展覽及會議產業。可能是因為他們大部分的顧客身處在資訊產業中（如學界及資訊科技業），由他們帶領活動策劃人進入網路加持的世界。

會議產業中，主要的一項工作是追蹤與會者，這是一個非常簡單的任務，用電腦軟體就能處理。從活動開始規劃到結束，這項工作對這個產業而言，是相對平穩的工作。很多展覽及會議策劃專業人員的概念與工具，皆能被移轉到活動產業的其他部分，最明顯的就是在全錄案例中的線上註冊。

最常被使用的網路工具，並能幫助活動管理者的有：

1. 與會者線上註冊。
2. 追踪註冊統計。
3. 建立客戶檔案。
4. 主辦虛擬商展。

5. 建立一個互動式網站，讓每個參與者都擁有個人化的頁面。
6. 規劃及協調次級會議，並自動產生時間表。
7. 自動寄邀請函及提醒函給全部或部分選取的被邀請者。

上述許多的任務皆可外包給其他機構，這些機構提供的服務有：

1. 線上產品展示。
2. 註冊及票券銷售的線上即時報告。
3. 詳細的與會者檔案報告供未來市場行銷之用。
4. 法律及風險小技巧的資訊。
5. 會議產業的技巧，如房價談判。
6. 活動目錄。
7. 網路會議。

你或許需要購買不只一套的軟體程式或雇用數個服務廠商。在這個案例中，一家位在華盛頓特區的小公司，花費500美元購買的活動註冊及規劃軟體包，顯然它並不能滿足活動策劃人的所有需求。活動計畫者購買這個軟體包，是希望能簡化舉辦公司年度晚會的流程。為了這個晚會，他雇用一個助理，使用軟體用並花費數十小時輸入資料。當他試著要執行董事長的要求，在每一桌安排一位資深員工時，這個軟體卻無法達到這樣的需求。軟體能夠追蹤回函是否被回覆，但它卻無法安排桌次座位。由這個案例可知，早在規劃階段就需要請廠商提供軟體，進行試用，以便測試是否能符合活動的需求。

網路安全

雖然線上註冊是成長最快的領域之一，但有一些人仍然會擔心活動線上註冊會產生相關的成本。因此你需要公佈網站使用的網路安全種類。網路安全性被很多人誤傳，這種恐懼會因為聽到網站駭客入侵

公司內部網站，或有病毒存在而惡化。當你由網路上下載任何東西時一定要小心，而且也要隨時注意一些寫有負面Cookies的文章。當人們沒有每天處在網路的工作環境時，會害怕未知的事物。我們將驅散一些恐懼，並幫助讀者獲得關於網路安全的正確資訊。

首先，在網路上購物，事實上比實體店面的購物行為更安全。為什麼這麼說呢？電子商務賣家、公司企業及主要商業展覽的網站所使用的軟體，都經認證為安全的（SSL）軟體。這個軟體能讓信用卡資訊在網路的傳送過程中加密（安全辨識）。你能輕易地辨識出網站是否使用這個軟體，通常在瀏覽器會出現關閉的鎖頭或打不破的鑰匙，即表示網站有使用這個軟體。另外，網站地址是另一個安全性指標。任何網站的網址開頭為"https:"比"http: "安全，網址中的s即是安全的識別證。更甚者，銀行及信用卡公司對於因詐騙而產生的信用卡負債，僅願意承擔50美元，這將提醒卡友對於可疑的詐騙應更加注意。很多信用卡公司建議顧客，線上交易與實體購物時使用不同的信用卡，這能使卡友清楚分辨消費的金額是在哪一個通路上產生。不論是因公司內部獎勵旅遊的升等而產生的公司內部交易，或是與外部企業的交易，這些預防措施都很有幫助。

其次，病毒並不如大部分的人所認為的那麼常見。目前存在的防毒軟體，如邁克菲掃毒軟體（McAfee VirusScan）及諾頓防毒軟體（Norton AntiVirus），皆能提供持續性的更新及警示。然而，為了使軟體所提供的保護生效，使用者必須經常性地下載最新病毒碼以保護資料，這樣的好習慣將減少使用者中毒的危險。更進一步，業者也有商業版的軟體，可以讓網站免於中毒危機。檔案備份也是一個好習慣，並不只是為了避免中毒，還可以讓你將整個企業活動計畫及相關文件備份起來。虛擬的辦公室應該與實體辦公室一致，因此複製一份重要的記錄是有價值的。

你可以由書籍、雜誌文章及網站獲得更多關於網路安全的資訊。

電子郵件

在網路加持下，其中一個最有力量的工具就是電子郵件的使用。它是如此普及且快速，簡直就是大部分企業活動管理者的第二天性。但是這並不是說它在活動中可以很有效率地被使用。由於活動的電子郵件與一般的電子郵件不同，因此要確認活動團隊成員在電子郵件的使用上受過訓練，這樣才能節省時間並避免錯誤產生。電子郵件訓練應包含下列各點：

1. 電子郵件簡潔有力。太多字會稀釋訊息的強度。
2. 電子郵件內的訊息——特別是安排活動及後勤——應該要寫給正確的人，才能有效果。副本只須給需要瞭解的人員，不須給團隊中的每個人。強烈建議內文以條列式的方式呈現，並輔以數字及標題，這種方式可以讓你收到正確的回覆且較容易追蹤結論。這表示一定要有一張任務清單，一個任務是一個有結果的行為。在管理活動及截止時間上，無關的字會浪費時間，因此，關鍵字的使用或數字系統編號，能使結果跟對應的任務連結起來。
3. 在簽名處放上寄件者所有的連絡資訊。大多數的電子郵件軟體，都有一個功能，可將寄件者的連絡資訊自動加在郵件的末尾。很多人使用內部電子郵件時並不會使用這個功能，因為每個在公司的人都認識彼此。因此他們在使用外部郵件時，也會認為和使用內部郵件的情況一致，而沒放上連絡資訊。
4. 將主旨放在主旨欄當中。很多企業活動策劃人及協力廠商，在同一時間處理很多複雜的活動。為了清理他們的電子郵件收件夾，很多“Hi”訊息在他們還沒讀之前，就被刪掉了。因此，

電子郵件必須在主旨欄打上明確的主題或主旨，這個方法將能使閱讀者或後續相關的閱讀者，可依循一系列電子郵件的頭緒走。舉例來說，如果你更改一些電子郵件中關於音響系統的事，你可以將全部的電子郵件依主題分類，而能快速找到關於音響系統的郵件。有一名活動規劃人員付出很大的代價才學到這點，他沒在電子郵件的主旨欄位打上該封郵件的重要訊息文字，不幸地，他向展場場地設計者要求一個音響系統，但每個人都認為別人已經處理此事，當展場攤位安裝完成後，他發現並沒有音響系統。在手忙腳亂並付出額外成本後，音響系統終於在緊要關頭到達會場。只要善用本節所提到的小技巧，這種情況就可以避免。

團隊人員必須瞭解，活動電子郵件的本質是根據活動的生命週期而有所不同。在活動日越接近時，沒人有多餘的時間可以看其他多餘的訊息，因此，電子郵件必須簡單扼要，以結論決策為目的。然而，在早期規劃階段及活動舉辦後，個人訊息則是建立並維繫團隊精神的好方法。強調簡單扼要的訊息，並不代表在郵件中須省略禮貌。相反地，當許多的交易透過電子的方式產生，而不是經由面對面、透過身體語言及語氣表達友善的工作關係時，保持禮貌絕對錯不了，甚至意味更深長。

網路加持的施行

著眼於未來的成長，必須系統性地建置有效網路加持的企業活動辦公室。**圖9-1**顯示初步分析的四個區塊。

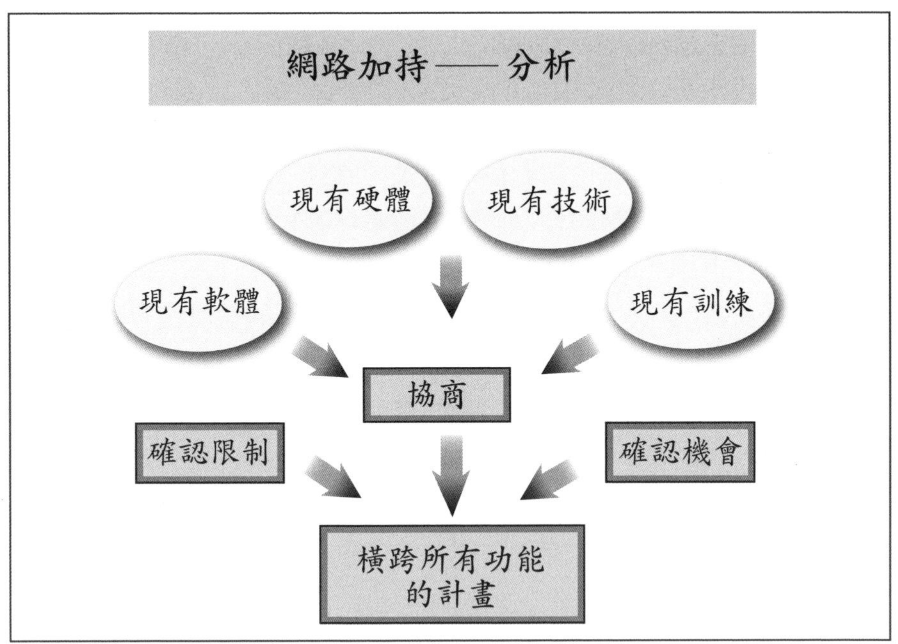

圖9-1 網路加持分析的輸入及產出

稽核

現階段的軟體及硬體發展到什麼程度？能否支援企業活動？資訊科技（IT）部門的成本（包含硬體、軟體、開發及維持這個系統的專業知識）很高，新科技的開發非常快速，但公司無法每六個月就重新安裝一次新的系統。因此，絕大多數的資訊科技部門，都是新舊軟硬體混合使用。較舊的系統通常稱為遺產（legacy）系統，它會限制網路加持平台活動。很多這種系統並非單一的系統，是由很多軟體及流程混合組成，通常東加一塊，西加一點，多年後便自行成長為一個系統。資訊科技部門總是放很多心思及努上在上頭，畢竟這是以他們瞭解的知識所組成的系統，也因此不願意放棄它。再者，多數資訊科技部門在他們所屬範圍內擁有自己的王國，並納入公司的財務部門。

現有的系統及流程常阻礙網路加持平台的進行。舉例來說，大多數的資訊科技部門通常會有一個應用程式等待清單（其中也包含以網路為基礎的應用程式），預備加入目前的系統中。然而，多一個新的計畫就需要程式設計或技術的協助。為了開發目的而設的正式佇列過程與為了配合不可更動的日期而須急迫處理的網路加持功能，這二者之間就會產生衝突。

另一個導致資訊科技部門擔心的地方是，新的軟體沒有時間在電腦的獨立區塊做測試，以確認是否會對目前關鍵應用程式產生不良影響。大多數設計網路加持平台活動的套裝軟體業者，清楚知道這個需求，並且有完整的程式設計，但公司其他存在的程式仍有可能會使它產生錯誤，無法正常運作。

與資訊科技部門一起評估審核，將決定什麼樣的資源是必需的，並且運用在網路平台及活動管理團隊成員的訓練上。有些公司，設有網路指導員，如波音公司（Boeing Corporation）。波音公司具有相當的領導優勢，它的網路指導員協助其他部門建立網路資源，如擬定公司線上新聞稿及連結其他網頁到公司網站。然而，並非所有企業都擁有波音、全錄、艾克森美孚（Exxon）、美國電話電信公司（AT&T）及其他主要企業的資源。根據企業的大小及擁有科技產品的精密程度，很多人在辦公室可能非常熟悉網路的某部分，例如網路交談或網路搜尋。然而，網站的不同發展導致員工的技能支離破碎。因此，擁有這些能力的員工需要被認可，並鼓勵他們協助發展過程。

稽核包含評估各種軟體系統在網路能力下的使用性：它們能和網路相容嗎？舉例來說，很多新的軟體能與網路「無縫結合」，鍵入這些軟體的資料，都能自動地被放置在網路上。對於這些沒有公司內部資源的企業，外部資源能夠提供各種協助，包含網頁設計到網站主機及整個活動管理過程。商業雜誌如《活動解方》（*Event Solutions*），《特殊活動雜誌》（*Special Events Magazine*），《企業會議與獎

勵活動》（*Corporate Meetings & Incentives*），以及《成功會議》（*Successful Meetings*）等都有提供相關的文章及產業最新的訊息。

辨識限制

整個環結最弱的部分，可能導致網路加持專案終止。這個弱點將會證實任一系統的垮台；如果這個弱點是人，則員工必須再次接受訓練或指派至其他工作。在這個關鍵環結中，員工必須證明實際具備這項技能，而非口頭說說就能擔負這項工作。除此之外，管理者也有可能等到問題發生且無法修正時，才會發現員工浮誇不實。

由各種活動管理者所辨識出的弱點包含下列各項：

1. 公司CEO或高階主管，對網站不熟悉或不信任。這些對網路加持擁有最大決策權的人，通常是對網路最沒安全感的一群。這是很多組織的主要問題所在，而且這個問題通常會導致各種困難產生，包含指派錯誤的人員負責，並缺乏能力評估網路加持運用的成功與否。在最新軟體專案文獻中，這個問題被稱為「管理者的抗拒型態（antipatterns）」，且被認為是引進新軟體的主要障礙。
2. 企業文化不易接受網路。這涵蓋了各種議題，有些顯而易見、有些則被隱藏起來。這裡所說的議題，是指普遍在公司網路使用上會產生的。其他的部門如何看待資訊科技（IT）部門？這個部門被認為是有幫助的，還是不會改變的？
3. 公司行銷部門控制網站的內容。行銷經理與企業活動管理者，看待網路的角度完全不一樣。這個問題反應出更多行銷部門在規劃活動時，可能遭遇到的一般性問題。
4. 資訊科技部門太慢上載或變更網站外觀。通常IT部門將網站視

為管轄的領地之一，很難由他們手中取得控制權。而且，資訊科技人員跟企業活動管理者，對於截止時間的看法不同，因此溝通也很困難。資訊科技人員思考偏向直線型，而企業活動管理者通常是多工型。這些弱點並不會存在於每家公司，但卻是活動管理者認為最常見到的弱點。

所有活動成員都必須熟悉網路。一個簡短的訓練，如「存成HTML」，都能有所幫助。通常成員會說他們對網路都很熟悉，其實他們指的是使用網路而非擁有真正的工作知識。在日新月異的系統中，只有與這個媒體玩在一起的人，才能擁有相關的技術。就像歐洲探險家到新世界探險，有時沒有結構且鬆散的航行，是最佳也是唯一的學習方法，。

辨識可能性

網路的可能性與企業活動具有無限空間。概念及技術，並不一定需要來自內部的企業活動部門、活動公司或甚至是特殊專業活動領域。第一個要看的地方是——成功的網路加持活動。通常，公開活動或依賴促銷的活動，其網站呈現會較強烈。網路的發展如此快速，很多聰明的活動公司，會對所有其他網路加持平台的產業搜尋，找尋概念及適合活動使用的應用程式。甚至在2000年時，民主黨全國代表大會，也使用網路來規劃並執行整個活動。從事網路搜尋時，最重要的工具就是對的搜尋引擎。各種討論團體及網路圈（Web rings）都能有所幫助。舉例來說，各種專案管理討論團體將資料儲存成檔案，企業活動管理者則可藉由這些資料尋找概念，發現創新的可能性，與第6章所描述的創造性思考過程相似。活動管理者應該要將活動的各個面向及特性（關於網路的活動特性）做連結。

擬定計畫

網路能力分析的最後一步，是製作一個整合網路橫跨企業活動各領域的計畫，這個計畫要能適用於所有活動規劃。首先，活動管理者必須決定網站的結構，要架構成一個或二個網站。活動有可能需要特別為參加者架設一個網站，不論是一般公開或僅給公司內部人員參加，就如同先前所述全錄公司的獎勵旅遊的例子般。設立一個分開獨立但可被連結的網站，以密碼做安全管控，供活動專案小組使用，這個團隊網站的規劃基礎，將會是檔案夾或檔案系統。如同第3章所指出，目前網路發展的階段，文件歸檔系統如同紙本文件歸檔系統。檔案夾的樹狀結構，可以跟隨工作分類結構，並能連結到網站，允許簡單的檔案比對及轉移。活動從頭到尾，使用一個簡單的結構，能促進資訊的取回並讓員工熟悉系統。活動計畫擬定後，網站系統簡介就不太用得上了。

網站的呈現

網站的呈現取決於企業活動的類型。公司內部的活動可能只會放在公司內部網路，而一個展覽可能就需要在特定產業多曝光。如果客戶或贊助者要求增加曝光率，則網站需要被設計及管理，才能透過多樣化的行銷通路，讓更多人知道網站的存在。網站的存在可能是活動最大的曝光機會。因此，每個面向都須搏得使用者的青睞。這些元素是網站能被輕易找到的原因之一。

活動管理者須使用下列的清單來確認網站：

1. 為了大眾所設計且容易被找到。
2. 有被列在搜尋引擎、產業清單或被其他相關網站交叉連結。
3. 設置點擊計數器。
4. 使用多樣行銷技巧來獲得並保留使用者。
5. 對殘障人士而言，是否容易辨識或閱讀。
6. 包含現行的資訊。

針對一般大眾使用的網站，運用擬人化是設計網站的好方法。這個方法就像很多戲劇中使用的角色一樣，是個有真實個性的虛構人物。網站設計者在設計網站時，需要以未來目標客群 使用者為樣板，針對他們的個性特質來設計，而不是以一個毫無特色的一般使用者當做主要訴求對象。因此，當你為公司員工設計網站時，心中必須有一到二位實際的員工當做設計的目標。當我們以特定的人物來做設計時，網站的內文或樣式，則會與為一般人設計的樣式有所差異。舉例來說，音響設備供應商喬・史密斯（Joe Smith），可能對於網站中移動的圖像沒什麼興趣，他可能只想要快速地知道，設備何時進場，並對活動有個初步瞭解即可。另一方面，瑪格麗特・竇（Dr. Margaret Doe）博士將參加一個研討會，她對於活動的專業程度非常在意，而這專業度會反應在網站的設計上。無論如何，針對未來目標客群為主的網站設計，能更容易且有效率地被使用。有一件事要特別注意，當使用者存取網站時，可以直接到感興趣的部分，點擊幾下就能得到訊息，這與紙本式的小冊子，必須翻完整本才能找到相關訊息，二者間有很大的差異。

虛擬辦公室

網站具有簡單、傳播廣泛的通訊及儲存功能，這讓虛擬辦公室的概念隨之而起。然而，這並不令人意外，很多公司的決策是透過電話或電子郵件達成，因此工作團隊成員無論是坐在你辦公室隔壁或遠在地球的另一端，其實都無所謂了。一個能提供各種資訊及供應商網站連結的活動入口網站，其存在代表著很多實體辦公室能提供的功能現在都能透過網站取得。在過去，活動規劃人員會擔心，透過網站輕易取回資料是不安全的。在實體辦公室中，設置一個上鎖的檔案櫃，意味著辦公室有著某種程度的安全性，代表全世界沒人能看到櫃子內的文件。然而，現在軟體安全的層級包含密碼及加密處理，所以上鎖檔案鐵櫃就失去了它的功能。簡單的會議通訊軟體及多人線上交談系統（internet relay chat, IRC），可以讓團隊成員在世界各地同時做決策。現在，實體辦公室的功能及安全考量、企業內部及外部溝通，都能透過網路來運作，所有要素都適當地支援，即可建立一個虛擬的活動辦公室。

現在可以一天二十四小時進行企業活動規劃，甚至團隊成員跨時區一起工作。在這種狀況下還需要會議室嗎？面對面的溝通是否能被取代，這還需要再觀察。透過電子媒體，建立並維持信任特別困難，因此，必須建立與維持完善的資訊；信任與誠信微妙之處在於需要藉由真實的人際互動而產生。總而言之，在活動管理流程中，面對面的會議變得很珍貴，且通常包含著社交元素，因此能藉由人際互動而逐步發展團隊精神，這對企業或社會上的文化差異更形重要。虛擬團隊的電子式關係需要一些社交的層面。因此，非正式的網上溝通，例如

聊天室及特殊興趣族群（special interest group），都有助於遠在四面八方的團隊成員建立起對彼此的瞭解。在企業活動訊息掌握上，訊息看板是一個很好用的工具，它能對每個公司員工或與會者提供最新的一般資訊。

活動管理軟體

現成即用的套裝軟體及其廣泛的使用率，是專案管理軟體的優勢；然而其缺點是，表面上看起來一切都很確定，但其實不是那麼一回事。活動管理者試著使用各種專案管理套裝軟體來安排並簡化活動管理流程；然而，一個簡單的數學算術就能顯現這種軟體的限制。活動管理中的每一件事（如場地的設計）可能包含超過100個以上的必要任務，這表示將有大約5,050個關係在這些任務中產生，如果增加一個額外的任務，數字將增加到5,151個關係。雖然這些任務並不一定直接相關，但關係的改變卻很龐大，而且關係的型態也會改變。

活動管理者使用黑盒子的概念來減少這個系統的複雜度，然而，這僅對單一額外的任務有效。最初計畫與實際執行計畫之間，將產生無數的變化。如果活動管理者使用黑盒子概念，則活動公司將花更多時間在資料輸入上，而非實際管理這個活動。越不固定的活動環境，現存專案管理軟體的實用性越低，這種軟體較適合穩定的活動環境，例如會議及展覽產業。可以運用這個軟體，進行活動規劃及對利害關係人進行活動摘要報告。然而，這並不表示，適合其他種類的活動軟體不會被開發。針對錯綜複雜且模糊不清的邏輯發展，也可能製造出符合它們的產品。企業活動部門或活動公司，必須針對相關的軟體進行投資報酬率的實際評估。同樣地，一些主要的企業明確指出，只能資助某些特定專案管理軟體，特別是員工的個人電腦及軟體都外購的企業。一些企業針對特定專案管理套裝軟體進行標準化，由軟體所產

生的報告或圖表，則會在專案進行到某特定程度時，提交給管理階層。如果特定套裝軟體無法滿足你對活動管理的需求，你也可以自行使用、自行開發軟體（如公司廣告節目），或者你也可以將你對軟體的需求進行全部或部分的外包。

為了查明現階段軟體的狀態，必須進行簡單的網站搜尋。當收到新的軟體時，經驗豐富的企業活動管理者，會記取大家所熟悉的警語：銷售者並非發明者或製造者。舉例來說，當我們需要場地時，場地的租賃由場地的行銷部門負責。行銷部門的目標就是達成銷售，所以活動當天他們並不會出現在會場。因此，在活動當天，活動管理者若需要任何協助，將是和場地的服務人員協調，而非行銷部門人員。同理，當我們評估軟體時，也一樣須注意，軟體銷售人員通常不是寫程式者或售後服務人員。若想要對軟體評估有詳細的瞭解，請參考由喬・葛布雷特（Dr. Joe Goldblatt）所撰寫的《特殊活動、21世紀全球活動管理》（*Special Events, Twenty-First Century Global Event Management*）一書，或搜尋商業雜誌和網站（例如Corbin Ball Associates, www.corbinball.com）。

網站指導方針

不論公司內部或外部的活動管理專家，都應該設立企業活動網站。花一點費用在這領域，就能影響活動的成敗。同樣地，資訊科技部門也需要一起參與，確認伺服器有足夠的空間放置目前需要及預期中即將放入的資訊。

通常我們會藉由傳真或郵寄信件，將資訊傳達給活動參加者及供應商，這樣的功能也必須包含在活動網站上。接下來的指導方針會

具體說明，不同族群期望在網站上找到的資訊種類，這些方針並不完全，根據活動管理不同面向的改變頻率，需要定期更新。然而，這也提供了一個開始的契機，協助活動網路化。

動畫頁面及首頁

如果把網站的首頁視為書本的目錄，那麼動畫頁面就如同書的封面。首頁會連結所有活動相關的訊息，而動畫頁面卻是最能抓住使用者的注意力，並且能讓使用者馬上感受活動主題及風格的方式。雖然動畫頁面的真正功能，只是讓使用者連結到首頁（按這裡進入）。

並不是所有的網站都使用動畫頁面，有些是讓使用者直接進入首頁。決定你的活動網站是否需要動畫頁面，須考慮下列的問題：

1. 動畫頁面夠有趣、吸引人，且能強化活動主題及風格嗎？
2. 動畫頁面下載快速嗎？
3. 使用者能快速地進入提供相關資訊的首頁嗎？

動畫頁面可能含有下列元素之一：

1. 過去活動的照片，暗示活動的風格及與會者的類型。
2. 對感興趣者的邀約（quotes of interest）。
3. 最精采的節目或優秀表演者、演講者及名人的照片。
4. 客戶及其他贊助商的商標（且可以連結其網站）。

首頁本身應包含下列各項的連結：

1. 登記註冊。
2. 票券。
3. 節目。
4. 會場地圖。

5. 媒體新聞稿。
6. 最新消息——包含媒體相關報導的內容。
7. 參觀者／出席者／貴賓等資訊。
8. 供應商及表演者（表演藝術工作者、參賽者或參展者）資訊。

出席者、與會者、觀眾

出席者、與會者及觀眾使用網站時期望得到下列資訊：

1. 搜尋功能。
2. 活動的節目表，通常是一張可以下載的圖表或表格。
3. 活動會場的地圖及會場所在位置圖（可下載且可列印）。
4. 交通資訊連結及推薦的旅行社。
5. 註冊登記表格。
6. 住宿指引，連結至當地旅遊局。
7. 停車及會場所在地的其他設備，例如：自動提款機及洗手間。
8. 特殊設備及殘障服務，例如：輪椅及嬰兒推車。
9. 育兒設備。
10. 票券資訊，包含：
    (1) 票券價格。
    (2) 購買地點。
    (3) 早鳥專案。
    (4) 可下載的訂購表格。
11. 常見問題。
12. 允許及不允許的項目，例如不准攜帶寵物。
13. 不可或缺的電話號碼。
14. 顧客連絡資訊，可用來蒐集使用者的資訊。

貴賓、演講者、表演藝術工作者、參賽者

針對貴賓、演講者、表演藝術工作者、參賽者，網站應包含下列資訊：

1. 以他們的觀點製作地圖，強調舞台區、演員休息室、訓練或練習區、休息區及個人專屬置物櫃。
2. 表演、競賽及演講的時間表。
3. 規則及規章。
4. 演出需求的連繫資訊。
5. 票券或公司通行證方針。
6. 陪同人員政策。
7. 特殊停車區域資訊及方位。

供應商、賣方、轉包商、參展者

針對供應商、賣方、轉包商及參展者，網站上的資訊要簡潔清楚，並包含下列運作資訊：

1. 以會場運作及後勤的觀點製作可列印的地圖，包含出入口、攤位帳篷、電源出口、障礙物的地點及尺寸大小。
2. 會場所在位置圖。
3. 進場與撤場時間。
4. 交通班次表。
5. 節目時間表（或顯示網站上的連結處）。
6. 白天的聯絡資訊。

7. 規則及規章，包含必要的保險及工會規範。
8. 供應商用餐及休息的區域。
9. 票券使用原則，例如「沒有免費票」。
10. 識別證、註冊的方式及會場的入口位置。

參展者

除了上述的項目外，參展者也需要下列資訊：

1. 可下載的參展者資料。
2. 展場三度空間圖，可讓參展者在到達前先熟悉展場。
3. 建立可連接到貨運公司、快遞公司、保險公司、保全公司、搭設攤位廠商的超連結。
4. 攤位設計概念的模型。
5. 上一次展覽的影片。
6. 特殊裝貨及卸貨資訊──坡道、碼頭、重量限制、地板載重量、推高機。

經由網路蒐集或散佈活動訊息

很多企業活動規劃人員僅將網站視為初期籌劃階段搜尋資料，或讓與會者在參加活動前註冊登記的地方。然而網路在活動發生時或活動後，對於資訊的散佈卻有很大的助益。舉例來說，在1999年有一個知名製造商舉辦銷售人員大會，在過去數年間，活動管理者總要花很多時間寫電子郵件並打電話催促，只為了要將演講內容在最後一刻緊急送印。這些工作都在總部進行，印製完成後，再運送至活動會

場。然而，隨著電子商務印刷公司的產生，活動管理者只需設立一個簡報管理平台即可。首先，設立一個高安全性的網站，讓演講者上傳資料。其次，安排檔案傳輸協定（ftp，file transport protocol for Web-based transmission，即以網路為基礎的檔案傳輸），將演講內容傳送到活動舉辦當地的印刷廠，讓演講者有多一點的時間潤飾演講內容。因此，演講者與出席者會對於印刷品的內容能夠呈現最正確的版本而感到開心。如果需要追加印刷品數量，只要打個電話給當地印刷廠，印刷工人就會把成品送到會場。隨著活動結束，將演講內容放在公司內部網站，業務員可以隨時下載並根據客戶的需求做修改。最後，企業活動規劃人員贏得了好口碑，因為她幫公司省下為數可觀的資料運送成本，而且量身打造的演講內容讓客戶覺得有助於讓他們獲得更多的生意。

將網路視同活動場地

網站是企業活動經營的一部分，它不僅有助於活動的舉辦，也能成為企業活動舉辦的原因。P. W. Feats是一家位於美國馬里蘭州巴爾的摩市的一家公司，主要從事活動行銷、設計及管理。我們來看看P. W. Feats的一個客戶專案，這個案例不僅顯示網路對活動是一個機會，也說明如何跟隨程序步驟確保一個活動的成功。

美國一家大型食品供應批發商策略性地決定，將其價值5.8億美元的設備及供應部門移至網路。為了發表這個新的電子商務部門，他們設計和製作了一系列的活動，藉由整合科技、設計、舞台裝置、公司品牌強化等元素，以創意的方式呈現，達到客戶的目標。有四個獨特的活動，包含為15,000名華爾街尖峰時間的通勤族準備早餐、搖響紐約

證券交易所（NYSE）的開盤鈴、在紐約證券交易所舉辦一場分析簡報及證券交易廳舉行雞尾酒歡迎會。

P. W. Feats備受挑戰，因為只有短短五週的時間設計、規劃並安排這四場活動。聯結車、大型轉播螢幕（JumboTron）、帳蓬區、臨時舞台及其他活動所需的東西，必須在十二小時之內運達並設置在曼哈頓南部一條窄小的街道上。傍晚的雞尾酒歡迎會必須在短短的四十五分鐘內佈置完成。活動須在同時間分成細項及設立。為了順利達成任務，P. W. Feats的時間安排必須完美無瑕。

最初的提案包含全面性的設計及佈局、完整的要項及職務描述、製作設置及拆除的時間表，以及整個活動的詳細預算表。在此，每個細節都是挑戰。因此，每個活動都有直屬的專案經理、製作團隊、前置作業計畫，而且所有參與人員的聯絡管道要暢通，每個人都有應負責工作的時間表，所需物品須包裝好，並根據使用的先後順序，排列放置在設置區域旁。工作人員對於一切事物都很熟悉，而且分別被指派至特定設置區。

由於嚴格執行錯綜複雜的活動排程，因此帶來下列成果。分析師將該公司的股票評等由「買進」調升至「強烈買進」，且股價幾乎上升2大點（two full points）。此外，客戶接受國內外媒體的報導，如CNN及CNBC。在新聞報導曝光之後的四十八小時內，該公司即與一個國際性商業合作夥伴展開合作關係。

以競爭掛帥的簡單經濟學來看，一旦企業活動辦公室或獨立的活動公司在所有公司都能取得網路的情況下，卻不利用網路的話，那麼這家公司將無法繼續生存下去。善用網站並非只是行銷或推廣的一部分，它能影響活動管理的所有層面並鞏固企業活動專案管理系統的所有功能。

重點摘要

1. 目前網路進入第三世代，遠超過資料存取的功能。透過網路能完全地執行一個活動。
2. 網路能節省時間、金錢並改進流程。
3. 網際網路工具將有助於活動規劃及管理。
4. 任務可以發包給專業公司，以便處理特殊活動資源及服務。
5. 對組織及執行活動來說，網際網路是安全且有效的工具。
6. 電子郵件能加快溝通及決策的制定，但必須有良好且簡單明瞭的計畫。
7. 大部分公司的軟體系統都是新舊夾雜。活動規劃人員必須在網際網路加入活動計畫前，確認目前軟體、硬體及技術支援的狀態。
8. 整個環結中最弱的部分，可能導致整個網路平台專案的終止。因此必須盡早辨識出弱點。
9. 為了有效率地使用網際網路，必須在規劃階段就納入使用，而非事後追加。
10. 為了讓活動有效地在網路上呈現，應設計及管理網站。
11. 現成的套裝軟體，須盡早在活動規劃階段就予以評估，以確認是否符合未來需求。
12. 網站不僅能加持一個活動，也是舉辦企業活動的原因。

延伸閱讀

1. Brown, W. *AntiPatterns in Project Management*. New York: Wiley, 2000.
2. Cooper, A. *The Inmates Are Running the Asylum*. Indianapolis, Ind.: Sams, 1999.
3. Ball, Corbin. "Three Golden Rules of Web Site Design." *Corporate Meetings & Incentives* (February 1999): 29.
4. Ligos, Melinda. "Point Click Motivate." *Successful Meetings* (May 1999): 81.
5. Project Management Institute. *Project Management Software Survey*. Newtown Square, Pa.: Project Management International, 1999.
6. Reynes, Roberta. "Xerox Corporation-Winning on the Web." *Corporate Meetings & Incentives* (November 1998): 31.
7. Tiwana, A. *The Knowledge Management Toolkit: Practical Techniques for Building a Knowledge Management System*. Upper Saddle River, N.J.: Prentice Hall, 2000

動動手指就行了：五大主要搜尋引擎（AltaVista、Google、Internet Explorer、Lycos、Yahoo）皆能協助你找到關於活動規劃的網站。

討論與練習

1. 為活動網站製作一個分鏡腳本（storyboard）。
2. 使用常見的軟體，創造一個簡單的活動網站。
3. 搜尋一個企業活動的宣傳網站並記錄其特色。與書中的清單對照。
4. 尋找企業活動服務，並列表說明其服務內容。
5. 尋找企業活動管理的討論族群。
6. 使用搜尋引擎，找出有關抗拒型態的資訊，並討論這些資訊對網路加持某個活動的過程有何種幫助。

第 10 章

企業活動手冊

本章將協助你：

- 闡述如何使用活動手冊作爲企業活動管理工具的方法。
- 認識活動手冊的各種用途。
- 製作企業活動手冊。
- 建立適用於各種企業活動的範本。
- 設計一個全面性的企業活動檢核表系統。

企業活動手冊是活動紀錄與摘要。成功的企業活動管理者習慣上會保有一份自己的手冊，以便安排與活動相關的各種要素及利用手冊來掌握關鍵文件，如行程表、表格、合約副本及活動形成期間的檢核表。活動結束後，手冊建檔可作為活動歷程紀錄。此手冊即成為企業智慧財產的一部分。

上述的手冊類型可供大型、多樣化的活動所使用。對管理者而言，手冊的主要功能是掌握及儲存檢核表。對每場新的企業活動來說，檢核表可用來進行評估及改進，根據其需求添加額外的檢視清單。本章歸納出一些檢核表範例，可作為擬定專屬於自己特殊活動所需檢核表的開端。

對管理者而言，製作及保有手冊內的重要經歷紀錄已被證實極具價值，來自維吉尼亞州維也納市，已故的瑪麗安妮・布利汀漢（Marianne Brittingham）分享了以下箴言：我從每一次舉辦的種種活動中學習到了使其順利運作的所有竅門。我保留了滿滿一櫃的管理手冊，而且三不五時會拿來閱讀，喚起我的記憶，以免我必須從頭學起某些事。

本章著重於「活動作業手冊」——一份發送給所有活動與會人士的重要資訊。從過去的經驗中證實，這是活動成功的最佳慣例及關鍵。

這些手冊是用來定位工作人員，而且應保留所有相關文件以組織活動，最重要的是，活動進行時可為活動方案提供指示。

企業活動手冊的種類

企業活動手冊不只適用於成功規劃與執行企業活動的程序表，也可作為活動執行流程的紀錄。專案起始之初，設計手冊所需的組織能

力有助於管理者預設出活動的關鍵要素，如此一來，也協助了管理者架構出原始計畫。許多大型企業都有具備程序及檢核表的作業及後勤手冊，且該手冊可適用於世界各地的類似活動；尤其對同時於多國發行產品的企業而言更是如此。

雖然活動手冊有許多類型，但大多數皆符合下列四類型中的其中一種。製作活動適用的手冊將依據活動的規模和複雜性以及閱讀者和使用者而定。舉例來說，針對大眾傳媒及活動當日媒體製作的手冊與其他關於視聽需求的手冊就不相同。

1. **主要活動手冊**：此類型的手冊是指導你如何籌劃一個企業活動的重點文件。其中可能含有企業哲學及品牌策略。此手冊內有許多可適用於各種企業活動類型的範本及表格，同時還有提案邀約（提案邀請書或報價邀請書）、賣方關係、企業付款政策、合約流程、法律審查過程、企業各類型活動許可的相關指導方針，以及各種活動倫理和社會標準的企業政策。手冊內也可能包含極為明確的活動類型，如展示會或研討會。
2. **彙報手冊**：此類手冊著重於企業活動的歷程，且多半於活動的規劃和實施階段即彙整編輯。它不僅是企業用於籌劃活動的流程記錄，同時本身也是活動記錄。通常，此手冊會交給各利害關係人。
3. **作業手冊或製作手冊**：此類型是為特定企業活動所做的每日工作手冊，為結合了主要活動手冊及必要條件、限制條件和特定活動可變因素之下的產物。其中包含了講解如何使活動同時符合公司的策略目標及活動目標的章節。假如活動是現場直播或企業視訊轉播，則歸類為製作手冊。
4. **員工手冊**：由於活動工作人員不需要知道所有的程序細節及檢核表，他們通常是持有一份內含特定職務及工作任務的小手

冊。「只需要讓我知道我該做什麼，以便做好自己的工作。」一名慶祝活動策劃公司的員工說道：「與我的職務相關的文件雖然重要，但同時，我也要有個大方向——如果我要協助它成功的話，我必須熟知整個活動，」。因此，保全有保全手冊，報到處有報到處手冊……以此類推。

在所有企業活動管理領域當中，展覽業製作了最全面的活動作業手冊。這些手冊引領著活動管理者從展覽的最初概念、營銷計畫到取得場地，甚至引導管理者製作平面設計圖。由於這些手冊將被不同的經營團隊使用，因此通用術語、定義及文件歸檔系統（數位及書面）的部分就變得極為重要。這些手冊可作為知識管理系統的一部分，並建置於網路或企業內部網路。

企業活動專案管理最初涉及到的是活動管理團隊和活動作業人員所使用的手冊。活動有許多類型，因此手冊也有多種類型。每個作業手冊為因應特定活動而涵蓋適當的文件及檢核表。如奧運會所使用的手冊著重於促進不同文化背景之間的互動關係。換言之，企業訓練所使用的作業手冊將有全然不同的重點，如記者招待會及公司野餐所使用的手冊也有所不同。

一般而言，企業活動手冊是專案管理流程的紀錄總結，每個職務領域都能為手冊提供觀點。企業活動專案管理的各種職務領域，不論是競技運動、研討會或是藝文活動都需要控管。控管文件顯示所有活動的書面紀錄，它們既是活動紀錄也是傳遞訊息的辦法，系統化的方法使活動管理者可以從每次活動中獲得學習，是一個能提供對照以供改進的系統，其產出——各種文件——可以形成企業活動知識版本的素材。手冊內容將視其目的而定，用於建構及執行活動所用的手冊與交給供應商的不同。**圖10-1**說明如何蒐集活動相關資料，以製成活動手冊。

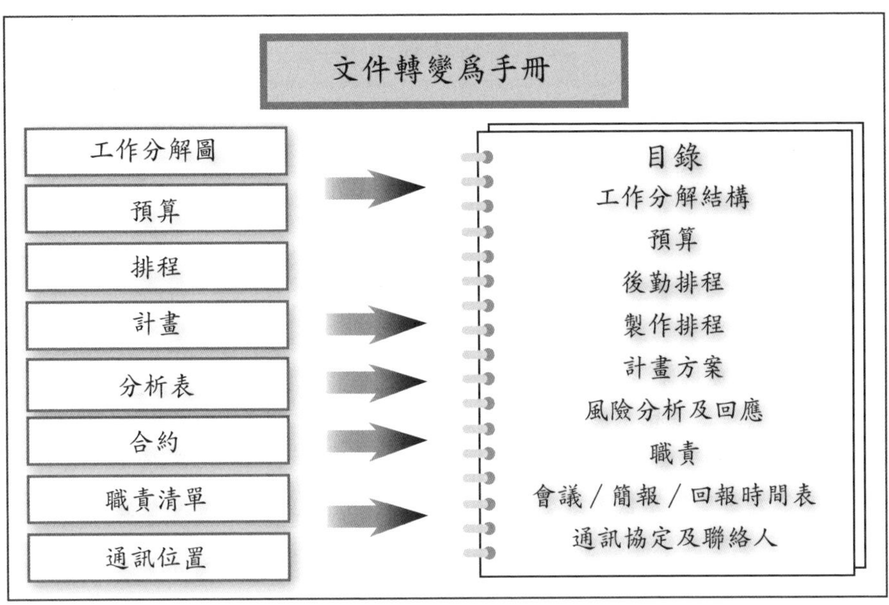

圖10-1　企業活動手冊索引

活動作業手冊

企業活動作業手冊（event operations manual, EOM）按其內容可呈現多樣化。此為專案管理流程的成果，融合了經驗與建議（無論是非正式的或未言明的）。圖10-2說明此流程。

約翰．歐皮（John Oppy）領導過多場研討會、會議和全錄企業的產品上市活動。他建議活動作業手冊的內容文件最好依使用頻率編輯而非按字母排序。他同時還建議手冊內的標籤附註標題以方便文件分類。文件夾也可作為資訊彙整的輔助工具，藉由將最新的文件置於文件夾的最上層，能使它們將分組文件與特定項目相連結。此方法有助於歐皮避免因遺失或資訊過舊而產生錯誤。根據歐皮的說法，活動手冊中必備的重要文件為：

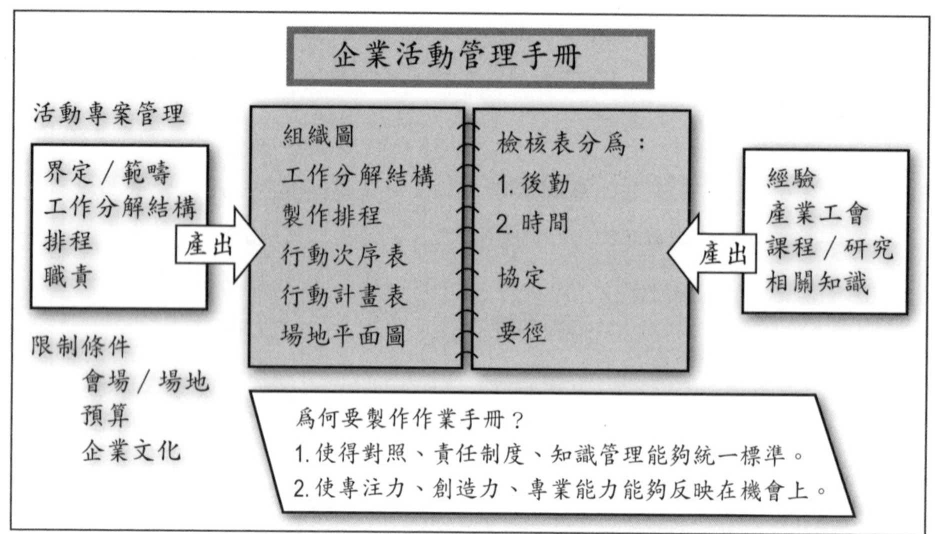

圖10-2　活動作業手冊的起源

1. **視聽設備清單**：描述視聽需求的參照表，包括所需的設備、需使用設備的時間、場地名稱及號碼、聯絡人、會場可進行配置的時間、電力需求參考及執行日期。
2. **用電設備清單**：與視聽設備清單略為相似，不過，電力設備或發電機的配置通常在活動初期就要設立。電力設備是工作起始的重要階段。
3. **進場時間表**：根據會場合約所協議的時間表。須確保此資訊以詳細的方式建檔日期、時間及會議室名稱。
4. **與會者註冊清單**：可追蹤所有與會者的清單。也可用於不同的後勤目的，如確保出席者的交通運輸安排無誤。
5. **分場名稱、換場計畫及特殊要求**：一頁簡易的程序備註表，包括每場活動的時間及地點。
6. **換場時間表**：出席團體的詳細分場時間表，內容包括他們的會議室號碼、位置及時間。

7. 備忘錄：可提供活動書面紀錄的資料彙集，且如果你遭到質疑，也可作為需求確認或驗證決策變更的依據。
8. 註記：包含你的個人意見及其他小細節的部分，如備註說明。
9. 會場佈置圖：設備配置、電器用品及視聽設備的陳列圖。這並不一定需要用到複雜的電腦繪圖，通常一般的手繪圖即可滿足需使用此文件的相關人員。
10. 分場大綱：為員工提供參考準則的摘要總結。提綱通常包含在與會者的會議概要套件包裡。
11. 會議計畫及分場設計文件：就會議及訓練活動而言，分場內容的發展將有助於各分場最終的成功與否。你應該要求各分場內容的設計者提交具有可衡量的目標大綱，因為這將有助於你確保他們所發展的素材不離主軸。要求可衡量的目標使得評估的建立較有邏輯性且較容易，此流程將有助於指導無經驗或較不精通於製作簡報的人。
12. 財務：Excel是個有用的工具，可於活動起始前追蹤每個月的預算。活動結束後，主辦公司或活動公司帳款入帳後，也可輕鬆使用此軟體修訂預算。
13. 評估：活動參與者與賓客的意見總結。評估報告可作為改善未來活動品質的依據或籌措類似活動的資金。

企業活動作業手冊檢核表

此類作業手冊檢核表是用於活動當日。下列的檢核表是為特定的企業活動作業手冊所訂定。如果該檢核表發布於公司內部網路，則也可適用於其他的公司活動。通常電腦中最有用的指令是剪下、貼上和刪除。這些指令使管理者易於使用主要檢核表，並配合特定活動適度調整。

手冊設計

企業活動作業手冊的設計必須精心考量，以利於使用上的便利與效能。

1. 應裝訂牢固，使用彩色的塑膠封套，以便活動當日的使用及方便尋找。
2. 封面加上活動的標誌。
3. 為個別企劃要素（階段）作上標籤以供快速的查閱。
4. 內容需附上含有各類標籤的目錄頁。
5. 最後，應包含快速參照索引。

聯繫與主要後勤工作

1. 所有重要工作人員的辦公室電話及手機號碼。
2. 營運總部的位置及上班時間。
3. 活動的詢問專線。
4. 表演者連絡清單：將清單依據舞台或會議室拆解成小單元是較有效率的作法。
5. 與活動當日特別相關人員的簡易通訊錄。因為一場複雜的活動，其完整的通訊錄可能相當冗長，所以此法非常有用。
6. 會場主要管理人員名單。
7. 尋人處及失物招領部門的書面程序。
8. 緊急服務的電話號碼，如醫療、救護車、消防局。
9. 警方的電話號碼及地點。
10. 保全的聯繫、位置及相關細節。
11. 救護站的位置及電話號碼。
12. 道路交通管理局的電話號碼。

13. 交通運輸及停車處人員的電話號碼。
14. 無線電頻道清單。
15. 雙向對講機操作代碼指南及清單。

製作

1. 活動概要，包括時間、行動及各場活動地點。
2. 活動場地位置圖。
3. 每個位置的製作排程。
4. 進場、撤場及設置的排程，包括日期、行動、供應商及全體工作人員清單。
5. 後台工作人員的排程，包括裝載及卸載時間。
6. 活動製作人員的用餐需求。
7. 活動製作人員的住宿。
8. 服務台設置及其位置標示圖。
9. 管控活動的保全資訊。
10. 說明保全任務及範圍的保全簡報。
11. 所有憑證及資料的影本，以備檢閱之用。
12. 任務責任清單，包括工作內容、位置、任務負責人及註解。
13. 行動計畫表，包括日期、時間、行動及位置。
14. 休息室位置及開放時間。
15. 停車位置及地圖。
16. 道路封閉時間及地圖。
17. 運輸工具時間表及路線圖。
18. 群眾及賓客服務品質指南，包括文化相關議題。
19. 常見問題範例，包括提款機位置及救護站位置。
20. 意外事件報告表及填表說明。
21. 風險情境描述及執行辦法。

媒體資訊

1. 視聽設備及媒體中心的位置說明書。
2. 預演時間表，包括媒體簡報時間及地點。
3. 如何取得活動視訊影像的相關辦法清單。
4. 活動內容概要表。
5. 活動背景簡短摘要。

製作活動作業手冊

企業活動作業手冊是活動管理團隊及活動工作人員與義工之間的溝通媒介，其中包含了使活動順利運行的相關資訊。就溝通部分而言，活動辦公處有責任確保閱讀者都能夠融入及理解其中的內容。

首要問題就是：對象是哪些人？他們為何需要活動作業手冊？創造一些角色——如同艾倫．庫柏（Alan Cooper）於1999年所出版的《交互設計之路》（*The Inmates Are Running the Asylum*）書中所言—將有助於回答這些問題。這些角色是擁有真實性格的虛擬人物，代表將使用此手冊的人們。舉例而言，Kay是一名電視公司的現場導播，要使用活動作業手冊來製作時間表及編輯節目。如果活動管理者與Kay一同製作這份活動作業手冊，則該活動作業手冊的內容將包含Kay在執行任務時所需要用到的各類資訊需求。知道何時該使用手冊的時機點也很重要。手冊也可被設計為支援的用途，如備忘錄、緊急情況下使用或作為所有企業活動作業資訊的準則。通常是以上三種情況的總合。

與其他類型的作業手冊不同，活動作業手冊只會使用於單一活動中，所以提供不同版本以供測試是非常奢侈的。換句話說，活動作業

手冊是無法在活動執行當中被拿來測試並獲得驗證的——它必須於使用的當下獲得成效，這表示風險因子頗高。因此，製作的全盤計畫及手冊的內容是至關重要的。

設計

有鑑於手冊的各類使用者及活動的嚴密，手冊應以耐用的材質製成。多數的活動管理者使用精裝三線圈筆記本。彩色的封面有助於搜尋且較不易遺失。至於戶外活動，一場毛毛細雨可能會破壞油墨材質，因此，建議使用塑膠封面及防水油墨；影印和雷射印刷都是防水的。塑膠文件夾不只能保持資料的清潔與乾燥，同時也可以將以往的資料保存在一起。封面最好特別加上活動標誌以避免與其他手冊混淆，也可直接將印有標誌的紙張置於文件夾的最前頁當做封面。

設計手冊時請將以下觀點列入考量：緊急情況下，能否快速的搜尋到手冊內的相關資訊？新進的工作人員是否可以迅速找到所需資料？基於各種情況，查詢的速度及便利性各有不同。因此，彩色區塊、彩色標籤、內容索引將非常有幫助。

聯繫

一般而言，緊急連絡電話應優先於其他聯絡電話，必須於手冊中明顯標示出來。然而，如果手邊沒有電話呢？手機收不到訊號？或者是危急時刻電話線路滿線呢？因此緊急服務處和相關替代服務要詳細列入其中。舉例而言，通報人（戶外可使用腳踏車，大型室內場地可使用電動車）或是使用對講機。

當活動對象包含家庭，光知道尋人服務台是不夠的，每一位員工

和志工都應該要知道孩童走失時該遵循的程序，此程序應詳列於手冊之中。

如果活動當日的電話號碼有所變更，則應標明「活動當日聯絡清單」。

還有一項要謹記的重點是：企業活動所舉辦的城鄉之別將影響服務的類別，與當地交通管理局甚或是軍隊（如國民警衛隊）的聯繫都應包含在內。為因應各式各樣的提問，必須設置諮詢電話，然而，此號碼必須全體員工都熟悉才能起作用，故必須包含在手冊中。重要人員（如演講者）的聯絡電話很重要，以防節目內容臨時變更。

是否所有工作人員都知道如何操作對講機？請勿認定每個人都能夠記得，一份操作指南對於他們的作業執行是非常重要的。

製作

活動摘要

活動管理者很清楚活動的時間、執行動作和地點，然而隨著更多的人員參與，一份活動摘要可節省管理者講解全盤活動計畫的時間。

活動場地圖

活動手冊中，視覺語言是項利器。如果有人詢問洗手間的位置，直接以地圖或平面圖指引遠比口頭形容來得容易多了。有了地圖或平面圖，人們可以自行選擇路線。手冊中可能包含各種地圖：會場圖（如地點，通常指舉辦的位置），強調入口處及基本設施等給供應商專用的地圖，緊急路線圖等等。活動通常需要各式各樣的地圖。當你在規劃整個活動會場地圖或平面圖時，應考量到閱讀者及地圖的效用。確保手冊中含有所有地圖或是縮小比例圖。

時間表

活動當日時間表依照活動規模的差異而大不相同。這些時間表應被視為活動專案管理流程的一部分，故必須將其置於活動手冊中。

活動專業人員／團隊

負責為活動賦予生命的工作人員與志工所組成的團隊，需要各種時程表以調節彼此的職務，好避免與會場的其他工作項目產生衝突。以大型活動為例，手冊中須包含員工住宿及用餐的相關資訊。

保全

保全人員位置及通行證影本、安全簡報的時間與地點、應註明於手冊中以協助活動保安工作。特殊保安程序也須列於其中，舉例來說，如何解決入口處爭端或是有人未持邀請函卻嘗試進入。近年來，不乏有企業競爭者試圖闖入對手公司內部活動，諸如訓練活動或是於公開場合（飯店或會議中心）所舉辦的產品發表會的例子。

下列案例顯示出在活動作業手冊中附上活動證件影本的重要性。Ellen是位專業的活動策劃人，她建議即將於著名的達拉斯飯店中舉行產品內部發表會的客戶，使用具有特殊彩色編碼的徽章。Ellen將八種不同徽章的彩色圖樣標示於手冊之中。活動當日，三名來自競爭對手公司的人員嘗試進入會場聽取主題演講及產品發表，由於有保全人員簡報，他們正確的按照手冊指示，辨認出此三人所佩帶的徽章並不是正版，因而將三人阻擋下來，企業客戶及有關當局隨即接手處理。「白領犯罪」是很重大的風險，且可能導致企業損失數百萬的營收。在此案例中，流程與文件的價值是很寶貴的。可想而知，Ellen因為其專業程度受到高度讚賞，因而持續舉辦多場成功的活動。

任務清單

有些企業活動手冊基本上是職務責任表及行動計畫表的結合體，其內容清楚表明了個人所負責的任務及執行的時間和地點，此為工作分解結構的最終階段且對於追求效率的活動執行管理部門而言極為重要。行動計畫表可能會標明準確的時間（如開始與結束的時間）或其他時間（如最需要工作人員及志工支援的尖峰時段），後者對於提早完成任務且有意支援人員不足區域的工作人員來說很有用處。

活動問題

將「常見問題」區塊置於手冊前段有助於活動順利運作。舉例而言，所有的活動相關問題之中，「洗手間在哪？」無疑是最常見的。切記，男士不會知道女用設施在哪（反之亦然），因此需明確的註明在手冊中並發給每位工作人員與志工一份常見問題清單。

交通資訊

如果希望來賓是在安全及愉悅的情況下抵達，那麼交通資訊是必要的，包括各類型地圖。以遊行為例，道路封閉的時間表很重要，路障的正確配置程序與調度可保持活動的順暢，假使路障設置錯誤則容易造成交通阻塞。

賓客

與一般賓客應對的正確程序需包含在手冊內，尤其是工作團隊中有志工時。那些本身並不在服務業工作的人們很容易對於賓客的種種要求感到慌張及挫敗。手冊中包含易查閱的「常見問題」區塊，將有助於員工保持冷靜及滿足賓客需求。而對於擁有多重文化背景的國家而言，手冊內附註文化敏感議題是一種明智的作法。

貴賓（VIPs ）可能會要求特別服務，因此手冊內應詳述此類服務說明。在一個高階主管交流或聯誼的系列活動案例中，貴賓們可能同時也是主辦人。一名著名科技公司高階經理人要求活動管理者於他即將出席的任何一場招待會或贊助活動的前一週，交出一份附有所有預計到場的貴賓們的簡介、照片、重要生意資訊的手冊，他會用心的閱讀該手冊好以完美的記憶力驚豔所有嘉賓。現在該知道他如何成功的秘密了，但他的身分仍是個不能說的秘密。

安全程序

安全及其他相關程序應於手冊中簡要描述。同時，手冊內應保留一至兩頁足夠填寫問與答、日期、地點、時間的意外事件報告書。充足的書寫空間能使意外報告書更完整詳列事件細節。現今是個充滿訴訟的社會，於意外發生當時取得具體細節對企業而言是有益無害的。人們對於意外的細部記憶會隨著時間而逐漸模糊，卻可能於幾年後須出庭應訊，因此準確的文件資料或許能為企業省下數千元甚至數百萬的費用。

媒體資訊

手冊內必須為媒體部分獨立出一個區塊，尤其是列出媒體可用設備（有線電視、戶外轉播車）或是媒體中心的位置。如果活動涉及到現場直播，則簡報排程和活動亮點就顯得極為重要。

活動作業手冊分發

活動作業手冊應提早於活動開始之前即分發給所有工作人員，以便熟悉內容。手冊上註明「活動當日請攜帶」，即便如此，活動日仍要提供備用手冊以防不時之需。

檢核表

檢核表使活動管理者能夠確保完成所有與活動要素相關的小型任務。檢核表可用於活動籌劃的任何階段、執行、結束流程。它的用處在於專注手邊須優先處理的任務。

以下有多種為因應不同企業活動管理觀點的檢核表，這些檢核表由許多經驗豐富的活動管理者彙集而成，雖不詳盡，但能作為新手活動管理者製作一份專屬於自己的檢核表的開端。招牌製作、活動手冊、網路所用之檢核表也可於本書中的其他章節找到。其他的檢核表可於1999年出版的《節慶與特殊活動管理》（*Festival and Special Event Management*）一書中找到，裡面包含了活動結束流程、售票事宜、排隊事項、參加者交通運輸的檢核表。

圖10-3展示了由比爾．歐圖爾（Bill O'Toole）發表於www.epms.net網站上的檢核表模式圖。活動管理者可輕易地在網路上搜尋其他網站的檢核表，例如屬於供應商、大學、政府機構的網站，然後活動辦公室就可量身訂做檢核表。這些檢核表可適用於未來的活動，且供工作人員與參加者下載。檢核表以少量的字數組成，因其作用類似於記憶提示卡。通常，裡面包含了一些有待完成的任務項目。檢核表如過於冗長，使用率就會降低，因此，請保持簡潔有力。細節可於手冊中其他部分查詢。檢核表的用途在於避免遺漏任何事務。

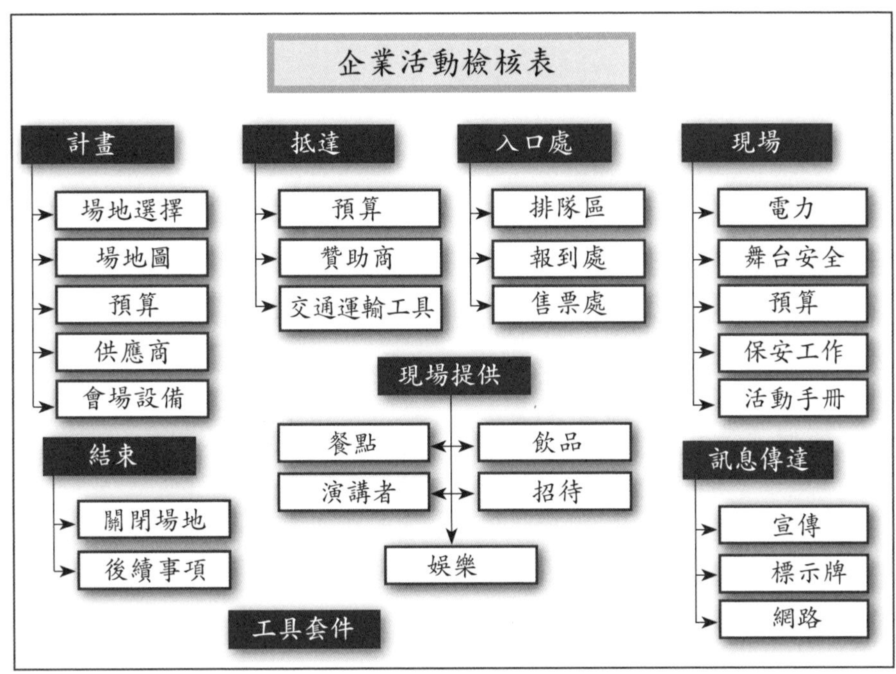

圖10-3 檢核表概要圖

規劃／供應商

1. 供應商的特殊條件：日期、時間和商品說明書。
2. 保險：公共意外險、員工意外險等等。
3. 供應商特定的安全規章：如消防設施、許可證。
4. 活動時供應商需要進場及撤場的後勤需求。
5. 供應商總排程：協調確認和場地的控制，如裝卸貨物時段。
6. 供應商個別排程：說明到達及離開時間。
7. 供應商地圖：說明入口處、出口、貨物裝卸、其他設施及特定地區操作範圍。
8. 供應商聯絡表：活動當日聯絡方式或緊急聯絡號碼。
9. 付款時間表。
10. 品管確認：運入或運出活動場地之貨品數量與品質。

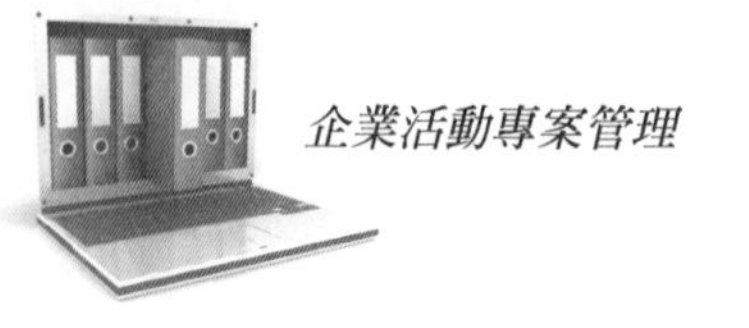

抵達／停車事項

1. 會場／場地停車情況。
2. 停車區的安全維護。
3. VIP停車處。
4. 小型巴士接送區。
5. 代客停車區域及相關流程。
6. 貨車停車處。
7. 售票處活動之停車區域。
8. 停車場之車道、記號。
9. 來賓須知的停車資訊 地圖、停車收費方案。
10. 贈品及紀念品：領取處、規定、負責單位等等。
11. 泊車人員。
12. 全域標示圖。
13. 路障取得與設置，以確保交通順暢。
14. 拖吊車：可供調配、可駛進會場等等。
15. 清楚標示迴轉區與乘客接送區域。
16. 接駁服務：時間表、接送區地點。
17. 確認入場安全路線及出口處。
18. 行動次序表簡報，列出預計到場團體及大型巴士。
19. 現金流量。
20. 制服。
21. 指定人員專用的防護衣。
22. 售票或免費贈送。
23. 照明。
24. 急救處、滅火器。
25. 通訊：無線電或其他。

26. 廢棄物管理。
27. 員工簡報時間表。
28. 員工會議地點（有遮蔽的地方）。
29. 員工檢核表：抵達及離開的時間。
30. 識別證。

入口／報到登記處

1. 報名郵件及追蹤處理。
2. 主講人講義。
3. 資訊包：公車時刻表、計程車電話。
4. 識別證以字母排序（如果可行，依團體機構、公司部門或國家進行分組）。
5. 來賓資料袋：贈品放置在方便取得的地方。
6. 清楚正確的標示牌。
7. 顯眼的報到桌。
8. 箱子及額外補給品、贈品、器材設備等等的存放區。
9. 工作人員：
    (1) 報到接待人員安排。
    (2) 全體工作人員簡報。
    (3) 工作人員聽取接待貴賓之規格的簡報。
    (4) 到場與離場之應變：遲到、早退。
    (5) 工作人員日常資訊：如休息室，休息時間、急救處。
10. 訊息及整理後的訊息公告欄。
11. 利害關係人會議：如保全人員、飯店主要人員、司儀、視聽器材人員。
12. 來賓報到區域配置圖應方便取得。

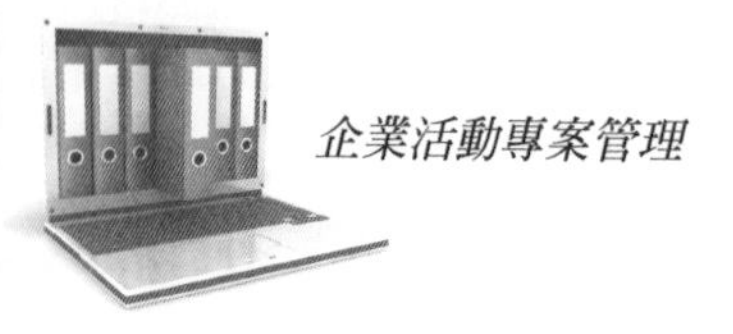

現場／電力

1. 電力種類：三相或單相。
2. 所需電力總數，尤其是巔峰時段。
3. 緊急電力。
4. 電源插座的位置與數量。
5. 從電源到儀器設備的引線種類與距離。
6. 正確的現場配線（老舊場地通常有配置不當情況）。
7. 儀器設備的伏特／安倍額定功率。
8. 安全因素：包括包覆引線或因下雨而漏電的可能性。
9. 當地電力相關法規。

保全

這份清單的用意是協助你的活動管理工作，它絕不是最終的版本。保全是很重要的風險管理因素，且講求高度謹慎及正確無誤的資訊，因此我們建議你尋求專業的意見。

1. 入口處及現場區域。
2. 活動事前、期間及事後的設備保全。
3. 現金保全。
4. 群眾控制。
5. 通訊系統及支援。
6. 保全時間表及簡報時間、地點。
7. 意外事件報告程序。
8. 保全預算。
9. 尋找及挑選保全公司。
10. 貴賓、藝人或其他人的特殊保全需求。

11. 指揮系統。
12. 可目視程度及人員出沒處。
13. 將保全與聯邦政府、州政府、當地警方和緊急救援服務相結合。

餐點

1. 筵席承辦商、工作人員和志工。
2. 測試廚房設備。
3. 食物。
4. 餐具、碗盤、包裝。
5. 餐巾／紙巾。
6. 電力、瓦斯。
7. 發電機。
8. 安全考量。
9. 廢棄物管理。
10. 冷藏。
11. 宴席簡報。
12. 檢查菜單。
13. 筵席承辦商的時間表。
14. 上菜順序。
15. 付款。
16. 排隊區。
17. 收銀機。
18. 攤位設置。
19. 工作人員衣著。
20. 特製食物。
21. 應變計畫：天氣、更換筵席承辦商。

飲品

1. 收銀、流通、電子轉帳、銷售點、提款機。
2. 執照。
3. 價格：收銀機。
4. 工作人員：指派管理人員。
5. 員工訓練：包括當地法律法定年齡審查及如何應付酒醉賓客。
6. 冰箱，冰塊、製冰機。
7. 制服。
8. 器皿用具。
9. 招牌：宣傳用。
10. 販賣機、酒品選擇。
11. 排隊等候區。
12. 員工身分確認。
13. 廢棄物處理容器。
14. 清潔用水。
15. 保全。
16. 玻璃杯、杯子。
17. 杯墊。
18. 照明。
19. 洗手間。
20. 電力應變計畫。
21. 清潔計畫。

娛樂

娛樂項目包含演講者、表演藝人及運動明星。

1. 明星到場確認。
2. 演員休息室、排練、更衣室。
3. 餐點提供。
4. 音效確認。
5. 表演服裝。
6. 舞台條件。
7. 經演藝公司檢核之流程表。
8. 髮型、化妝。
9. 住宿。
10. 視聽器材、道具確認。
11. 藝人／表演者的賓客表。
12. 交通運輸。
13. 現場照相和錄影。
14. 清空入口區域及通道。
15. 給技術人員的流程表。
16. 安排觀眾席工作人員及審視現場狀況。

進行中的活動檢核表

1. 路線許可。
   (1) 交通管制。
   (2) 緊急情況反應計畫：警方、消防隊、救護車、保全。
2. 與會人員清單。
3. 與會人員順序。
4. 日期與時間確認。
5. 任務小組及設立委員會。
6. 會議時間表。
7. 製作企業活動手冊，包括製作／行動次序表。

8. 與會者須知。
9. 所需設備。
10. 工作人員之需求、訓練以及制服配給。
11. 娛樂節目：確認安全以及時間安排。
12. 分包商確認：包括清潔、廢棄物處理、筵席承包、交通運輸。
13. 活動期間的交通運輸措施。
14. 媒體規劃：包括拍攝角度及保全。
15. 影響通知書：通知當地店家及住戶。
16. 貴賓保全維護及預估執行變數：如增派保全人員。
17. 應變計畫：如氣候。
18. 集會地點的保全、區域劃分、裝備。
19. 拆卸貨物區的準備工作。
20. 路障設置及明細時間表。
21. 訂定簡報時間。
22. 現場通訊確認：手提設備、手機、擴音機、音響設備。
23. 會後任務報告及現場確認。

企業活動管理者的工具套件

即便是經驗豐富的企業活動管理者也經常忽略這最後一項細節：為活動當日彙整一份工具套件。來自全錄公司的約翰．歐皮分享了他為了產品發表會所製作的銷售活動工具套件清單：

約翰的發表會工具套件

1. 阿斯匹靈。

2. 適用的小型螺絲起子*。
3. OK繃。
4. 十片空白光碟。
5. 可讀寫光碟機。
6. 手提電腦鎖鏈，以防它自己長腳並走出控制室。
7. 手機（至少一支）。
8. 電腦（手提電腦）。
9. 膠帶：十捲（我用在任何東西上，甚至當做封箱膠帶）。
10. 麥克筆。
11. 電腦用軟碟機。
12. 拆箱刀*。
13. 萬用工具*。
14. 網路線（標示我的名字）。
15. 延長線（標示我的名字）。
16. 會場內呼叫器。
17. 捲尺。
18. 小鉗子*。
19. 無線對講機。
20. 十片壓縮光碟片。
21. 電腦用壓縮光碟機。

除了約翰・歐皮所提供的清單之外，你也可以在製作檢核表時考慮下列的幾個項目。你可結合下列清單與籌辦活動所需之特定項目，編寫出屬於自己的檢核表，也可刪除掉特定活動中不需要的項目。

1. 通訊：
    (1) 掌上／無線對講機。
    (2) 擴音器或其他小型器材。

2. 設備：
   (1) 攝影機（小型）。
   (2) 電動螺絲起子與老虎鉗*。
   (3) 手電筒（小型）。
   (4) 纏線膠帶。
   (5) 瑞士刀*。

（*項目表示飛往活動地點打包行李時須特別注意，為因應911之後的航空政策，該類物品需托運，若攜帶上機將被沒收。）

3. 資訊：
   (1) 寫字夾板。
   (2) 活動作業手冊。
      I. 時間表。
      II. 聯絡電話號碼。
      III. 意外事件報告表。
   (3) 準備足夠的筆。
   (4) 備用紙張。
4. 貨幣：
   (1) 現金和零錢。
   (2) 信用卡。
5. 天候：
   (1) 帽子。
   (2) 雨衣。
   (3) 防曬乳。
   (4) 太陽眼鏡。

企業活動作業手冊代表活動知識的精髓。活動手冊種類會因應其功能性而有所變化。

隨著軟體及網路的使用，它們很容易被創造、驗證、傳達及改編至所有活動類型中，甚至儲存下來，以備未來其他活動使用。不使用企業活動手冊等同於損失一份極具價值的溝通工具及活動知識的精華部分。檢核表正如同企業活動手冊，是一份活動管理日常準則的書面知識。任何事件都能對企業活動正式檢核表有所貢獻，使其能經由操作獲得品質提升及改善。

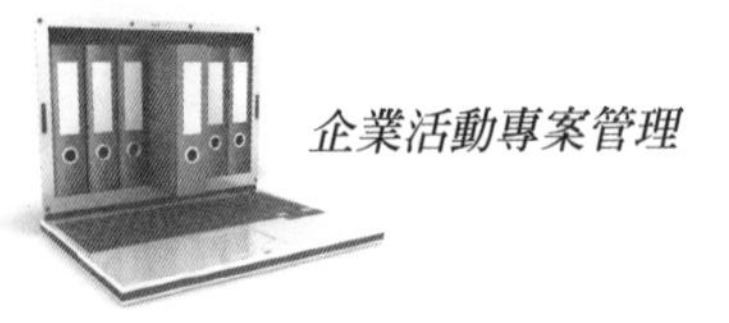

重點摘要

1. 企業活動手冊是活動的文件紀錄及總結。
2. 手冊有許多種類，但一般而言，可歸類成以下四種類別：主要活動手冊、彙報手冊、作業手冊或製作手冊，以及員工手冊。
3. 手冊的重點在於需與籌劃中的活動類型直接相關。
4. 手冊應該要精心製作，才能在需要時快速查詢到重要文件。
5. 檢核表可作爲提醒卡，以確保微小細節不會被忽略。
6. 準備充分的工具套件在活動現場極爲有用。

延伸閱讀

以下列舉的文獻，皆附有大量檢核表，可作爲活動辦公室檢核表基礎的範本。網際網路含有爲數眾多的檢核表。可造訪研討會與會議產業網站搜尋他們的展場檢核表。

1. Epple, A. *Organizing Scientific Meetings*. Cambridge, UK: Cambridge University Press, 1997.
2. Goldblatt, J. *Special Events, Twenty-First Century Global Event Management*. New York: John Wiley, 2002.
3. Malouf, L. *Behind the Scenes at Special Events*. New York: John Wiley, 1999.
4. McCabe,V., B. Poole, P. Weeks, and N. Leiper. *Business and Management of Conventions*. Brisbane: John Wiley, 2000.
5. McDonnell, I., J. Allen, and W. O'Toole. *Festival and Special Event Management*, first ed. Brisbane: Wiley, 1999.

討論與練習

1. 列出使用活動手冊的限制因素。
2. 編製書面的企業活動手冊綱要。如何將此結構轉換至網路上？是否仍會相同？如何使該結構適用於兩種媒介？
3. 爲活動要素製作一份如圖10-3架構的檢核表。
4. 於網路上搜尋活動手冊。
5. 比較網路上的作業手冊與企業活動執行手冊。它們有哪些相同和相異之處？
6. 爲你的活動製作一份網頁式檢核表架構圖。

第 11 章

成本估計、採購及現金流量

本章將協助你：

- 明瞭成本估計在整個企業活動專案管理制度的定位。
- 運用成本估計與成本控制的技巧。
- 實施採購辦法。
- 衡量供應商是否具有足以達成企業活動目標的能力。

成本管理是活動專案管理中非常重要的環節之一，然而活動管理者或活動人員卻常疏於這方面的訓練，這或許是企業活動管理與公司財務部門間為何常有齟齬情事發生的原因。活動人員與會計師各有其慣用的術語，這讓雙方在溝通上構築了一道無形的藩籬。本章提供了必要的專門術語與方法，讓企業活動管理者不但可以系統化地管理及支配活動成本，並可提升與財務部門或企業稽核主管之間的溝通效率。「成本估計」（costing）一詞是專案導向產業中常見的用語，一如本書所提到的大多數專案用語，這個詞彙也漸為活動產業接受及使用。成本估計程序含括了活動成本估計、成本基準或預算的訂定、成本控制、文件歸檔及報表製作等作業。活動預算編列的成本項目往往包羅萬象，讓人摸不著頭緒。活動管理者一會兒要與筵席承辦商議價，一會兒要與娛樂公司簽約，一會兒又要忙於工作人員的召募。為了讓這些事情能按部就班的進行，又能正確地估計、評估，將成本分配到各活動要件，唯一的辦法就是理解成本的分類。一旦成本的分配確定，您就能依據既定標準比較成本，並且適當地估計出活動各要件所需的資金額度。透過活動成本的分析，活動管理者在議價上將有更明確的基準點，以爭取各活動要件最大的利得，並能整體考量活動預算。**圖11-1**所呈現的是成本估計流程圖，列出成本估計流程中應考慮的各項要件。

成本分類

直接成本與間接成本

成本一般區分為直接成本（direct cost）與間接成本（indirect

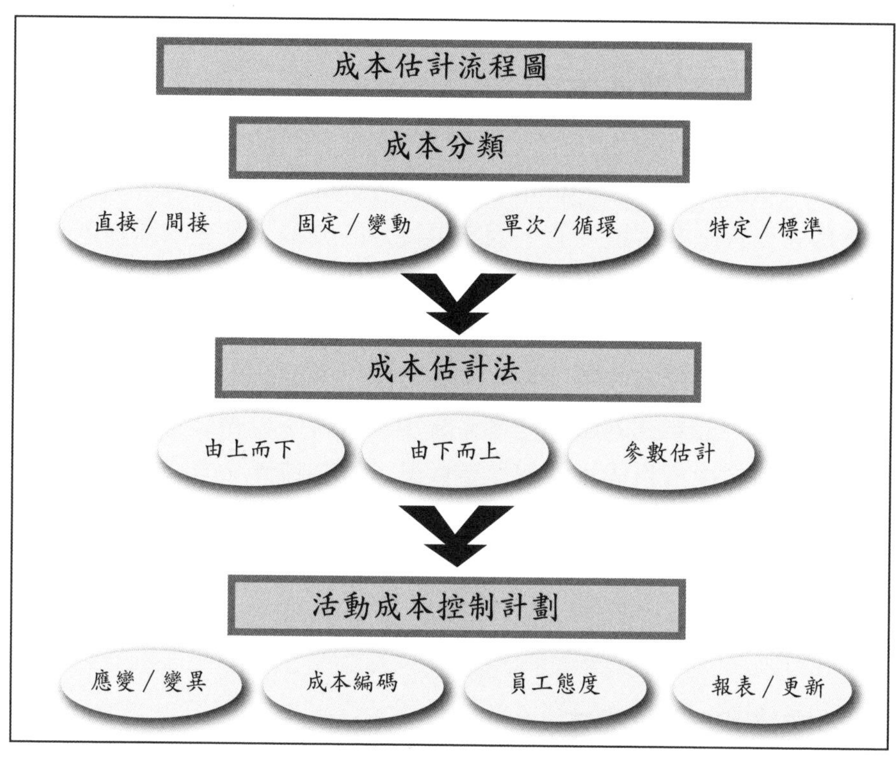

圖 11-1 成本估計流程圖

cost）。直接成本指的是因應專案需要所實際產生的成本，比如說，人員雇用、筵席承辦、場地租用、活動特定保險等；而間接成本指的是活動辦公室的支出以及一般保險等其他成本，一般又稱管銷費用（overhead expense），用以支持活動正常運作所產生的成本。直接成本的計算並不困難，往往可藉由供應商的報價或標準勞工與租金費率即可輕易得出；然而，要能正確地將間接成本列舉出來，這可是活動管理領域的一門學問。在成本估計時，可逕以直接成本的百分比來陳述間接成本的估計值。

特定成本與標準成本

將成本區分成特定（unique）或標準（standard）兩類，對企業活動管理者而言是非常重要的，因為越特定的成本，存在的風險越高。在產業常規作業下所產生的成本稱為標準成本，計算容易，一般來說不會有太大的差異，風險也低。但活動之所以為活動，就在於它的特殊性，而為了成就這些特殊性，常有預期之外的成本發生。比方說，在活動中使用最新式的數位控制系統和雷射特殊燈光裝置，就必須從多份報價資料中透析成本狀況，這些裝置的獨特性多半蘊含著計畫之外的開支。雖然透過協議擬訂，非計畫內的成本可歸責由供應商承擔，但是後續才發現的因素所連帶的額外成本，仍可能使得企業活動管理者沒有時間重新估計。

固定成本與變動成本

無論活動有什麼變化，固定成本（fixed cost）都將維持不變；而變動成本（variable cost）則不然，會隨著活動的現實情況而有所增減。比方說，一個邀宴或售票餐會的參加人數往往左右著筵席成本。活動開支超出預算，變動成本總是最大成因。因此，想以企業活動為主要業務的新進企業活動專案經理或獨立創業家，有必要多充實這方面的知識。

單次成本與循環成本

循環成本（recurring cost）指的是在活動生命週期中會重複發生的

開銷，須定期排入現金流量支出；而單次成本（onetime cost）因應成本控制的需要，雖然需要在整個活動生命週期予以攤銷，但此類開銷金額多在活動籌劃之始即已確定。通常成本會區分為一次支付之保證金、在活動開始前的頭期款，以及活動結束後的尾款等，而付款時間表（payment schedule）不一定是固定的，因此，該時程表會成為與供應商和委託人談判時的一個重點。

在表11-1中，列舉了幾項開支，並依前述成本分類示範歸類。例如，一般員工薪資、影印、電話等屬於行政開銷，隨著活動規模與活動形式的不同而有差異，因此歸類為變動成本；又因此類成本是由活動辦公室的一般行政費用支出，故視為間接成本；在整個活動專案生命週期，行政開銷歸屬為循環發生的成本，有其一定的計價標準，所以估計值通常與實際差異並不大。活動的規模以及與會貴賓，例如演出者、演講者或企業高階主管，左右著保全所需的規格而造成開支上的差異，故歸屬於變動成本，也是活動的直接成本，一般來說屬於一次性費用，現在多已訂有標準價格，所以估計差異不大。

流失的機會成本

流失的機會成本有多少？身為企業活動管理者不可不謹慎計算。

表11-1　成本分類

成本	固定	變動	直接	間接	單次	循環	特定	標準
行政開銷		✓		✓		✓		✓
提案開發	✓		✓		✓			✓
贊助商看板	✓		✓		✓		✓	
保全費用		✓	✓		✓			✓

獨立活動公司在選擇活動案時，多會考慮活動預算以及員工處理能力，有時為了將所有資源投入某個活動而必須放棄不少小型活動案。這時，企業活動管理人員必須算清楚因放棄第二順位活動案所流失的機會成本，然後與所選擇活動案的成本進行一番評比。可以從政治與財務兩方面來探討流失的機會成本。比方說，當行銷經理在確知活動辦公室由於手上正處理的一個大型人力資源活動，而無法分身支援他所負責的活動時，他有兩個選擇：選擇轉由外部活動策劃人來負責他的活動，不再假手企業活動辦公室來處理其活動需求；也可以選擇向高層主管闡述他的活動將如何為公司帶來更可觀的利益。

成本估計

活動成本的估計不但是門藝術，也是門科學。活動成本的估計要能達到百分之百的正確，幾乎不可能。為了建立某種型態的預算，有效率的活動管理者會依據過往的經驗及眼前所知的數據提出條理清晰的估計。要做出好的估計，活動管理者必須詳熟各項成本估計的方法。這些方法可以混合使用，或在計畫過程中依時機選用不同的方法，以提高估計的準確性。

越是大型、複雜的活動，就更需要預算專業的參與。所完成的最佳成本估計將成為一個基準，以導引活動規劃、監控與資金籌措的進行。任何會影響這個基準的異動，都需取得委託人或委託經理人的核准。越是變動的企業活動環境，越是需要建立這樣的基準，因為任何對成本會造成影響的異動都需受到控管。

舉例來說，變更場地所需的成本，是選擇活動場地時一個重要的考量因素。越能正確地估計場地變更所需的成本，活動管理者就越能

在職責上做出好的決定。有個活動策劃人，在為一個中西部銀行策劃活動時，幸好她準備了詳細的報價邀請書（request for quotation），並提供了非常明確的資訊，讓她的供應商可以提出確實可行的報價。1998那一年，活動場地因為喬治颶風席捲而遭受到嚴重損害，活動場地勢必須移轉他地，她不但能夠正確預測場地變更所需的成本，而且未造成超支。

估計方法

應使用何種估計法，可依活動類型及可取得的資料來決定。成本估計法有三種：由上而下、由下而上以及參數估計法。活動管理者可採用單一方法或三種方法混合使用以獲得一個最佳的活動成本估計。以下是這三種估計法的簡要說明。

由上而下估計

由上而下估計法（top-down estimating），又稱類比估計法（analogous estimating），活動管理者依其過去在類似活動所獲得的管理經驗進行成本估計。一個標準產品上市所需的費用是多少？此類估計只是一個約略數據，活動管理者鮮少仔細思考活動特定項目的成本。企業活動管理者如果知道一個活動通常所需的開銷有什麼，對於成本估計工作的執行是個有利的開始，至少可以給委託人或贊助人一個成本的輪廓。

由下而上估計

由下而上估計法（bottom-up estimating）的原理，在於假設整體活動所需的成本等於活動各單項要件所需成本的總和。若要產出合理結果，先決條件在於有無足夠的時間及參考資料，而且在活動期間仍

需時時進行成本估計，這是持續掌控成本唯一有效的方法。在這個程序，透過工作分解結構（WBS）的使用，對活動進行分析，將活動交付要件歸納至各成本中心，然後根據報價資料及經驗法則完成 WBS 較低層級各項成本的估計，在統合這些細項成本之後，產出整個活動的成本估計。

由下而上估計法說來沒有什麼深奧理論，不過隨著活動日期的接近，其複雜性有可能隨之升高，因為其間可能發生諸多變動，而影響了活動最後應呈現的結果。然而，多數大型企業將預算控管的職責加諸在活動管理者或管理團隊身上，提供為數不少的獎勵紅利或績效獎金，鼓勵活動管理者能將活動開支維持在預算之內或不超出預算。因此，預算執行報告成了核心小組每週固定會議的議程之一；而當有預算相關的變動發生時，通常活動管理者會與廠商或團隊成員、供應商等召開一對一會議。多數公司並未編列遊說費用（slush fund），且要求所有款項皆須明列於企業整體預算中，這讓企業對於遵循預算的要求也就越來越嚴格，而財務部門對於款項的相關文件也更謹慎把關。

參數估計

參數估計法（parametric estimating）的假設前提是，活動整體成本與活動的某一要件，也就是某一參數，有相依關係。比方說，標準展覽的成本會因使用的展場樓層面積大小而增減；音樂會的成本會因所需容納的觀眾席次而升降；以筵席為主要訴求的聯誼活動，以每人成本來計算。此估計法的準確性，取決於整體活動與活動特性或參數間的直接關係如何。然而，這個直接相關性是有其臨界點的，也就是在超過某特定點後不再呈現正相關影響。舉例來說，一旦活動超越某種規模時，人頭計價的筵席成本就不再適合用來估計整體活動的成本，因為這個活動可能需要移到更大或增加額外的場地，或是需要另外找尋新的或額外的筵席承辦商。

估計的時機

在整個專案生命週期，上述三種估計法各有其適用的時機點。在資訊還不足的可行性分析階段，應採用最精準的成本估計法。無論採用何種成本估計法，都有一個共通性，隨著活動日期的接近，估計就越趨準確。而在初步估計階段，則適合採用經驗法則或類比估計法，依據過去的經驗、類似的活動案，或已訂定的主要成本項目作為初步估計的參考，任一種方法都有50%的準確度。同時，企業活動策劃人應將委託人過去的專案經歷考慮在內，可透過下列問題取得答案：委託人常常改變想法嗎？有無活動經驗？在活動期間參與人員會發生異動情況嗎？整體的企業文化是什麼？參數模型定義了成本估計的主要指標參數，對於企業活動策劃人在準備初始成本估計時非常有幫助。

越來越多的委託人開始要求詳細的成本估計，尤其是財務部門。隨著預算職責的漸受重視，對行銷與人力資源部門的要求也越來越高，（財務部門會盯緊他們！）這樣的要求有可能會對活動內容形成某種程度的影響。如果成本估計過於詳細，一旦有其他異動發生時，如：場館變更或天氣所導致的異動，活動管理者可能無法調整活動內容來因應。再者，活動管理者若能與委託人建立良好關係，可在某些特定活動參數上取得全權委託，而得自行作主。這並不是說一旦有了此委託關係，活動策劃人就可以不考慮預算或不須與委託人討論，就大肆為出席者訂購大量禮物或昂貴的香檳。活動管理者仍須維持既定處理方針，在某些情況，當花費超過某個額度時，仍須取得委託人的簽名授權。

應變準備

活動規劃階段，有機會發生很多企業活動管理者無法控制的狀況。比方說，造紙廠罷工可能造成邀請卡的成本上揚，超出原來的估計；額外增加的名人演講者可能造成保全成本的追加；因為惡劣的天氣，可能有需要在場地入口處增加設置遮雨棚或額外人員撐傘迎賓；或是想縮短時程，則有需要動用應變準備金（contingency fund）作為員工獎勵金，例如當員工在預定時程前完工時，可由應變準備金支出，發放獎金給員工。

應變準備金也屬於整體活動成本的一部分，可用來支付非預期內的開銷。其金額多寡可以反映出估計程序的準確性，一般來說約為整體預算的10%。應變準備金的編列，在經驗豐富的委託人來看是慣例；然而，對於那些新手委託人，就得花費企業活動策劃人一番唇舌來說服。千萬不要因為有應變準備金的編列，就認為成本估計可以草率為之。

解釋

企業活動策劃人向委託人或其他利害關係人簡報成本估計時，必須解釋這些估計值是依據何種估計法推算而來，並以正負百分比來標示估計值的準確度。例如，場地裝置成本約20,000美元，上下10%的誤差。此外，可搭配工作分解結構說明細部成本估計，並搭配相關背景資訊、佐證資料以及有關數據的假設要點，例如國際性活動應考慮到匯率，或為期尚遠的活動需考慮通膨率。配合千禧年慶祝活動的行銷提案就是一個很好的例子。這些活動計畫早在十年前就開始推動

了，場地租金和飯店住宿費用的結構就是根據通膨率計算出來的。事實上，其中一個紐約飯店更是在其破土興建之前就已開始接受客戶預約。所以，在對委託人簡報及解說成本估計的各項比較費率時，可不要忽略了通貨膨脹率。

成本控制

一旦成本估計與基準預算規劃完成並取得核准後，活動辦公室就須備妥一套合適的程序來控管那些成本。成本控制主要在於比較成本基準，找出可能的偏差，然後以有效的方式做出回應。回應的方法可能是減緩異動所帶來的影響，或是調整成本基準。為什麼會與計畫產生偏差呢？可能是受單次成本變更影響或趨勢方向改變，導致成本大增。對於大型專案來說，趨勢方向的影響特別重要，須透過一個趨勢分析程序進行評估。想進一步瞭解這方面的細節，請參閱詹姆士·本特（James Bent）與肯尼士·漢弗萊斯（Kenneth K. Humphreys）於 1996年所合著的《透過應用成本及排程控制達成有效的專案管理》（*Effective Project Management through Applied Cost and Schedule Control*）。

實際開支和估計或預算編列成本間的差異，稱之為變異（variance）。若委託人要求提供如前所述的進度報告時，則須計算有無變異發生，並呈現演變的趨勢。當實際開支大於估計成本時，其變異值會以正號表示；而實際開支小於預算值時，則以負號表示，這些都意謂著所採用的估計法有問題。複雜的專案管理套裝軟體可以用來做這些成本控管的工作，但對於大多數的活動專案而言，就顯得有點小題大作，更甚者，可能造成花太多時間在成本控制上而忽略了活動的執行。一個簡單的電子試算表其實也可以清楚地呈現成本變異。

或許最重要的控制系統是那個非正規具成本意識的的員工，無論所設置的是如何正規系統化的控制，總是要有人負責活動確實依照既定計畫進行。員工和義工在提出建議或決定時，必須瞭解首要考慮的因素就是成本。不僅僅是員工，所有供應商也必須要認知遵循預算的重要性。活動管理總是必須評估創意與成本這兩個通常是衝突的目標；太在意花費，犧牲掉的可能是最後的成品，在與委託方的財務部門打交道時經常會產生這類問題，因為他們並不熟悉活動所需的工作或成本相關因素。活動管理者必須同時考慮在成本、時間及品質之間的權衡，由於有活動辦公室控管時間與品質，財務部門當然就只關注成本。

在活動辦公室有必要對財務部門說明開支較大的活動要件時，若能適切的出示提案邀請書（request for proposal），是很有幫助的。多數企業活動部門會準備一份設計文件，詳細描述每一活動要件，及該要件的價值定位（value proposition），也就是該要件可為活動帶來的正面影響。比方說，一個活動的主題曲，為活動帶來的價值即遠大於寫這首歌所支付的實際成本。即便活動結束一段時間後，在公司的走廊仍會聽到人們哼唱著這首歌，這首歌對員工的影響是正面而持續的，對活動而言也絕對有其附加價值。少了這首歌，活動所帶來的成效就差多了。

簿記——成本控制編碼

唯有正確的會計帳目，才能有效的呈現出與基準的差異，再藉由簡單如電子試算表軟體，或是複雜如Primavera此類的高階專案管理軟體系統來製作報表形式的報告。選用適當的軟體系統也是成立活動辦公室工作的一環，而所選擇的系統勢必要能與其他用在活動規劃工作上的軟體相容。

活動管理者可使用的會計系統有兩種：一個是責任會計系統（commitment accounting system），記錄支付義務，這通常是一個非正規的系統，其目的在於讓管理階層知道在各時間點有支付義務的金額。有個值得注意的現象是，越來越多易發生計畫變動的專案已開始採用此類會計系統。另一個則是現金帳目（cash account）或應計會計（accrual accounting）系統。無論採用的是何種系統，在任何時候，都需能因應活動管理上的需求，提供財務現況報告。

在專案導向的產業中，基本上都會採用編碼系統。編碼原則源自工作分解結構，並提供了一套簡易的方式追溯資源成本。只要在電子試算表上額外增加一個欄位，填入編碼，就可以協助成本的管理工作。舉例來說，頒獎晚會所需的成本可編列如下：AV = 影音成本、CA = 筵席費、AD = 行政開銷、TR = 交通運輸，其他成本可依同原則編列。而交通運輸還可細分為 TR.1=貴賓交通、TR.2=一般賓客交通等等。這樣的編碼方式可依需要再細分下去，隨著活動計畫的複雜性提升而擴充。然而，某些領域就不需要更進一步細分，例如，若跟你合作的影音供應商只有一家，就不需再依影音構件再細分編碼。這樣的編碼系統也有助於規範使用的方式，不會因為不明確的術語或拼字錯誤而誤用。設計一套簡易的編碼系統，以整理、比較和排序資料，這是好的成本管理不可或缺的能力。這些編碼還可用在發票或訂單上，也可用來建構檔案名稱。

為了確保會計系統資料輸入的正確性，活動團隊必須確實登載記錄。對於小型活動，可利用一本筆記本將任何會影響成本的決定記錄下來；但對於大型活動而言，企業活動團隊有必要發展一套標準程序作為成本基準變更的核准作業。在本書第3章所提及的責任矩陣中曾引述過這些作業與程序；而這些授權流程及相關使用格式必須清楚傳達給所有廠商、企業員工以及義務工作者。通常，在大型企業活動中，非授權人員會在活動預算下申報諸如客房服務、影印或傳真服務、員

工或演講者包裹快遞等款項，這些看來小額的支出，在混亂中易被忽略，但活動管理者要能迅速檢視預算，且最終要反應在他或她的績效審查上。

企業活動專案生命週期（現金流量）

對多數企業活動來說，現金流量的調度是成本控制程序中相當重要的一部分。現金流量時程表（cash flow schedule）顯示在一段期間內，現金進出的時間與金額。現金流入與現金支出的時間點不一定相吻合，須特別注意有無進一步的財務需求，以及額外資金在何時才會挹注活動。以一個企業活動管理專案來說，財務部會花上幾週時間成立預算中心，然後將資金匯入。此時，有些主要項目，如場地、外部特約活動策劃人以及特邀演講者或名人等，亦須先行支付定金。所以，在活動確定可開工時，相關文書作業也就相應啟動了。

還沒有任何收入，許多活動開支就發生了，這時，現金流量即發揮了它在活動計畫中的主導作用。舉個簡單例子說明，這是個名為「魅幻聖誕十二天」由地方政府贊助宣傳零售店與一般性購物廣場的活動，在聖誕節前的十二天，網羅各路魔術師演出，開放民眾觀賞。

在**表11-2**的電子試算表所呈現的是依照委託人支付款項慣例，活動策劃人現金收入的情形。而**圖11-2**顯示出，依照供應商的要求，現金淨額變化的結果，活動公司至少有六週需從自己的口袋掏錢出來支付某些開銷。而**表11-3**所顯示的是，經過協商後，委託人願意在事前多支付某些款項的情況下，那麼可大大減少現金左支右絀的現象。從**圖11-3**可看出活動公司在活動專案生命週期的大部分時間中，都是處在有盈餘的狀態。雖然這只是一個簡單的例子，但是清楚點出了付款時程表的重要性。

表 11-2　初始現金流量表

	委託人		供應商			
倒數週次	委託人甲		舞台	餘興節目	音響	累計金額
10	$5,000					$5,000
9			-$4,000			$1,000
8						$1,000
7				-$5,000		-$4,000
6						-$4,000
5						-$4,000
4						-$4,000
3						-$4,000
2	$10,000				-$3,000	$3,000
1						$3,000
0			-$4,000	-$5,000	-$1,000	-$7,000
-1	$15,000					$8,000
合計	$30,000		-$8,000	-$10,000	-$4,000	

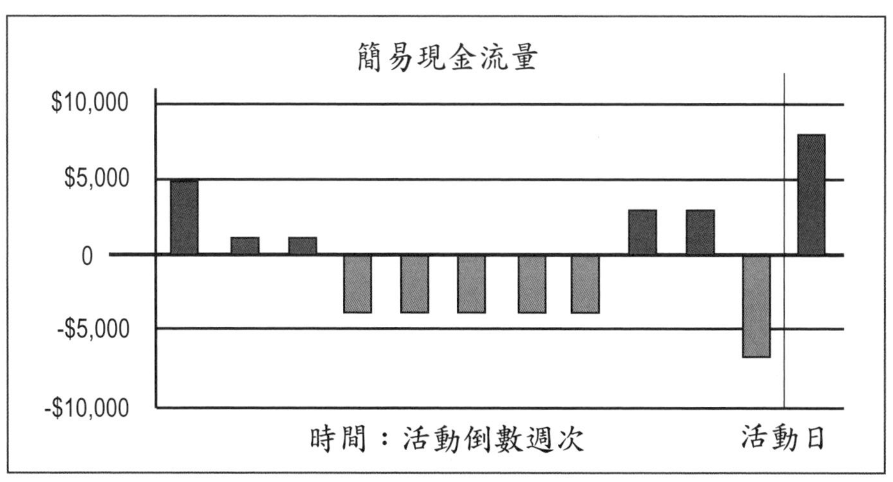

圖11-2　現金流量圖

表11-3　協商後的現金流量表

	委託人		供應商			
倒數週次	委託人甲		舞台	餘興節目	音響	累計金額
10	$5,000					$5,000
9			-$4,000			$1,000
8						$1,000
7	$5,000			-$5,000		$1,000
6						$1,000
5						$1,000
4						$1,000
3						$1,000
2	$10,000				-$3,000	$8,000
1						$8,000
0			-$4,000	-$5,000	-$1,000	-$2,000
-1	$10,000					$8,000
合計	$30,000		-$8,000	-$10,000	-$4,000	

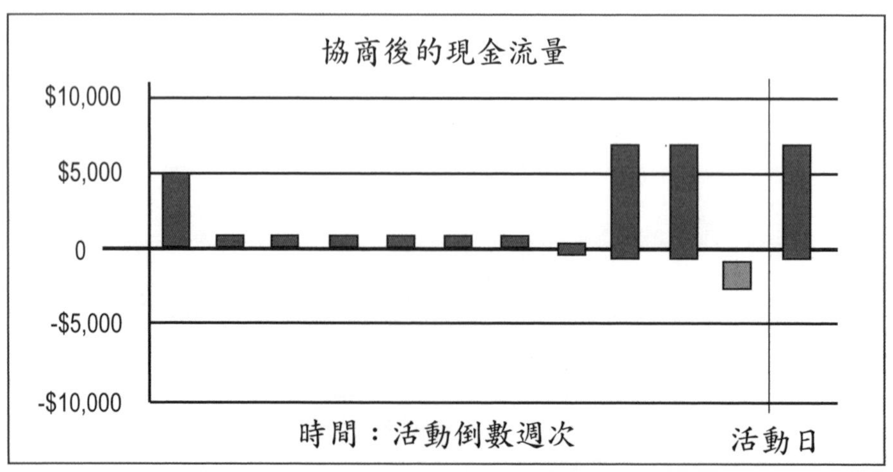

圖11-3　協商後現金流量圖

另一個麻煩狀況大多發生在款項由委託人直接支付給供應商的情況下。活動供應商——特別是娛樂經紀公司——採用的發票及付款週期可能與委託人或贊助商的作法不同。建議作法是，財務部門或承擔最終預算責任的企業活動團隊能與娛樂經紀管理人研議出相關付款條件。舉例來說，娛樂經紀公司在本月1號要求付款，但企業的內部規定是於每月30號才處理發票與付款，也就是說，娛樂經紀公司要等五週以上的時間才會收到郵寄的支票。此外，許多公司要求在處理發票前必須取得活動專案經理或內部委託人的簽署。若是行銷經理負有全球責任（global responsibility），發票很可能會躺在收件匣長達兩週，才會被簽字處理，然後送財務部門進行付款作業。儘早確認付款程序與日程，有助於減除供應商與企業活動管理者的沮喪及不必要的財務壓力。

企業活動的贊助也免不了要考慮到現金流量的問題。如同一般企業，非營利機構也須依會計年度規劃年度支出。當企業與非營利機構所採用的會計年度不同的時候，會發生什麼樣的情況呢？可能造成彼此的失望與關係的斷絕。非營利機構還可能因此無法達成季目標。假使企業在贊助慈善或非營利活動時，能就採用何種會計年度取得共識，勢將有助於雙方目標的達成。透過慈善事業的參與，企業本可藉此健全公共關係，但卻可能因為溝通不足而適得其反。

弗蘭克．德爾梅迪科（Frank DelMedico）是一位獨立企業活動策劃人，提供了一個很好的實例，說明好的溝通在一個贊助活動中可發揮的作用。企業委託人承諾召集特定數目的員工參與慈善基金的募集，約可獲得美金一萬元的資助款項。根據以往與其他類似企業合作的經驗，該慈善團體估計平均每一員工可募得75美元，但在實際活動期間，某些員工及家屬的捐款數超過1,000美元。這次的活動不但提升了該企業形象，而慈善團體也達成了他們在關注度與資金上的預期目標。在活動規劃階段，良好的溝通讓團隊可以依特定時間間隔安排資

金的募集或轉帳，產生正現金流量。活動為雙方帶來的正面效益，在欲尋求下一年度的贊助要求時，相對就容易多了。

德爾梅迪科還提供了另一個有關家具公司的案例作為參考。該公司在某個週末聯合某慈善團體舉辦了一個募款活動，並承諾提撥該週末營業額的特定百分比作為資助款；該慈善團體提供了活動推廣照片，並搭配芝加哥廣播電台的全國性勸募節目接受電話捐款。家具公司不但獲得了全國性的曝光機會，還提高了該週末的營業額，同時該慈善團體的募集資金也增加了。由於家具店的財務會計期度與慈善團體的財務季度日期相符，因而得以在適當的時機進行款項轉帳，支付活動尾款，而慈善團體也可將活動期間籌募的資金分配到明年的慈善業務上。財務季度日期的吻合造就了各方全贏的局面。反之，財務季度日期若不相吻合，譬如款項轉帳發生在慈善團體財務季度日期結束之後，那麼慈善團體的年度目標不但可能無法達成，慈善受捐者也將因此受到影響而無法收到分配款。

成本加成與折扣讓與

在成本估計中有個重要的考量點就是活動管理公司所收取費用的多寡。該費用取決於若干因素，包括活動公司的類型、與委託人的關係以及委託人所使用的標準方法。一個系統化的活動管理需有明確的指導方針，這可以有數種方法加以結構化，從收取行政開銷的某一百分比、到所有成本加成收取、到依直接開銷收取等，採用何種方式取決於所採用的合約類型：成本加成（cost-plus）、固定價格（fixed-price）、獎勵（incentive）或混合（hybrid）。活動公司可依成本總額的10%到30%收取費用；而一個創業型的企業活動管理公司，可能會以所有帳單都支付後的剩餘款作為費用。

還有另外一個重要考量點是活動管理公司如何處理供應商的折扣。活動管理公司可選擇不將供應商所給予的折扣讓與委託人；相反地，也可將此折扣視為競爭優勢，轉讓給企業委託人作為展現誠意的一種方式，在委託人的觀點來看，這可能是一種常態的日常業務往來。然而，無論採用何種方式，對於委託人都必須坦誠，因為活動結束後的細部稽核都會公諸於世。羅伯特．赫爾斯邁耶（Robert W. Hulsmeyer），是一位具有專業認證的特殊活動管理師，現為紐約帝力活動公司（Empire Force Events）的資深合夥人，他表示：「目前的定價趨勢，是以所揭示的成本再加上特定專業費用作為收費結構，這不但使活動管理產業轉變成一個專業領域，也認可了公共關係與廣告從業人員的專業性，並獲得應有的報酬。」此外，成本加費用讓人更清楚價格的來龍去脈，以及活動要件與相關服務的價值。

難題

在這個產業有個不爭的事實，就是很難對活動進行全面性的預演，這意謂著活動管理者對於那些未來可能引起成本問題的舉措必須夠機敏，該注意的指標不少，而此處所列出的幾點，將有助於您發覺可能出現的問題。

1. **產品細節描述不足**：要投入的商品及服務比預期來得多。會議場地手冊就是一個標準例子。手冊上所提供的出租物照片可能無法充分顯示細節，而導致成本估計失準。聰明的企業活動策劃人必須牢記，商品或服務所發揮的效能將決定活動的成敗。
2. **帳務延遲**：在活動管理上常因會計程序通常會延誤，而無法掌握財務的實際現況。由於會計部門所重視的部分與活動管理上的需求相左，會計部門總是忽略了活動相關細節的保存，而

將成本直接計入企業的總成本。訂單、發票、付款週期等方法有助於正確地記載交易，但是在財務現況的揭露上所造成的延誤是無法接受的。不過，企業活動管理者可以為活動要求一個獨立的預算中心，由財務部門定期製作財務報表，評估預算現況。大多數的專案經理會保管一份成本核定紀錄（log of cost commitment），這只是簡單的在電子試算表上加一個欄位顯示有多少金額已核定使用在那個特定資源上。在與廠商協議時，掌握財務現況與否，是至關重要的。

3. **範疇擴張**：雖然範疇擴張是專案管理流程章節所談及的議題，由於將影響成本估計，因此在此再度強調。活動管理知識的缺乏，可能造成活動工作量的漫增，直到無法挽救的地步。在專案導向的產業，這可能是最常見的問題。活動策劃人必須提出並實施一套範疇變更程序，要求任何變更必須取得活動管理者的核准。但是，程序的設計上，亦須保有轉圜餘地以應付必要的調整。美國司法警察局（the United States Marshals Service）的行政聯絡官（administrative liaison specialist）加蘭・普雷迪（Garland Preddy）表示，必須瞭解活動的歷史，無論是企業或是政府舉辦的活動，過去都有範疇擴張發生的記錄，尤其是曾經發生過延遲報名（late registration）現象的活動，這類活動會規劃一段迎賓時間並安排演講者，而為了引發參與興趣、鼓勵報名，活動策劃人會在節目中增加些小橋段，漸漸地，活動規模越變越大，最後如雨後春筍般的報名人潮使得參與人數超出了原規劃人數隨著活動實際範疇越來越明確，策劃人已無法輕易地做出變動，還須付出相關代價。沒經驗的行銷經理常會發生這種狀況，他們擔心自己的創意無法收到成效，因而被視為失敗者，所以試圖做些變更以求確保成功。

採購計畫

有關供應商的評選、聘雇以及採取何種合作模式，在第8章履約管理中已討論過。而在本節要談論的則是整體採購辦法、必要資源與服務的申用流程，以期活動成功舉行。第一步是確定資源與服務，這要溯及工作分解結構，每一項工作皆需資源的投入。例如，音響系統的裝置就需要人力、專業設備以及技術等資源的投入。承包商可以提供一個工作包或一任務組的大部分資源，所以不須煩惱張羅這些資源，這也是為什麼聘雇承包商的原因。

表11-4所顯示的是一份用來確認所需資源、預測資源運用的標準文件，列出資源取得、使用以及釋出的時間。不過，這些排程必須經過協商，以取得供應商的確認。資源成本可能受其供應狀況的影響，比方說，帳篷租借的成本就可能因使用時節的不同而有所差異。

表11-4　資源分析表

代碼	資源	數量	成本	標準／非標準活動管理者註記（例如使用去年的數據）	日期／時間
AV.1	平面螢幕	3	$800 個／日	標準	2 日
AV.2	簡報型投影機	3	$700 個／日	標準	2 日
AV.3	操作人員	1	$300 個／日	標準	3 日
AV.4	視頻單元	2	$200 個／日	標準	1 日
CA.1	筵席	200	$80 ／每人每日	標準	2 日
CA.2	雞尾酒	150	$35 ／每人每日	標準	18:00 ~ 21:30 活動首日

資源與服務的需求一經確認，找尋資源供應的工作也隨之開始。首要考量的是，活動公司、贊助者或委託人是否已擁有這些內部資源。在某些領域，例如會計，委託人會希望活動管理公司能使用公司內部資源；否則，就是贊助商會要求活動公司採用其合作夥伴或母公司的服務。另外還有一個考量的是，所需的資源是屬於標準產品呢？還是需要為活動特別量身打造？以貿易展為例，展示攤位通常需要特別訂製以符合活動或公司的趨勢主題。

報價

企業活動管理者必須建立一套制度以評選出最適合的供應商，貨比三家（three-quote）是最常見的方法。但是，活動規劃需要考量的特殊條件很多，增加了報價評比的困難度。對於大型活動而言，正式的投標或報價要求是必要的；而小型活動，從喜好的供應商清單裡挑一個要求報價是常見的方法。取得正確的報價很重要，因為隨著活動時間的接近，活動管理者將因時間緊迫而無法更換供應商，更遑論要取消合約。這表示要確實對供應商描述所需要的主要工作量，單單提供所需商品的說明是不夠的，因為對活動有意義的通常是資源所能提供的效益，所以工作說明書除了要清楚闡述所需商品與服務之外，還應說明預計達到的成效。

採用程序與文件標準的好處，是可以使得標準或文件得以納入合約，並在商品或服務交付時可藉由這些資料與特定要件內容進行核對。程序、文件以及產品或服務規格等都是標準，可作為日後協商費用時的準則，同時，也可作為活動管理公司或企業活動管理部門知識管理的基礎。工程專案管理公司通常會設有適用於各類專案的明細單資料庫。在要求報價時，企業活動辦公室或獨立活動公司必須站在委

託人相似的立場上，多數用於活動可行性分析的評估標準也可在此沿用，比方說，供應商的業務穩定嗎？如果有需要，可以擴大商品或服務的供應嗎？於活動期間，能全力投入嗎？

租賃、製造或購買

活動所需的資源並非都須透過租賃取得。雇用、租賃、製造還是購入作為活動所需資源，可依下列幾個因素來考慮決定：

1. **投資報酬**：依據雇用、購買以製造所需的成本與折舊和轉售可獲得的價值相比，然後做出財務決定。
2. **法律及其他風險考量**：所需資源由供應商負責？
3. **時程**：製造與交付是否及時、週轉及維修所需時間如何？
4. **品質保證與更換**：資源是否符合活動所要求的品質？當預期情況改變了，資源依然適用嗎？
5. **再利用與保管**：資源可為日後活動使用嗎？保管成本如何？

可以考慮使用活動管理軟體，更正確的說法是活動規劃軟體。實際的投資報酬是什麼？新軟體的建置涵蓋了很多附加成本，例如教育訓練與新硬體的購置，明明是個簡單的成本分析卻讓人傷透腦筋，此外還有對該軟體的知識到活動舉行時，可能已經過時了。

團隊

由於白紙黑字很難完整地交待清楚資源相關資訊，企業活動管理者最好能與供應商建立密切的關係，並對其業務能瞭如指掌。在活動團隊中，供應商可說是個關鍵夥伴，企業活動管理者有必要熟悉承

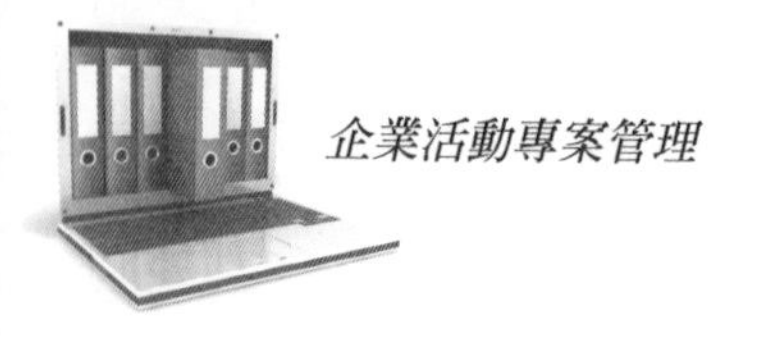

包商所供應的項目中最昂貴的是什麼。相較於無線麥克風，要求多幾個額外的有線麥克風所需成本可是少多了；加個延伸舞台可能不算什麼，然而要更動燈光設置可是個大開銷。經常發生在活動供應商的問題是，負責談生意的部門通常不是提供商品或服務的部門，比方說，由業務或是客服經理負責協議，但實際服務供應或產品製造卻由操作、製造或銷售等部門負責，因而導致問題的發生。另外一個可能成因，源自於溝通造成的誤差，比方說，貨品實際供應是來自供應商的轉包商，那麼可能發生的風險是，實際供應商忽略掉了所有未經書面記載下來的協議。要解決這個情況，只能在問題形成之前，透過書面協議約定責任方。不過，我們強烈建議所有的協議都須以書面載入合約中，並取得各合約當事人的簽署。

供應商檢核表

開銷超支通常發生的原因是選擇了不適宜的供應商。首次舉辦的活動特別容易發生這類風險。供應商往往會轉變為專案管理流程的工作單元或目標，變成活動的構成要件。活動辦公室應評估供應商的交付能力，表11-5是一個簡單的檢核表，用來評估供應商是否有能力即時且在符合預算及品質的情況下完成交付。

表11-5　供應商檢核表

1. 可靠性——尤其是準時。
2. 供應商具有類似活動規模與範疇的經驗。
3. 專注於活動的能力，通常是許多活動中的一個。
4. 產品品質保證。
5. 活動產業的經歷。
6. 大額訂單的折扣。

成本估計與採購影響著一個企業的獲利率，有效率的採購能夠減少企業活動的管理成本，並讓活動本身、活動管理以及委託人或贊助人獲得競爭優勢。本章所提及的方法與術語已通行於以專案為導向的產業，包括美國國防部的合約以及資訊科技產業，皆已經過全球多年來持續使用及調整，相較之下，活動產業仍處於起步階段。活動策劃人不能再像從前只是在信封背面算算成本，或握個手就完成採購。活動策劃人必須具足相關最佳實務的知識，並擁有一套系統化且可信賴的方法論。

重點摘要

1. 成本估計作業含括活動成本估計、成本基準或預算的建立、成本控制以及文件歸檔和流程報告。
2. 爲了實施標準與進行成本比較，還有分配活動要件所需資金，成本的分類是必要的。
3. 成本的分類有：直接或間接、特定或標準、固定或變動、單次或循環以及流失的機會成本。
4. 爲取得最適當的估計結果，企業活動管理者必須清楚各種成本估計法：由上而下、由下而上、參數法。
5. 在活動生命週期的任何時間點都可能必須執行成本估計；而隨著活動的接近，其估計結果也越趨正確。
6. 當成本估計過於細部時，若情勢轉變而須更動活動內容的話，將可能妨礙活動管理者處理變更內容的事宜。
7. 活動管理者應備妥應變計畫，且依照這些計畫估計成本，因爲總是有活動人員無法控制的事情發生。
8. 向利害關係人簡報成本估計時，活動策劃人必須針對用來決定成本的方法及其準確度進行說明。
9. 活動辦公室必須有一套控制與追蹤成本的適當流程，以確保符合預算計畫。
10. 現金流量時間表是成本控制程序中重要的一環。
11. 活動公司對企業的收費方式有：成本加成、固定費用、獎勵或上述方法的混合。
12. 企業活動管理者對於未來成本問題的各項指標必須有所警覺，如產品細節不足、帳務延遲以及範圍擴張等。
13. 所需資源的確認與整體採購流程能夠促成活動的舉行。
14. 在準備合約時，將標準程序與文件併入，讓活動管理者有機會核對合約中述及的商品與服務。而這些規格說明與標準也可作爲將來協商費用的基礎。
15. 提供一個檢核表，協助活動管理者評估供應商是否有能力提供活動所需的商品與服務。

延伸閱讀

Bent, J. A., and K. K. Humphreys. *Effective Project Management through Applied Cost and Schedule Control*. New York: Marcel Dekker, Inc., 1996.

討論與練習

1. 說明你的活動辦公室如何對員工灌輸成本意識。
2. 選擇一種活動，爲其製作工作分解結構，然後再以此WBS爲基礎：
   (1) 建立成本中心與成本控制編碼。
   (2) 使用由下而上估計法估算成本。
   (3) 計算每一成本項目與總成本的準確度。
   (4) 依活動專案生命週期，製作現金流量表，並預估費用支付時程。
   (5) 製作活動資源分析表。
3. 研究如何應用責任會計制或成本核定記錄於活動管理上。
4. 擴充成本分類表（表11-1），將活動管理所需的要項成本納入。
5. 透過網路資訊，研究美國國防部的合約及其採購的流程與規定（www.defenselink.mil）。
6. 透過網頁進行活動採購的限制是什麼？
7. 選擇某一專案導向產業，如建築或資訊產業，針對成本估計程序與企業活動管理產業進行比較。

第 12 章

運用衡量與分析展現價值

本章將協助你：

- 向企業客户明確表達評估量測的價值。
- 列出評估程序和工具的種類。
- 描述企業活動成功的評估策略。
- 描述評估和投資報酬率之間的關係。
- 以投資報酬率來評估一項企業活動。

每年一到編列下年度預算時，企業各級主管必須爲了溝通訊息和達成目標選擇最有效的工具，在這個階段中，企業活動必須與其他專案競爭有限的預算。因此，專案經理必須能夠證明該項活動能快速有效地達成企業設定的目標。同樣地，活動管理者也必須考量客戶各個選項的成本和投資報酬率，該項活動是否符合客戶的經營策略？是否可以融入企業文化？活動管理者要如何支持部門經理，向公司爭取更多的預算？又如何能協助部門經理在決策制定階段面對不同的腹案？本章重點在於介紹完整的評估過程，以協助提供回應上述問題的所需資訊。評估結果提供有事實根據的資訊，用來說明所得價值（即活動內容及其對參加者的影響）與支付價格（活動成本）之間的關係。

綜觀評估的重要性

企業活動管理者最高興的莫過於觀察參加者享受活動的樂趣，或是分享學習新事物的興奮心情，然而，達成績效評估的目標是爭取未來活動許可與活動資金的基石。目前許多公司的標準作法是評估每一項企業活動，一個設計良好的評估程序可以幫助客戶和活動管理者確定該項活動是否達到預期目標和目的，同時也能看到未來舉辦活動的需求和機會。許多社交活動中可能不適合散發評估問卷或進行一對一訪問，但可以在活動期間觀察來賓的滿意程度，活動過後再將評估問卷寄到參加者的家裡或辦公室。

活動評估不僅重要，更能記錄和證明身爲一名企業活動管理者的附加價值，這是一項持續的工作，並且要鏈結到活動專案管理流程中的每一個步驟。精明的企業活動管理者會保留大量的紀錄以證明優異的表現，這些訊息會透過提案、活動後的評估報告和往來信件傳達給客戶。如此做法能和客戶建立和諧關係，並開創後續的商機。

一般而言，活動評估有兩種截然不同的領域：第一是內容，包含主講人、活動內容和餘興節目；第二是目的地、場地、設施和服務。活動評估第一個重點在於確定活動內容與活動目的之間有多大的關連。具體的問卷題目能對每項成功的活動元素提供有價值的訊息，評估過程可得到參加者對於各元素品質的直接反應，諸如主講人、談論主題、對參加者的價值，以及參加者是否對未來的活動或討論主題感興趣。

活動評估第二個重點在於爲活動找尋合適的場地。活動管理者會在規劃階段的初期，依照參加者類型、活動內容與節目等一系列準則，比較各種場地與設施的優劣，最後經由參加者的評估結果，得知當初的選擇是否允當。參加者塡寫的問卷有助於活動辦公室或獨立的規劃人員修正活動的輪廓，或是在未來選擇更適當的場地設施。

協調與編排不同的活動內容一直是企業活動管理者的責任，像是教育性質的簡報、社交活動、餐飲工作和餘興節目等等，而參加者的評估結果可以顯示出活動的各個範疇是否成功。企業活動管理者的觀察報告同樣可以加進所蒐整的評估裡，規劃人員與幕僚有價值的觀察結果可以列入下次活動的規劃內容。

評估過程也應包含供應商在活動規劃與執行中觀察到的意見，有建設性的批評才能認真地探討與思考，最終目的仍在增進工作效率和成品的品質。

運用歷史或前例界定增加的價值

過去活動的評估結果可以用來判定一項極爲成功的活動是否需要某種特別的成分，研究公司過去的事件與活動能讓未來的活動更加令人難以忘懷。企業活動管理者也應承擔財務責任，並思考每一種活動的價值是否和成本相等，如果活動中某種要素或工作項目增進整體價

值，就可運用這些資料佐證未來的活動仍可包含這些工作項目。從希望顧客再度光臨活動的角度看來，若投資報酬率令人滿意的話，評估結果就可顯示出能支持活動主題或導引銷售上升的要素，屆時客戶應能明瞭該項要素所增加的價值。

聘請專家支持自己的見解

如果希望任何的分析結果不僅僅是一個平均值、一般水準或是一個想法，建議可聘請專業評估人士。大多數活動規劃人員並未上過統計分析相關課程，因此這方面的專家會使用許多方式分析資料，提供有關參加者想法極有價值的詳細資訊。此外，專業人士會和企業活動管理者與客戶一起合作發展評估量表，這能讓每個參與者從評估過程中獲得最佳的資訊與衡量值。評估結果亦有助於你在未來的活動中推銷專業的活動管理服務，或是推銷一個具附加價值的概念。在企業活動的領域裡，若能具備提供評估服務的能力，就能為自身的服務內容增添更顯著的價值。

量化與質化評估方法

量化評估法

調查出席人員意見，調查與活動有關的銷售量以及其他相關因子的詳細紀錄，都能針對活動的價值提供某種精確的量化測定結果，這些通常可藉由問卷或調查等評估工具來達成，像是請與會人員現場填寫問卷，現場或網路進行電腦問卷，或是電話調查等等。很多人比較熟悉的是常見的「圈圈表」，這種評估類型是由應答人員用筆將圓圈塗黑以表達個人意見。零售商店、醫師診間、學校、餐廳多用此類調

查方式蒐集顧客滿意度的相關資訊。

爲確保蒐集的資料具有實質意義，必須審慎預先規劃量化評估的調查方式。但題目若是用詞不當，得到的將是花錢又無意義的資料，因此強烈建議聘請專家設計問卷內容。此類評估方式有利有弊，好的方面就是容易進行，能讓參加者快速輕易塡完問卷。李克特量表（Likert Scale）或語意差異量表通常是問卷的組成方式，李克特量表主要是請應答者在不同等級中圈選滿意程度，像是「非常同意」、「部分同意」、「無意見」、「部分不同意」、「非常不同意」。語意差異量表則是請應答者在一組相反語意中選出能表達滿意程度的字詞，例如「非常有趣」或「無聊」。不好的方面就是應答者無法表達選項之外的個人意見，也無法看出應答者圈選的內在原因，所以不能得知顧客不滿的原由，更遑論要修正下次會議或下次活動的內容。

質化評估法

質化評估調查最好是面對面進行或是焦點團體訪談，要是無法當面接觸受訪者，也可郵寄給對方一份架構嚴謹的問卷或調查表。質化評估表格與量化評估表格不同的是，前者包含開放式、可隨意回答的問題，以鼓勵受訪者寫出自己的想法，而非強迫選擇無法表達眞實意見的限制性選項。分析此類問卷較爲費時，但能洞察受訪者的態度，只要仔細地閱讀與分析此類評估的內容，將有助於活動管理者發覺受訪者的行爲模式，能對目前活動的內部評估或未來的活動規劃提供極有價值的資訊，然而任何的評估結果都要向活動利害關係人提報。

評估資料的價值

正面的資訊可作爲未來活動的標竿。今年的煙火節目若能增加公司野餐的附加價值，那麼受到激勵的活動管理者會爲明年活動想出其

他的表演或是令人驚豔的嶄新節目。與銷售有關的活動中，任何有附加價值的節目都可令人流連忘返或是持續關注產品內容，銷售量因此提高三倍甚至四倍，這些都是增加活動價值最好的論證。

某項活動要素所感受到的價值可能會比實際價值來得高或低，端視資訊顯現的環境情形或利害關係人的個人意見而定，然而必須確定以書面方式讓活動管理團隊知道真實成本，以及資料所顯示的真實價值。某些主管可能會認為有些工作是在浪費錢，但蒐整的資料或資訊可以顯示出其他的涵義。同樣的，公司同仁可能對某些工作的價值抱持不同看法，而以經驗或觀察為依據的資訊或資料，就能讓支持或反對該項工作的理由更加明確透徹。

以下就是一個能提供實證資料挽救活動的正面案例。凱斯（Keith）當時為一家正在重組與調整最適人力的主流技術製造商擔任企業活動策劃人，見證了活動評估的重要性與統計值的絕佳案例。凱斯為了規劃該公司年度表揚活動致電行銷副總裁，副總裁表示因為預算縮減，正在考量是否取消這次活動。幸好凱斯料到會有預算問題，事先做足功課並有充分準備，因此舉證論述該公司產品銷售增加與員工持續進步均和去年活動有直接關係，副總裁專注聽完解說後，請凱斯提供一份摘要報告，並立即仔細評審內容，最後認同表揚活動比其他諸如宣傳或廣告傳單（DM）等行銷方式，能為目標群眾帶來更多的價值，因此調整其他預算以舉辦表揚大會。凱斯和副總裁共同合作，在成本範圍內更改了若干工作項目，但活動仍然辦得有聲有色，令人難忘。

設計與執行

統計資料雖然十分好用，但正在享受活動樂趣的觀眾未必欣然樂意填寫問卷，因此企業活動管理者必須讓這件工作輕鬆自在地完成。勞倫斯．魯道夫博士（Laurence Rudolph）建議題目要有獨特性，問卷的設計要乾淨俐落，結構的編排要非常清楚，甚至要提供將圓圈塗黑的鉛筆或是填寫意見的原子筆，此外，回收問卷的盒子也要放在適當的位置。

問卷中相同類型的題目不宜歸併在一起，每一項分離的元素應當個別列出，其結果可在審慎分析受訪者意見時提供所需的特定資料。特定的題目能產生極有助益的資訊，但題意若是太廣或太普通可能無法提供決策有用的訊息。客戶會想知道活動目標是否達成或是達到的程度。例如，是否有95%的與會人員相信在策略研討會之後，能向客戶溝通清楚公司的策略？這項資訊是決定未來能否舉辦相同活動的關鍵因素。

活動若是包含主講人或訓練研討會，評估工具必須列入每項內容模組（content module）的目標，並確認在題目的陳述當中沒有任何含糊不清的用詞或語句，題目設計完後最好請目標群眾的試做小組、公司同事或活動管理團隊之外的人員先行瀏覽一遍。試做小組應當熟悉相關術語，但要相當客觀地提供良好意見。此外，問卷表格必須正確地編碼，以期能清楚分辨各項會議或活動要素，也要確認「圈圈表」能由機器讀取。若是與會人員認爲問卷是爲了別的會議設計，或是與該項會議、活動並無關連的話，可能會曲解所得到的資訊。不記名方式也很重要，受訪者若是認爲他們的意見會傳達給活動管理團隊的話，可能不會據實作答。

一份簡明扼要的問卷能促使受訪者回饋意見，某家公司爲了7天的活動，斥資精心設計多達六頁的評估表，參加人員只看了一眼就覺得過於複雜而不願填寫，問卷回收率竟然不到5%，樣本數低到沒有任何統計意義，通常一張正反兩面列印的問卷是受訪者願意作答的底線。

清楚和具體的作答說明能確保應答者正確地完成評估問卷。請記住，企業贊助的活動中經常是由主講人或總經理請與會人員填寫評估表，然而該員並不會特別熟悉評估工具的細節、評估的背景因素，甚至統計分析等等。對於網路問卷而言，簡明扼要的作答說明就顯得更加重要。

評估工具的設計雖有充足的施展空間，但要確認每個項目均已清楚地編號並適切地排列，評估工具若是包括質化的問題，就必須給應答者足夠的空間陳述意見。問卷字體大小也要適當以便於閱讀，文件排版要乾淨俐落、架構清晰，千萬不要嘗試在表格內擠上太多的資訊而擾亂作答。段落格式要維持一貫的風格，並將質化或開放型題目列在最後。在每個單元爲主講人或簡報人員保留一部分題目。有關年齡、性別等人口統計題目列在問卷的最前端，以確保受訪者提供相關資訊。在活動的前期規劃階段，經由這些題目所蒐集的資訊，有助於對目標群眾的行爲輪廓提供一種基準。規劃時所設想的那些人會來參加活動嗎？會有哪些不速之客？會有哪些衝擊？先前活動的問卷題目可用來追蹤趨勢，並且年復一年持續改善。有一家顧問公司的企業活動策劃人瑪麗安（Marianne），就是不斷精進的良好案例。她所負責的一場研討會的評估結果顯示，與會人員希望能深入瞭解一項新興科技的相關資訊，第二年她就舉辦數場相關產業的「請教專家」專業會議，這是系列研討會中最受歡迎、獲益最多的部分。

策略上應當把標示清楚的盒子或容器放在每個出口處，有時可將貼好標籤的信封交給企業訓練研討會或開場會議的主講人，而主講人必須瞭解填寫與回收問卷的所有流程。比方說，主講人在簡報結束後

預留五至十分鐘請與會人員填寫問卷，更好的是請志工蒐集問卷並集中放在某處。

某位企業活動管理者就想出一個能回收所有問卷的巧妙方法。她請與會人員中的一位志工負責收妥問卷放入信封袋並送到管制室，隨後致贈知名百貨公司的禮券作爲回報，有時則送件名牌運動衫。這些靈光的點子也帶來正面的回報，她總是能在活動結束的兩天內完成圖文並茂的總結報告，客戶非常讚賞她的策略和極有價值的資訊，她也因此持續獲得往後幾年的合約。

評估的價值

評估資料應製成表格並盡快將結果提供給活動管理團隊，以獲得最大的效果，團隊若能依據這些資料快速制定決策，甚至改善缺失，都會讓成功看起來特別真實。其他更爲複雜的活動中，諸如長達一週的研討會或學術發表會，評估主講人的最佳時刻就是在每場簡報後立即填寫問卷，接著快速將結果製成表格並提供給主講人作爲下一場會議的參考，此舉將有助於活動管理者強化正面的事物，或視需要加以調整不當之處。

活動完成之後立即邀請活動管理團隊和客戶參加「經驗學習」討論會，讓所有成員有機會趁著記憶猶新時分享所觀察到的事物，這項關鍵的工作一般都正式列入整體活動管理流程之中，能爲未來的活動規劃擷取極有價值的資訊。

許多主流企業和中立的資深活動管理者會單獨設計一份表格，請客戶評估活動專案經理、幕僚和協力廠商的表現。行銷所屬部門或個別活動管理公司的服務時，任何能彰顯活動管理團隊績效（頂尖員工

個人檔案）的各種報告、文件和日誌都能證明價值所在。能表達活動管理成效和達成精簡成本目標的積極性宣傳文件，則可包含有關活動專案經理的軼聞趣事和統計資訊。

以事實驗證活動的要素

企業活動管理者個人言辭未必足以讓人信服，因此可用事實證明其所建議的活動要素或是行銷專業服務。活動辦公室資料庫裡有關同仁或活動管理者參與活動的文章與紀錄都是很好的例子，可以用來支持對活動管理團隊的推薦。從架構嚴謹的評估結果得到的事實論證，可以分辨來自客戶端正面與負面的回應。資料則可以增添專業性並且用來說服客戶。

只有透過適當的規劃才能得到有價值的資訊。評估是企業活動專案管理過程中不可或缺的工作。評估過程若經妥善執行，可以提供財務部門期望的統計資訊。一份結構簡明內容適切的報告，也能協助行銷經理或人資主管獲得舉辦活動所需的資金。企業將活動視爲一個溝通訊息、創造銷售、研討方案、教育訓練、增進職能、產品上市的工具或手段，因此期望投資有所回收，並運用各種方法檢視投資報酬率。所謂機會成本就是除了活動的實際成本支出之外，組織從活動獲得的回報。例如，業務員參加一項訓練活動的同時，自然失去和客戶面對面接觸的機會，此時公司考慮的是經由訓練得到的新資訊和新技能所創造的業績，可以彌補受訓期間無法在商場上招攬的業務損失。另一方面，企業也會思考活動之後增加的商譽，值得支出這筆財務成本。

可供評估的資料是相當有價值的資源，無論是電子檔案或紙本文件，都必須妥善保存在安全的位置。

全錄公司通訊部門的丹尼斯·弗瑞曼（Dennis Frahman），親身經歷一個經由成效評估得知正報酬的最佳案例。2000年5月下旬他正在德國杜塞爾朵夫（Düsseldorf）參加德魯巴（Drupa）國際印刷暨紙業展，全錄公司的攤位廣達60,000多平方英尺，幾乎是一座大廳的面積，參觀來賓多達75,000人次。活動辦公室設立了特展區並細心導引人潮，他們發現參展的投資報酬率比廣告傳單（DM）大得多。整個參展活動規劃時間超過十五個月，共有300多人參與，其中包含位於歐洲和美國的12人核心團隊，負責展覽設計、支援行銷宣傳、邀請來賓與追蹤成效。弗瑞曼表示，活動成功的關鍵在於：

1. 事先訂好明確且可衡量的目標。
2. 遵照已架構好的活動管理流程進行。
3. 獲得充足與穩定的經費。
4. 領導階層與工作階層均要維持國際團隊的運作。

面臨的挑戰則是：

1. 時差與文化差異。
2. 由於多方人馬各據山頭，因此沒有明確與最終的權責。

弗瑞曼補充說道：「你必須一直提醒自己參與活動的初衷，並且找出衡量的方式。」

預測是所有專業極爲重要的能力。預測無須百分百準確，然而必須運用多種量測值以便比較各種方案。透納（Turner, 1999）、蓋瑞和拉森（Gary and Larsen, 2000）等學者的「企業專案化」（projectization of business）論述中，就闡明企業內部有必要比較各項專案的優劣。例如，某家製藥公司需要依照資金額度從許多候選專案中選出要做的部分，像是藥品研發、策略性贊助、舉辦研討會或是建置新軟體等等。某項活動除非能和公司其他專案一較高下，否則永遠浮不上檯面，要

是沒有做過任何或是極少的活動模型分析，就更令人匪夷所思了。而旅遊觀光活動可說是一個明顯的例外，它能爲一個國家的國民生產毛額（GNP）帶來可觀的貢獻，並且一直是研究的焦點，尤其是大型體育賽事或研討會對經濟的影響和成本效益分析。什麼活動能有如此可觀的投資報酬呢？活動評估若不能作爲預測的論證依據，其意義自然不大。

有一項反對投資報酬分析的論點就是：有許多的報酬是無形的，也似乎無法衡量，這種現象一直存在於所有公共專案和行銷專案之中，然而這種問題並非無法克服。例如，新藥發表或學術研討會可將效益放在：

1. 與既有客戶和潛在客戶的聯繫網絡。
2. 銷售。
3. 品牌知名度。
4. 媒體曝光度。

衡量方式可初步設定爲：

1. 主要客戶與舊客戶推薦新客戶的數量。
2. 報名人數。
3. 可直接溯及會議所貢獻的實際銷售額。
4. 媒體曝光量相對於對等廣告（comparative advertising）的成本。

以上衡量的結果最終都要以幣值表示，否則不可能預告下次活動的成果，也無法比較該項活動和其他專案的投資程度。企業進行專案評價就是藉由減少決策的不確質化來達成減低失誤的目標。

衡量企業內部研討會的效益，可從運用會議中學到的新技術或新知識所節省下來的時間爲指標，以工時甚至從而節省的薪資作爲估計的單位。

爲期二週的銷售研討會可直接用某段期間內增加的銷售量來衡量其效益，然而，真正的成本效益分析必須考量業務同仁在與會期間無法作業的機會成本。計算方式如下：

活動淨值＝收益－成本－機會成本

參加貿易展的效益可以參考以往參展資料來估計，並加以延伸，重要的是要依據參展時間的影響程度予以加權相關資料，有可能在展覽結束數年後才會顯示出業績的正面效應，到時企業才能度過所謂的回收期——也就是所有的投資均已回收。例如，專門生產豪華汽車的公司最近一次產品上市的開銷超過100萬美元，但邀請購買之前車款的車主參加這項活動卻締造600萬美元的業績，可以說回收期在活動期間就已結束，活動之後的銷售量也超過公司當初設定的最低下限。

企業的獎勵活動可視爲對員工的酬謝，或是用來吸引技術人才，從成本效益分析看來，可以比較聘用技術人才的效益和訓練新手的成本等方式來衡量。

企業活動模型建構過程如下：

1. 利害關係人分析：包括公司內部諸如行銷、業務、財務等利害關係人。
2. 效益之界定與分類，認明成本的種類（包含機會成本）。
3. 建立內含業務摘要指標的度量方式。
4. 建立模型，包含敏感度分析和估計回收期。
5. 預告未來活動的相關事務。
6. 運用下次活動的成果來改善模型。

企業活動模型建構流程如**圖12-1**所示，其中必須分辨清楚對活動成本效益有所貢獻的參數。例如，某項海外貿易活動的參數可以是該

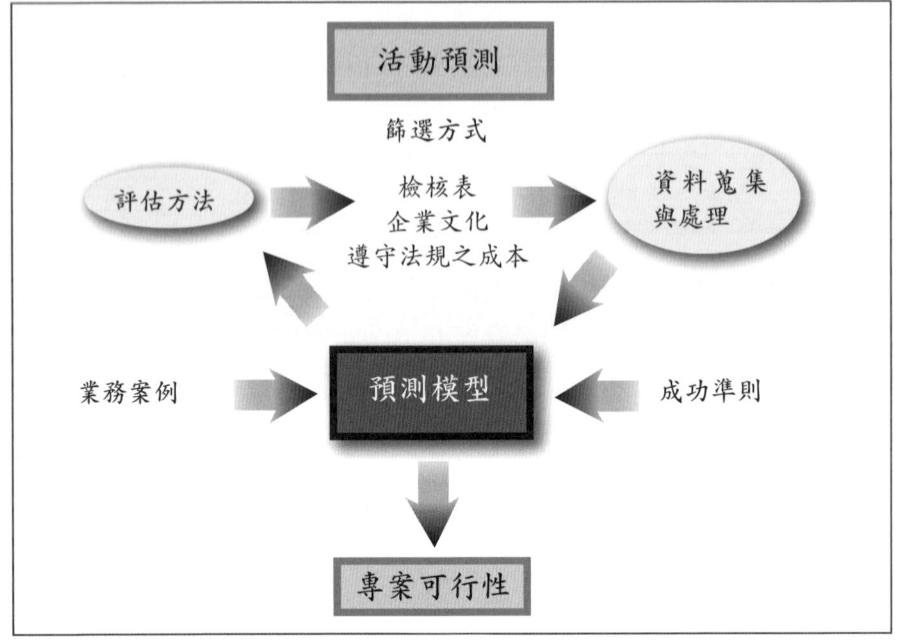

圖12-1　企業活動模型建構流程

國官員的接觸層級，該項參數將會直接導致活動業務的成敗。若用先前貿易活動的資料，應著重於以幣值表示參數值。

模型建構流程中一項好用的工具就是檢視範圍——這也是敏感性分析的一部分。上述的海外貿易展再次提供一個傑出案例，也就是一旦找出對活動成本效益有所貢獻的各種參數，當其中一個參數的微小變化影響成本效益時，察看範圍與界線就能估計影響的程度。若想投入更多的工作（成本）以接觸主辦國更高層級的官員，就要思考這些額外的工作是否能對收益有所貢獻？如果有，會是多少？

總而言之，企業活動雖被認爲要對收益有所貢獻，最終關切的仍是經營的定位，也因此，活動的評估過程遠比評估活動是否成功來得重要，必須建立一個模型——指標度量——爲將來的活動提供預測並建立典範。

表12-1是參與專案管理訓練研討會中一些活動管理者所接受的非正式調查結果，少數人會有一份衡量表，以便比較先前活動或公司內部專案和現有活動之間的效益。

表12-1　成本效益調查結果

活動類型	效益	衡量項目
公共關係	1. 宣傳價值 2. 媒體報導 3. 知名度	
企業活動，諸如頒獎晚宴、產品上市、貿易展覽、戲劇之夜、街頭表演、圓桌會議、公司開幕、聯歡晚會（客戶聯誼與教育訓練）、早餐會報、午宴、論壇、社交俱樂部、工作坊、大會、銷售會議、展覽攤位、媒體簡報	1. 銷售量增加 2. 主要客户 3. 加強產品與公司介紹 4. 提振員工士氣以獲得良好工作成效 5. 瞭解競爭對手動態（同時創造公司形象） 6. 建立關係（客户研討會） 7. 增加價值	1. 實際獲得的收益 2. 媒體曝光（質與量） 3. 出席人數（以及缺席人數） 4. 邀請人數／出席人數比率 5. 時間／金錢比率
協會研討會	1. 使會員瞭解規章以增進效益 2. 培訓利害關係人	
企業內部活動（業務人員研討會、員工同樂會）	1. 團隊知識 2. 增加銷售量 3. 凝聚銷售團隊的熱忱 4. 留住銷售人才 5. 提升銷售戰力	
徵才活動	符合活動目標	1. 徵才調查 2. 計算應徵人數

（續）表12-1　成本效益調查結果

活動類型	效益	衡量項目
募款活動	1. 募款金額 2. 提升社群的形象、印象和商譽 3. 建立或提升知名度 4. 建立網絡	1. 活動後分析 2. 活動期間的調查（焦點團體等等） 3. 研究知名度 4. 男性／女性比率
貿易展覽		1. 產生的商機 2. 商品知名度
體育賽事		1. 參賽人數 2. 利潤／虧損 3. 提升觀光業 4. 媒體報導 5. 贊助單位 6. 觀賽人數
社區／公共活動	1. 社會發展 2. 加強社區關係 3. 募款 4. 公共關係的運用 5. 提升教育訓練層級	1. 回饋與評估 2. 媒體曝光（質與量） 3. 注入社區的經濟力（透過調查計算來決定） 4. 減少公眾的不滿 5. 參加人數 6. 提升觀光業

找出方法以衡量你的成功是企業活動專案管理的基本原則。現在你已經發現了一個經由有效的專案管理來管理企業活動的新體系，你可藉由下次企業活動的成敗來衡量此一新體系的效果。運用這些企業活動專案管理的原則與實務，除可增進個人本身的職涯成就外，更有助於企業活動管理產業的整體發展。敬祝你的下一個企業活動專案順利成功！

重點摘要

1. 評估的資料能顯示有關企業活動價值的明確資訊。
2. 活動評估工作主要關注的是活動內容和活動目的有多大的關連。
3. 量化評估法通常是以有限的選項和李克特量表所組成，並且提供該項活動可供量測的評估方法。
4. 質化評估法運用非限制性的開放型題目，能揭露活動的諸多細節和個人的眞實意見。
5. 設計與執行是獲得顯著統計資訊的重要工作。
6. 評估結果有助於企業活動管理者證明活動要素及活動本身的價值。
7. 企業總是期盼舉辦活動能有所報酬。
8. 找出衡量成功的方法是企業活動專案管理的基本原則。

延伸閱讀

1. Getz, Donald. *Event Management and Event Tourism*. New York: NY: Cognizant Communications, 1997, Chapter 14.
2. Mules, T. *Financial and Economic Modeling of Major Sporting Events in Australia*. Adelaide, Australia: Center for South Australia Economic Studies, 1998.
3. National Center for Culture and Recreation Statistics, Australia Bureau of Statistics. *Measuring the Impact of Festivals–Guidelines for Conducting an Economic Impact Study.* Canberra, Australia: Statistics Working Group of the Cultural Ministers Council, 1997.
4. Polivka, Edward G. *Professional Meeting Management,* 3rd ed. Birmingham, Ala.: Professional Convention Management Association, 1996.
5. Snell, Michael. *Cost-Benefit Analysis for Engineers and Planners*. London: Thomas Telford Publishing, 1997.
6. Wright, Rudy R., CMP. *Meeting Spectrum: An Advanced Guide for Meeting Professionals*. San Diego, Calif.: Rockwood Enterprises, 1989.

討論與練習

1. 爲您公司的活動建構一項評估工具。
2. 請分別針對技術人員的訓練計畫和貿易展覽的參展活動，選出最佳的評估方法。
3. 請説明如何決定下次企業活動應採用量化分析、質化分析或是兩者兼具的評估方式。

附錄部分

附錄 1　企業活動主要文件

附錄 2　博閎公司個案研究

附錄 1　企業活動主要文件

附錄1-1　聯絡表

聯絡名單

〈活動名稱與標誌〉

更新日期〈……………〉或版本編號#　替代版本編號#-1

編號	姓名	電話	手機	電子郵件	傳真

第　頁／共　頁

〈檔案名稱〉〈日期〉

活動專案管理系統　epms.net

附錄1-2 工作職責表

工作職責表

〈活動名稱與標誌〉

編號	人員	職責或產出

圖例說明

〈檔案名稱〉〈日期〉

活動專案管理系統 epms.net

附錄1-3　任務／行動表

任務或行動管制表

〈活動名稱與標誌〉

更新日期〈……………〉或版本編號#　替代版本編號#-1

編號	項目	行動計畫	完成時間	人員	評註

第　頁／共　頁

〈檔案名稱〉〈日期〉

活動專案管理系統　epms.net

附錄1-4　工作包

〈任務小組或承包商名稱〉的工作包

〈活動名稱與標誌〉

更新日期〈……………〉或版本編號#　替代版本編號#-1

工作總期程：

編號	工作	工作內容	開始時間	結束時間	負責人員或單位

第　頁／共　頁

〈檔案名稱〉〈日期〉

活動專案管理系統　epms.net

附錄1-5　行動次序表

〈行動日期及／或地點〉的行動次序表

〈活動名稱與標誌〉

時間	行動計畫	活動地區	音效／燈光／影視設備	負責人員	評註

第　頁／共　頁

〈檔案名稱〉〈日期〉

活動專案管理系統　epms.net

附錄1-6　企業活動行動次序表範例

下表是某企業頒獎晚宴行動次序表的範例，活動包含許多視聽效果，董事會主席和一位知名人士登台致詞，特別重要的是要能精準掌握董事會主席出場時的聲光效果，因此必須製作一張流程表。請注意表中的時間是典禮實際進行的確切時間，並留意何人負責何事。該表簡單扼要且清楚明確。我們很高興地說，這次活動非常成功。

2002年頒獎晚宴籌製時程表

4/14/02

9:30 A.M.	活動經理抵達會場進行最後檢視。
10:00	帳篷小組抵達會場開始搭設。
2:00	和維多利亞（Victoria）一起檢查帳篷，並最後一次核對所需物品。

4/15/02

3:00	活動經理抵達敦巴頓宅邸（Dumbarton House）監督籌備事項。
4:00	視聽技術人員安裝設備器材。
4:30	飲品送達。
4:45	協調員抵達敦巴頓宅邸監督籌備事項。 協調員完成檢查表。
5:00	外燴廚師抵達敦巴頓宅邸進行準備。
5:15	花商送花到會場。
6:00	西恩（Sean）抵達會場協助處理事務。 喬治華盛頓大學學生以及北維吉尼亞活動正點顧問公司（Events Plus of Northern Virginia）員工抵達。

6:05	工作人員接獲指示並檢視個人職務與職責。
	工作人員擺好座位卡、節目表和餐桌卡。
6:15	服務生抵達會場接受指示。
	樂手抵達會場進行準備。
6:30	攝影師抵達會場，西恩協助指引與說明。
6:40	公司創辦人抵達會場。
6:45	巴伯與南西（妻），吉姆與凱倫（妻）準備迎賓。
	工作人員於名牌與座位卡接待桌前就位。
7:00	露台開始供應雞尾酒並演奏音樂。
7:30	視聽音響公司完成最後檢查並啓用。
7:55	服務生通知餐會開始並導引賓客至晚宴帳幕中。
8:05	主席致詞（2分鐘）。
8:07	總裁致詞5分鐘（展示新網站，視聽技術人員準備播放聲光效果）
8:14	上菜。
9:12	侍者領班通知主席每桌皆已上甜點。
9:15	主席簡介公司創辦人與基金會歷史（2分鐘）。
9:17	宣布得獎人（3分鐘）。
9:20	播放得獎人影片（5分鐘）。
9:25	創會會員致詞（2-3分鐘）。
9:27	主席致閉幕詞（2分鐘）。
9:29 - 9:50	賓客離席，演奏音樂。
10:00	服務生清理並收拾設備。
	復原工作結束後，協調員和活動經理完成敦巴頓宅邸檢查表。

附錄2　博閃公司個案研究

風險分析表

本附錄所列之風險分析表係第7章所述，由博閃公司麥克．史瑞里先生進行風險評估時使用之表格。表格左邊欄位代表某節慶活動相關的風險項目，每項風險必須對應一項可行的因應方案與相關負責人員。麥克在表格內註明客戶目標，以便在評估風險時能時時提醒自己。

博閃公司風險分析表

風險分析表／最後更新日期

製作管理／工作序號：		地點：	活動日期：	
姓名	地址	電話	傳真	E-mail
客户需求／目的與目標				

設計／必要性	相關風險	可行性		管理者
博閎公司／最後更新日期				
製作管理／工作序號：		地點：		駁船管制表
姓名	地址	電話	傳真	E-mail
客戶需求／目的與目標				
風險評估項目	註記	可行性		領班
駁船水面高度				
駁船水平線				
駁船平衡度				
所有設備的重量				
設備配置				
天氣				
最大風速				
最大降雨量／降雪量				
最大水流速				
最大天氣差異				
風帆寬度／高度				
帆布材質				

滅火器				
船帆送達設計師處的時間				
製作船帆的時間				
帆布重量				
帆布索具安裝位置				
索具裝備				
將帆布安裝到駁船上				
發電機與使用手冊				
纜繩				
人數				
舞台數量與舞台大小				
工時				
船員人數				
加班時數				
制服				
備用設備				
通行證				
政治事務				

會展叢書

企業活動專案管理——在會展產業的應用

著　　者／William O'Toole, Phyllis Mikolaitis
譯　　者／范淼、倪達仁
總 編 輯／閻富萍
主　　編／張明玲
出 版 者／揚智文化事業股份有限公司
發 行 人／葉忠賢
地　　址／新北市深坑區北深路三段260號8樓
電　　話／(02)8662-6826 · 86626810
傳　　真／(02)2664-7633
E-mail／service@ycrc.com.tw
ISBN／978-986-298-009-5
初版二刷／2013年9月
定　　價／新台幣420元

國家圖書館出版品預行編目資料

企業活動專案管理：在會展產業的應用 / William O'Toole, Phyllis Mikolaitis著；范淼，倪達仁譯. -- 初版. -- 新北市：揚智文化, 2011. 08

面； 公分. --（會展叢書）

譯自：Corporate Event Project Management

ISBN 978-986-298-009-5（平裝）

1. 會議管理 2.商品展示 3. 專案管理

494.4 100011095